제3판

기초 화학수학

James R. Barrante 지음 | 류 설 옮김

Applied Mathematics *for* Physical Chemistry

Third Edition

자유아카데미

오늘날 많은 물리화학 교재를 살펴보면, 교재를 사용하는 교수들이 상당히 많은 내용의 수학을 학생들이 알고 있기를 바란다는 것을 깨닫게 된다. 그 내용은 일반적으로 물리화학 교육에 필요하다고 믿어 미적분 과목에서 가르치는 것보다 훨씬 더 많은 것이다. 거기에 더해 더 솔직히 말한다면 학생들이 배운 수학을 물리적인 응용문제에 적용하는 방법까지 알고 있기를 기대한다. 안타깝지만 나의 많은 동료와 나는 일반적으로 학생들이 그렇지 않다는 것을 일찌감치 알게 되었다. 이러한 관찰 때문에 나는 물리화학 강의에서 물리화학보다 수학을 가르치는 데 더 많은 강의 시간을 할애하게 되었고, 이것이 계기가 되어 약 30년 전 이 교재의 초판을 쓰게 되었다.

이 책의 제3판을 내는 저자의 의도는 크게 두 가지이다. 먼저 이 책을 물리화학 교과서의 부교재로 사용하여 학생들이 물리화학을 이해하는 데 필수적인 수학 분야를 복습하거나 그것이 아니라면 글자 그대로 처음 배우는 데 도움을 주기를 바란다. 그리고 더 나아가 수학을 실제 문제에 적용하는 중요 과정을 배우는 데 도움을 주고자 한다. 이 책의 목적은 물리화학 과목의 선수 과정인 수학 교과목들을 대체하는 것이 아니다! 진정한 목적은 "how to do it"의 관점에서 내용을 복습하는 데 있다. 따라서 각 장의 끝에 있는 연습 문제는 물리화학 문제를 푸는 능력이 아니라 학생의 수학적 능력을 점검하도록 설계되었다.

앞선 두 판과 마찬가지로 이번 개정판의 처음 다섯 장에서는 수학 선수 과목에서 일반적으로 다루는 주제에 집중한다. 학생들은 이 내용에 대하여 복습할 필요가 있다. 그리고 한편으로 적분학을 다루는 장에서는 학생들이 적분표를 사용할 것을 강조하였다. 또한 책의 원래 의도에 따라 수학적 엄밀성을 최소한으로 유지하면서 가능한 한 학생들이 직관을 발휘하여 이해할 수 있도록 하였다.

책의 후반부에서는 일반적으로 수학 선수 과목에서 다루지 않는 중요한 주제를 다룬다. 하지만 그 내용은 대부분 입문 수준에 머문다. 예를 들어, 미분 방정식 관련 장에서는 상수 계수가 있는 2차 선형 미분 방정식의 해에 중점을 둔다. 이런 유형의 간단한 방정식은 파동 역학에서 자주 볼 수 있다. 그리고 두 번째 판과 마찬가지로 미분 방정식 풀이를 위한 급수법에 대한 절을 넣었다. 이 개정판에서는 푸리에 급수와 푸리에 변환 관련 절에 연속 푸리에 변환뿐만 아니라 이산 푸리에 변환까지 추가로 넣었다. 이산 푸리에 변환은 분광학의 많은 분야에서 중요한데, 이는 이 변환이 디지털 컴퓨터로 처리할 수 있기 때문이다.

마지막으로 수치적 방법에 대한 장을 완전히 개정하였다. 두 번째 판에서는 수치 계산을 수행하기 위해 BASIC을 사용한 프로그램 작성에 집중하였다. 그러나 최근 몇 년 동안 과학적 계산은 컴파일된 프로그램을 사용하는 것으로부터 벗어나 Microsoft Excel®과 같은 스프레드시트를 사용하는 것으로 방향이 바뀌고 있다. 따라서 새로워진 관련 장에서는 스프레드시트를 사용하여 수치 적분, 실험 데이터의 곡선 맞춤, 함수의 이산 푸리에 변환 계산 등 다양한 표준 수치 계산에 중점을 둔다.

제2판 서문에서 언급했듯이 많은 분들의 도움 없이는 이 책이 성공할 수 없었을 것이다. 특히 제2판을 신중하고 비판적으로 검토해 주시고 많은 유용한 의견과 제안을 해주신 Nazareth College의 John Bopp 교수, Bradley University의 Wayne Bosma 교수, University of Memphis의 Greg Peters 교수께 감사의 말씀을 드린다. 또한 초판에 이어 제2판에서도 살아남은 무한급수 예제 하나의 심각한 오류를 발견해 주신 University of California, San Diego의 John Wheeler 교수께도 감사의 마음을 전한다.

그리고 본문 문장의 질을 엄청나게 향상하는 데 도움을 준 편집자 John Challice, 프로젝트 매니저 Kristen Kaiser, 프로덕션 편집자 Donna Young, 그리고 Prentice Hall ESM and Write With, Inc.의 모든 직원에게 감사드린다.

마지막으로, 이 책의 표지를 디자인한 아들 Stephen Barrante, 그리고 아내 Marlene, 그리고 이 책을 쓰는 동안 인내심을 갖고 내게 격려를 보내 준 우리 가족 모두에게 진심으로 감사의 마음을 전한다.

책의 내용에 대한 의견은 항상 환영한다. 만일 의견이 있거나 오류를 발견한다면 jrbarrante@aol.com으로 보내 주기 바란다.

JAMES R. BARRANTE

역자 서문

화학, 그중에서도 물리화학을 가르치다 보면, 마치 그 나라의 언어를 전혀 모른 채 외국에 와 있는 사람처럼 내용에 대한 이해를 떠나 탐색의 자유도 누리지 못하는 학생을 꽤 관찰하게 된다. 자연과학을 표현하는 언어는 상당 부분이 수학적 표현인데, 더 괴로운 것은 우리가 사용하는 모어 등의 자연어와 달리 수학은 따로 배우지 않으면 전혀 늘지 않는다는 점이다. 굳이 비유를 하나 더 사용하자면 육상 동물인 인간이 물에서 잠시라도 지내려면 따로 수영을 배워야 하는 것과 같다고나 할까? 괴롭지만 우리는 수학이 근본적으로 따로 훈련하지 않으면 향상되지 않는다는 불편한 진실을 받아들여야 한다.

James R. Barrante의『Applied Mathematics for Physical Chemistry』초판이 발행된 것은 1974년이다. 제2판은 24년 뒤인 1998년에 출간되었고, 본 역서의 원판이 되는 제3판은 2004년 출간되었다가 2016년 판권이 현재의 출판사로 이동되어 지금까지 시판 중이다. 반세기를 살아남은 존재인 만큼 이 책은 충실도가 높은 내용으로 채워져 있으며 독자들에게 높은 평가를 받고 있다.

책을 만져보면 놀랍게도 간결하여 가볍게 느낄 수 있겠지만, 내용을 학습하다 보면 시나브로 심오한 단계에 이르고 있음을 깨닫게 된다. 이 책의 전반부는 학생들이 기본적으로 알아두어야 할 복소수, 좌표, 함수, 미분과 적분, 급수 등을 먼저 복습하도록 하였고, 자연과학 현상에 대한 표현으로 가장 핵심적인 미분 방정식을 학습하도록 구성되어 있다. 후반부는 비교적 학습 부담이 적은 벡터, 행렬, 연산자 등을 다루는데 이와 함께 다른 화학 수학 교재에서 자주 다루지 않는 수치해석, 실험자료 처리 등 실제적인 주제도 포함되어 있다.

따라서 이 책은 학부 1~2학년 중 한 학기 동안 독립된 교과목으로 배울 수 있다. 그렇지 않으면 물리화학 교과목의 부교재로 틈틈이 활용될 수도 있다. 그리고 책 후반부의 수치해석 및 자료처리 부분은 화학 실험 수업 등에 활용하면 되겠다.

숫자와 수식이 많은 책의 특성상 여러 가지 어려움이 있었다. 번역에 있어 원문은 그대로 번역하려고 노력하였고, 원문의 사소한 오류는 바로잡았다. 그리고 책 속의 스프레드시트 프로그램인 엑셀(Excel®) 사용 용례는 엑셀의 최근 버전으로 수정하였다. 좋은 책을 만들기 위해 최선을 다했지만 오류가 나올 수 있다. 이 점은 양해를 바라며, 출간 후 나올 수 있는 수정사항 등은 자유아카데미 홈페이지 자료실(www.freeaca.com)을 통해 게시할 것이니 참고하기를 바란다.

마지막으로, 독자인 학생들에게 격려와 당부를 드린다. 부디 부담스럽지 않은 부피의 이 책이 화학, 특히 물리화학에 대한 접근성을 높이고 괴롭고 어려운 고개를 넘겨주는 촉매제로 작용하길 기대한다.

류 설

차례

CHAPTER 01 좌표계

CHAPTER 02 함수와 그래프

CHAPTER 03 로그

CHAPTER 04 미분학

CHAPTER 05 적분학

CHAPTER 06 무한급수

CHAPTER 07 미분 방정식

CHAPTER 08 스칼라와 벡터

CHAPTER 09 행렬과 행렬식

CHAPTER 10 연산자

CHAPTER 11 수치적 방법과 컴퓨터 이용

CHAPTER 12 실험실에서 사용하는 수학적 방법

CHAPTER 01

좌표계

1.1 서론

좌표계(coordinate system)는 “자연과학적으로 관심이 가는 어떤 대상이 여러 성질(변수)의 함수 형태로 의존하는 것”을 표현하는 아주 편리한 방법이다. 좌표계는 여러 축으로 구성되며, 한 축의 한 점은 하나의 성질이 가질 수 있는 한 가지 값을 의미한다.

물리적 세계를 표현하는 데 사용되는 좌표계의 선택은 우리가 설명하고자 하는 성질(들)의 성격에 크게 의존한다. 예를 들어, 인간은 직사각형의 공간을 매우 편하게 느낀다. 우리 주위를 둘러보고 관찰되는 90° 각도의 개수를 기록해 보자. 정말 많다! 이것은 건축가와 가구 디자이너가 일할 때 보통 직각 좌표를 사용하기 때문이다.

그러나 원자와 분자는 ‘둥근’ 공간에서 표현된다. 원자와 분자의 전자는 일반적으로 어떤 중심에서 만들어지는 퍼텐셜 에너지장에서 거동하므로 ‘둥근’ 좌표계의 형태(예, 평면극 또는 구면 극좌표계)로 가장 잘 표현된다. 달리 말하면, 원자나 분자를 다루는 물리화학의 많은 문제들은 직각 또는 선형 좌표계로 해결될 수 없다. 그리고 우리가 선형 좌표계로 공부해서 익숙한 파동과 같은 것도 극좌표계로 표현될 때는 매우 다르게 보일 수 있다는 것을 곧 알게 될 것이다. 하지만 우리가 겁내지 않고 극좌표계를 일단 받아들이게 되면, 이것이 우리에게 익숙한 선형 좌표와 난이도에서 큰 차이가 없음을 곧 알게 될 것이다. 우리는 일반적인 선형 좌표부터 논의를 시작하여 극좌표로 초점을 이동하고자 한다.

1.2 직교 (데카르트) 좌표계

17세기 중반, 프랑스 수학자 르네 데카르트(René Descartes)는 직사각형의 평면 위의 점을 두 숫자의 쌍으로 나타내는 간단한 방법을 제안했으며, 이것은 오늘날 직교 (데카르트) 좌표계라고 불린다. 일반적인 2차원 직교 좌표계는 서로 수직으로 만나는 두 개의 좌표축으로 구성된다. 보통 수평축과 수직축은 각각 x-축과 y-축으로 불리며, 두 축의 교차점은 원점이라 한다.

자연과학에서 수학을 이용하려면 이러한 숫자들과 이 숫자들로 쓰인 수학을 자연과학의 물리적 세계와 관련시키는 능력이 필요하다.

앞에서 언급한 x와 y는 기체의 거동(behavior)을 표현하는 압력(P), 부피(V), 또는 온도(T)일 수 있고, 또 이 물리적 변수들은 서로 연관된 숫자의 세트로 생각할 수 있다. 예를 들어, **그림 1.1**은 물의 증기 압력과 온도의 관계를 보여 준다. 좌표계의 점을 지정할 때 항상 x 좌표를 먼저 지정한다. 따라서 (333, 149.4)로 표기한 것은 **그림 1.1**과 같이 좌표계에서 T 좌표가 333 K이고 P 좌표가 149.4 mmHg인 점을 나타낸다.

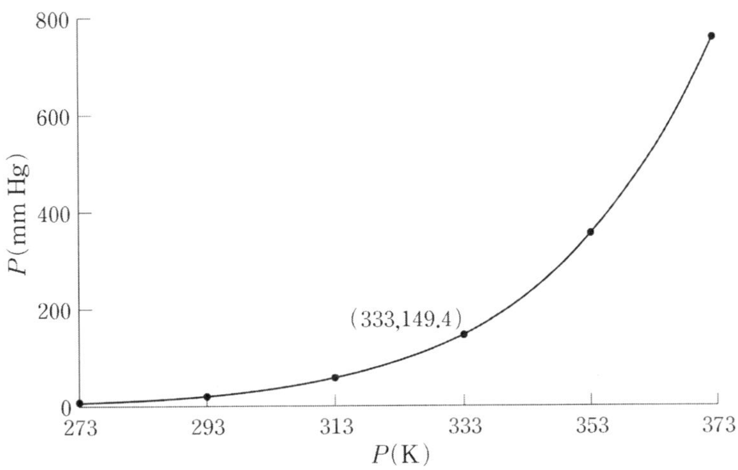

그림 1.1 온도에 대한 물의 증기압을 표현한 그래프

그림 1.1에 표시된 곡선은 $P = Ae^{-\Delta H/RT}$의 식으로 표현할 수 있다. 여기서 ΔH는 물의 증발열, R은 기체 상수, A는 상수이다. 이처럼 쉽게 곡선의 식을 $y = Ae^{-B/x}$ 형태로 쓸 수 있지만, 우리는 이 식이 기체의 증기압이 온도에 따라 변하는 것을 단지 근사할 뿐이라는 것은 알아채지 못하였다. 사실은 기체가 이상 기체처럼 거동하고 증발열이 온도와 무관한 상수라는 조건이 있었다. 하지만 이 조건은 엄격히 말하면 사실이 아니기 때문에 이 식은 근사식에 불과한 것이다. 물리 또는 화학과 같은 과학과 '순수 수학'을 구분하는 능력은 바로 이와 같은 사실을 인지하는 것에 기초한다.

좌표계는 2차원 평면으로 제한되지 않는다. 방금 설명한 2차원 직사각형 좌표계를 평면에 수직이고 원점을 통과하는 세 번째 축을 만들어 3차원 좌표계로 확장할 수 있다. 사실 이러한 방식으로 좌표계를 3차원 좌표계로 한정하지 않고 무한히 차원을 늘려 갈 수 있지만, 우리가 3차원 공간의 생명체이기 때문에 4차원 이상에서는 그래프로 그리는 것이 어려워진다. 예를 들어, 파동의 역학적 거동을 다루는 파동 역학에서 우리는 '추가' 좌표(수직축 좌표)를 사용하여 횡파(transverse wave)의 진폭을 설명한다.

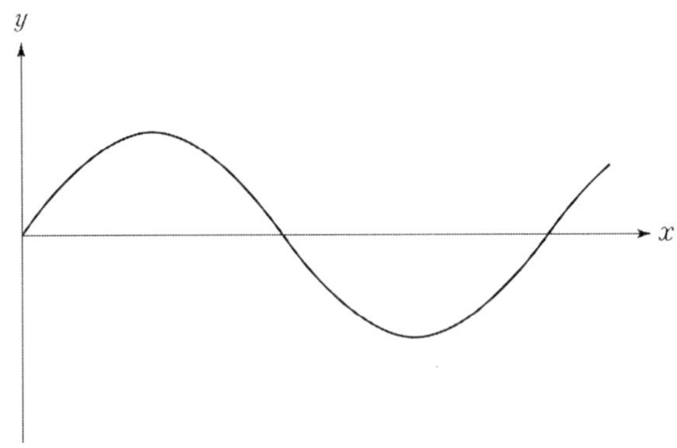

그림 1.2 1차원 횡파의 진폭

즉, **그림 1.2**에 간단한 사인파를 나타낸 것처럼, x-축을 따라 1차원 횡파의 진폭은 y-축에 표시한다. (파동 자체는 y-방향으로 이동하지 않는다는 점을 유념하자. 이 파동은 하나의 교란 또는 일련의 교란으로서 오로지 x-축을 따라 이동한다. 파동의 이동과 파동을 발생시키는 매질의 움직임을 혼동해서는 안 된다.)

호수의 표면을 가로질러 이동하는 물의 파동은 xy-평면의 2차원 횡파로 간주될 수 있으며, 이때 파동의 진폭을 표현하기 위해서는 세 번째 좌표(z-축)가 필요하다. 이는 그림의 그래픽으로, 그리고 우리 경험의 범위에서 쉽게 표현되고 이해된다. 그러나 파동 역학의 많은 문제에서는 더 나아가 3차원 횡파의 진폭을 그래픽으로 표현해야 할 때가 있다. 이를 위해서는 네 번째 좌표가 필요하다. 3차원 공간의 생명체인 우리에게 이것은 고민거리가 되었고, 이 문제를 피하기 위해 지금까지 많은 독창적인 방법들이 고안되었다. 한 가지 방법은 3차원 그래프에서 점의 밀도를 사용하여 파동의 진폭을 나타내는 것이다.

한편, 지금까지 설명한 모든 좌표계에서 매우 작은, 즉 미분 부피 원소를 정의하는 것이 편리하다.

$$d\tau = dq_1\, dq_2\, dq_3 \cdots dq_n \tag{1-1}$$

여기서 dp_i는 i번째 축에 놓인 무한히 작은 길이를 의미한다. **그림 1.3**에 나타낸 3차원 직교 좌표계에서 부피 원소는 간단히 다음과 같이 쓸 수 있다.

$$d\tau = dx\, dy\, dz \tag{1-2}$$

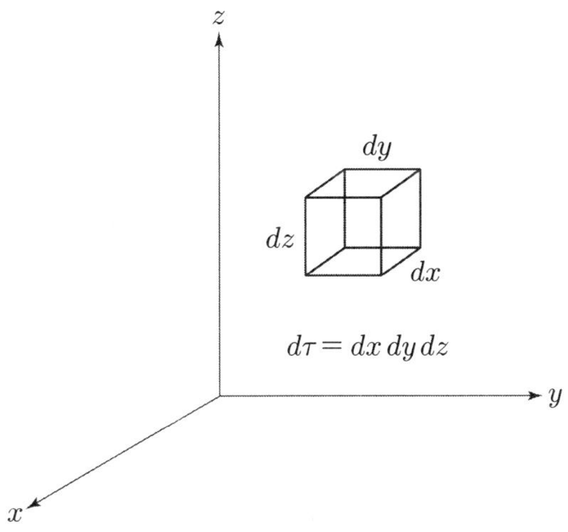

그림 1.3 직교 좌표계의 미분 부피 원소

1.3 평면 극좌표계

자연과학의 많은 문제는 직사각형 공간에서 풀리지 않는다. 이 때문에 우리는 흔히 '둥근' 또는 '곡선' 좌표로 불리는 것으로 직교 좌표계의 축을 다시 정의할 필요가 있다.

그림 1.4를 살펴보자. 여기에서 2차원 좌표계의 각 점은 직각 삼각형의 기하학적 성질과 연관시킬 수 있다. x의 크기는 표시된 삼각형의 변 b의 길이와 동일하며, y의 크기는 변 a의 길이와 동일하다는 것을 보여준다.

$$\sin\theta = \frac{a}{r} \quad \text{그리고} \quad \cos\theta = \frac{b}{r} \tag{1-3}$$

이므로

$$x = b = r\cos\theta \quad \text{그리고} \quad y = a = r\sin\theta \tag{1-4}$$

로 쓸 수 있다.

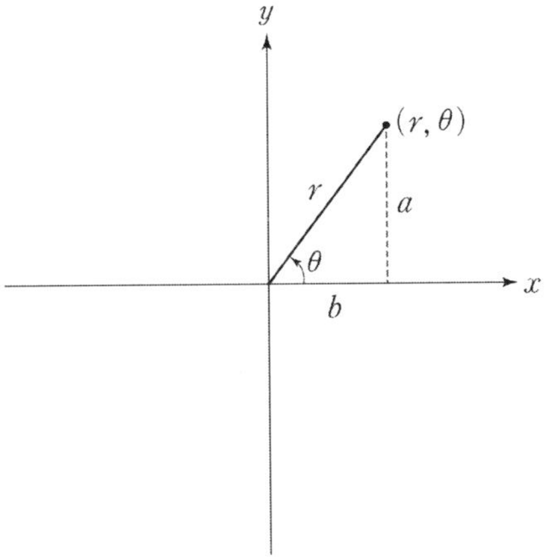

그림 1.4 평면 극좌표

그러므로 2차원 좌표계의 각 점 (x,y)는 그 점에서 구한 값 r과 θ로 표시할 수 있다. 이처럼 점의 위치를 표현하는 좌표계를 평면 극좌표계라 한다. 이 좌표계에서 점은 (r,θ)로 표기된다. 식 (1-4)는 변환 식으로 불리며, 극좌표를 직교 좌표로 변환하는 데 사용된다. 역변환 식은 단순한 삼각 함수의 방법으로 다음과 같이 얻을 수 있다.

$$\frac{y}{x} = \frac{r\sin\theta}{r\cos\theta} = \tan\theta \;, \quad 즉 \quad \theta = \tan^{-1}\left(\frac{y}{x}\right) \tag{1-5}$$

$$r = (x^2 + y^2)^{1/2} \tag{1-6}$$

1.4 구면 극좌표계

화학에서 평면 극좌표계를 이용하는 경우는 비교적 적지만, 평면 극좌표계를 한 차원 더 확장하여 삼차원으로 만든 구면 극좌표계(**그림 1.5**)는 자주 볼 수 있다. 이 좌표계는 특히 원자와 분자의 구조를 탐구하는 물리화학 분야에서 많이 발견된다.

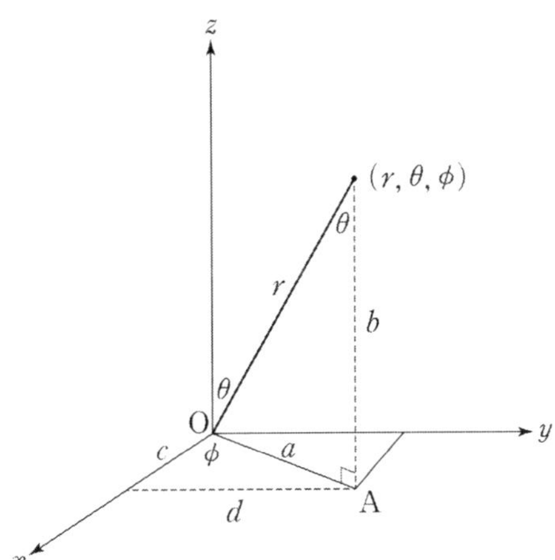

그림 1.5 구면 극좌표

구면 극좌표계의 점은 세 개의 숫자로 표시된다. r은 원점으로부터 점까지 거리이며 보통 반지름 벡터라 불리기도 한다. θ는 z-축으로부터 r까지 측정한 각, 그리고 ϕ는 x-축으로부터 선분 $\overline{\mathrm{OA}}$까지 측정한 각이다. 따라서

$$\cos\phi = \frac{c}{a},\ \sin\phi = \frac{d}{a},\ \sin\theta = \frac{a}{r} \tag{1-7}$$

이고, c, d, b의 길이가 각각 x, y, z와 수치적으로 동일하기 때문에 다음과 같이 식을 쓸 수 있다.

$$\begin{aligned} x &= a\cos\phi = r\sin\theta\cos\phi \\ y &= a\sin\phi = r\sin\theta\sin\phi \\ z &= r\cos\theta \end{aligned} \tag{1-8}$$

그리고 역변환 식은 다음과 같다.

$$\frac{y}{x} = \frac{r\sin\theta\sin\phi}{r\sin\theta\cos\phi} = \tan\phi, \quad 즉 \quad \phi = \tan^{-1}\left(\frac{y}{x}\right) \tag{1-9}$$

$$r = (x^2 + y^2 + z^2)^{1/2} \tag{1-10}$$

$$\cos\theta = \frac{z}{r}, \quad 즉 \quad \theta = \cos^{-1}\frac{z}{(x^2 + y^2 + z^2)^{1/2}} \tag{1-11}$$

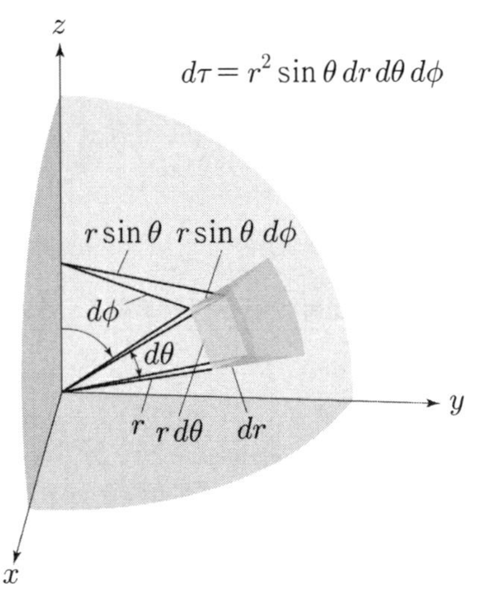

그림 1.6 구면 극좌표계의 미분 부피 원소

한편, 구면 극좌표계에서 미분 부피 원소는 직교 좌표계에서와 같이 쉽게 결정할 수 없다. 하지만. 각 θ에 대응하는 원호의 길이 L은 원의 반지름이 r일 때 $L = r\theta$로 쓸 수 있다는 것을 생각하면, 미분 부피 원소는 **그림 1.6**에서 볼 수 있듯이 다음과 같이 쓸 수 있다.

$$d\tau = (dr)(r\sin\theta\, d\phi)(r\, d\theta) = r^2 \sin\theta\, dr\, d\theta\, d\phi \tag{1-12}$$

예제 1.1

점 $(3,\ -2,\ 1)$에 대한 r, θ, ϕ의 값을 구하시오. (주의: $0 \le \theta \le 180°$, $0 \le \phi < 360°$)

[풀이]

$x = 3$, $y = -2$, $z = 1$이므로, 점의 위치는 다음과 같이 표현할 수 있다.

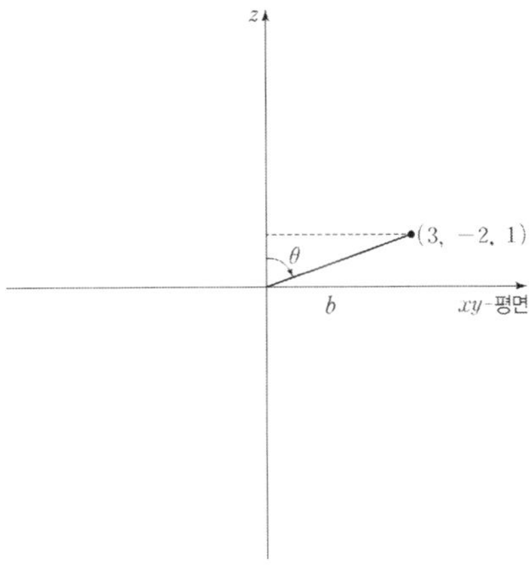

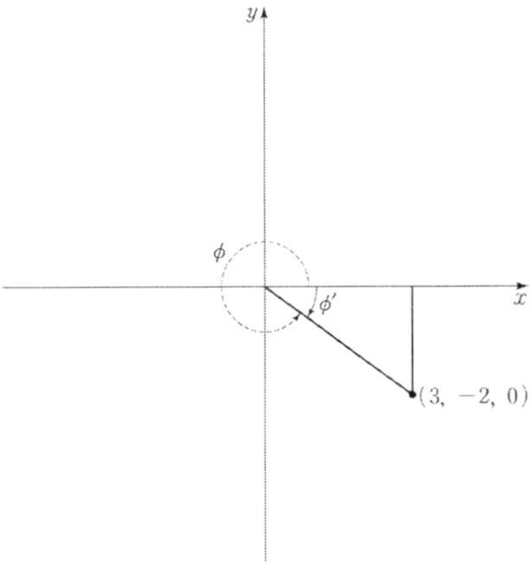

따라서 $r = \sqrt{x^2+y^2+z^2} = \sqrt{9+4+1} = \sqrt{14} = 3.742$

$\theta = \cos^{-1}(z/r) = \cos^{-1}(1/\sqrt{14}) = 74.50°$

$\phi' = \tan^{-1}(2/3) = 33.69°$

$\phi = 360° - 33.69° = 326.31°$

1.5 복소수

복소수(complex number)는 실수부 x와 허수부인 y로 구성된 식 $z = x + iy$로 표현되는 숫자이다. 여기서 i는 $\sqrt{-1}$로 정의되며, 실수부와 허수부는 실수값을 가진다. 사실 모든 숫자는 복소수로 볼 수 있는데, 실수는 $y = 0$으로 정하면 얻게 되는 수이다. 또 $x = 0$으로 정하면 순허수(pure imaginary numbers)를 얻을 수 있다.

복소수도 실수처럼 좌표계에 표현할 수 있다. **그림 1.7**과 같이 복소수의 실수부는 x-축에, 그리고 허수부는 y-축에 그 값을 각각 지정한다. $x = r\cos\theta$, $y = r\sin\theta$이므로 임의의 복소수는

$$z = x + iy = r\cos\theta + ir\sin\theta = r(\cos\theta + i\sin\theta) \tag{1-13}$$

로 표현된다.

또한, x-축과 y-축으로 만들어지는 평면의 모든 점은 복소수를 나타내므로 이 평면을 복소평면(complex plane)이라 부른다. 우리가 n차원 좌표계를 그린다면, 그중 두 축에 의해 형성되는 하나의 평면은 복소평면으로 간주할 수 있다.

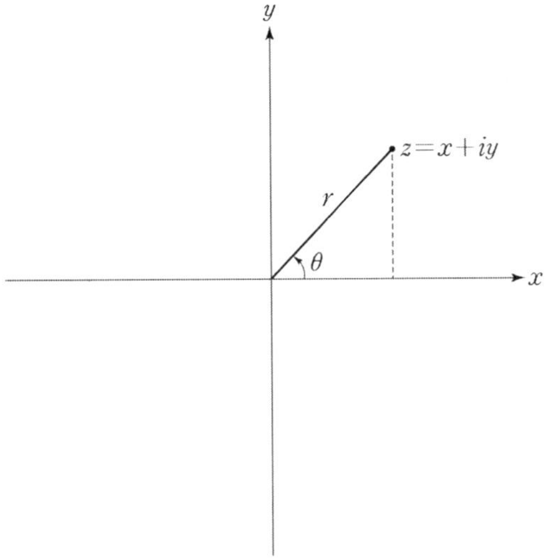

그림 1.7 복소평면

식 (1-13)에서 r의 값은 절댓값(modulus 또는 absolute value)으로 불리며, 다음 식으로 얻을 수 있다.

$$r = (x^2 + y^2)^{1/2} = |z| \tag{1-14}$$

위상각(phase angle)으로 불리는 각 θ는 복소평면에서 z를 x-축으부터 이 각도만큼 회전한 존재로 간주하여 이해할 수 있다. 복소수 $z = x + iy$의 절댓값의 제곱은 이 복소수와 이 복소수의 켤레복소수 $z^* = x - iy$를 곱한 것과 같다. 켤레복소수는 복소수의 허수부 부호를 바꾸면 얻을 수 있다. 그리고 복소수와 켤레복소수의 곱은 항상 실수이다.

$$z\,z^* = (x - iy)(x + iy) = x^2 + y^2 = |z|^2 \tag{1-15}$$

복수평면을 이용하여 $\sin\theta$와 $\cos\theta$의 편리한 관계식 하나를 찾아볼 수 있다. 각각의 함수를 Maclaurin 급수로 전개하면, 다음의 식을 얻을 수 있다. (급수 전개는 6장에서 자세히 다룬다.)

$$\sin\theta = \theta - \frac{\theta^3}{3!} + \frac{\theta^5}{5!} - \frac{\theta^7}{7!} + - \cdots \tag{1-16}$$

$$\cos\theta = 1 - \frac{\theta^2}{2!} + \frac{\theta^4}{4!} - \frac{\theta^6}{8!} + - \cdots \tag{1-17}$$

여기서 $n!$(n 계승(階乘), factorial)은 $n! = (1)(2)(3)(4)\cdots(n-1)(n)$이며, 따라서

$$\cos\theta + i\sin\theta = 1 + i\theta - \frac{\theta^2}{2!} - \frac{i\theta^3}{3!} \cdots \tag{1-18}$$

을 얻을 수 있다. 하지만 이것은 $e^{i\theta}$을 따로 급수 전개했을 때와 정확히 같다.

$$e^{i\theta} = 1 + i\theta - \frac{\theta^2}{2!} - \frac{i\theta^3}{3!} \cdots \tag{1-19}$$

그러므로 다음의 등식은 성립된다.

$$e^{i\theta} = \cos\theta + i\sin\theta \tag{1-20}$$

따라서 식 (1-13)은 다음과 같이 쓸 수 있다.

$$z = re^{i\theta} \tag{1-21}$$

같은 방법으로, 우리는 다음 식이 성립함을 보일 수 있다.

$$e^{-i\theta} = \cos\theta - i\sin\theta \tag{1-22}$$

그리고 z의 켤레복소수는 다음과 같이 쓸 수 있다.

$$z^* = re^{-i\theta} \tag{1-23}$$

식 (1-20)과 (1-22)는 Euler의 관계식(Euler's [oiler's로 발음함] relations)으로 알려져 있다.

예제 1.2

고체 결정의 X-선 회절 실험에서 구조 인자(structure factor)는 다음 식으로 쓸 수 있다.

$$F_{hkl} = \sum_j f_j e^{2\pi i(hu_j + kv_j + lw_j)}$$

여기서 h, k, l은 밀러 지수(Miller indices)이고, f_j는 j번째 원자의 원자 산란 인자, u_j, v_j, w_j는 j번째 원자의 분수(소수) 좌표(fractional coordinates)이다. Euler 관계식을 이용하여 위 구조 인자식을 $\sin$과 $\cos$을 사용하여 나타낸 식으로 변환하시오. 구한 식은 위의 식과 정확히 동등한 의미를 지닌다.

[풀이]

$$e^{2\pi i(hu_j+kv_j+lw_j)}=\cos\left[2\pi(hu_j+kv_j+lw_j)\right]+i\sin\left[2\pi(hu_j+kv_j+lw_j)\right]$$

이므로,

$$F_{hkl}=\sum_j f_j\{\cos\theta\left[2\pi(hu_j+kv_j+lw_j)\right]+i\sin\left[2\pi(hu_j+kv_j+lw_j)\right]\}$$

이다.

CHAPTER 01

연습문제

1 2차원 직교 좌표계의 각 사분면에서 x 좌표와 y 좌표의 부호는 무엇인가? 그리고 이 부호를 사용해 각 사분면에 위치한 점의 $\sin\theta$, $\cos\theta$, $\tan\theta$값의 부호를 결정하시오.

2 다음 각 점에 대하여 r과 θ의 값을 구하시오.

(a) $(3, 2)$ (b) $(2, \sqrt{2})$ (c) $(1, 4)$

(d) $(0, 2)$ (e) $(-2, -2)$ (f) $(3, 0)$

(g) $(-3, 2)$ (h) $(-5, 0)$ (i) $(8, -4)$

3 다음 각 점에 대해 x와 y의 값을 구하시오.

(a) $r = 1.23$, $\theta = 45.65^\circ$ (b) $r = 1.00$, $\theta = 60^\circ$

(c) $r = \sqrt{3}$, $\theta = 120^\circ$ (d) $r = 4.65$, $\theta = 225^\circ$

(e) $r = 4.00$, $\theta = 130^\circ$ (f) $r = 3.00$, $\theta = 0^\circ$

(g) $r = 2.50$, $\theta = -35.10^\circ$ (h) $r = 6.00$, $\theta = 45^\circ$

4 다음 각 점에 대하여 r, θ, ϕ의 값을 구하시오.

(a) $(1, 2, 3)$ (b) $(1, -2, -3)$ (c) $(-2, 0, 1)$

(d) $(1, 0, 4)$ (e) $(3, 6, 6)$ (f) $(0, 0, 2)$

5 3차원 원통형 좌표계(cylindrical coordinate system)는 평면 극좌표계의 xy-평면에 원점을 지나는 z-축을 평면에 대해 수직으로 그어 만들 수 있다. 이 좌표계에서 점은 (r, θ, z)로 표시할 수 있다. 이 좌표계에서 적분 부피 원소는 무엇인가?

6 다음 복소수의 절댓값과 위상각을 구하시오.

(a) 1 (b) $4i$ (c) $1+i$

(e) $-3-3i$ (d) $3-4i$ (f) $-4+6i$

7 방정식 $x^3-1=0$의 근을 구하시오. (세 근이 존재하며, 이 근들이 같거나 실수일 필요는 없다.)

8 $e^{-i\theta}=\cos\theta-i\sin\theta$의 등식이 성립함을 보이시오.

9 $\cos\theta=\dfrac{1}{2}(e^{i\theta}+e^{-i\theta})$와 $\sin\theta=\dfrac{1}{2i}(e^{i\theta}-e^{-i\theta})$에서 등식이 성립함을 보이시오.

10 방정식 $e^{2\pi im}=1$을 만족하는 m의 값을 구하시오. (힌트: 오일러 관계식을 사용하여 지수식을 사인과 코사인으로 표현한다.)

11 식 $Ae^{ikx}+B\,e^{-ikx}$이 $A'\sin kx+B'\cos kx$와 동등함을 보이시오. 단, 여기서 A와 B, 그리고 A'와 B'는 임의의 상수이다.

12 고체 CsCl의 단순입방격자(primitive cubic lattice)에서 Cs 이온이 (0, 0, 0)의 분수 좌표에, Cl 이온은 (1/2, 1/2, 1/2)의 분수 좌표에 놓여 있다고 한다. $f_{\mathrm{Cs}}=54$, $f_{\mathrm{Cl}}=18$일 때, 예제 1.2의 식을 이용하여 $h=2$, $k=0$, $l=0$ 반사에 대한 X-선 구조인자를 구하시오.

CHAPTER 02

함수와 그래프

2.1 함수

다른 모든 자연과학 분야와 마찬가지로 물리화학에서도 어떤 계에서 한 가지 변수가 그 계의 다른 변수들에 어떻게 의존하는지에 주목하게 된다. 예를 들어, 우리가 절대온도에 따라 액체의 증기압이 어떻게 변하는지 알고 싶은 경우를 생각해 보자. 간단한 실험으로 우리는 액체의 증기압이 온도에 따라 어떤 정해진 방식으로 변한다는 것을 알 수 있다. 주의 깊게 측정한다면, 우리는 절대온도 T에서 증기압 P가 다음의 법칙으로 근사됨을 알 수 있을 것이다.

$$P = Ae^{-B/T} \tag{2-1}$$

여기서 A와 B는 실험적으로 정하게 되는 상수이다. 이 식은 액체의 증기압과 그 액체의 온도 사이에 일대일 대응이 존재함을 보여준다. 즉, 식 (2-1)에 T값을 대입하면 이에 대응하는 P값이 존재한다.

이제 여러 온도 값을 수학적인 집합 $T = \{T_1, T_2, T_3, \cdots\}$으로 그리고 이에 대응하는 압력 값을 다른 집합 $P = \{P_1, P_2, P_3, \cdots\}$로 정의해 보자. 수학적인 집합은 숫자들의 모음으로 정의되며 각각의 수는 원소라고 불리는데, 우리가 측정하는 온도와 압력은 이 정의를 만족한다. 만약 집합 T의 각 원소에 관련된 다른 집합 P의 원소가 적어도 하나 있다면, 우리는 이 관련성을 T로부터 P로 향하는 함수라 말하고, $f: T \to P$라 쓴다. 즉, 이 함수는 집합 T의 각 원소를 집합 P의 대응하는 원소에 데려다주는 것이다. P는 T의 함수(즉, P 값은 T 값에 의존)이기 때문에 위의 표현은 $f: T \to f(T)$이고 $P = f(T)$라고 쓸 수 있다. 여기서 $f(T)$는 "f of T"로 읽으며, f에 T가 곱해진 것이 아니고, 함수 $f(T)$의 값 $Ae^{-B/T}$를 의미하므로 다음과 같이 쓸 수 있다.

$$f(T) = Ae^{-B/T} \tag{2-2}$$

따라서 함수는 최소한 두 개의 수학적 집합의 원소 사이 대응으로 정의할 수 있다.

이 예에서 P는 오직 하나의 변수 T의 함수로 간주되었다. 식 $P=f(T)$는 **그림 2.1**에 보여주는 그래프와 같이 2차원 직교 좌표계의 일련의 점들로 표현될 수 있다. 하지만 물리화학에서 다루는 계에서 함수는 보통 둘 이상의 변수에 의존한다. 그러므로 지금 제시한 함수의 정의를 둘 이상 변수의 함수까지 포함하도록 확장할 필요가 있다. 예를 들어, 기체의 압력은 단지 기체의 온도에만 의존하는 것이 아니라 기체의 부피에도 의존한다. 만약 어떤 기체를 이상 기체라고 가정하면, 기체의 압력은 다음의 유명한 이상 기체의 법칙을 따를 것이다.

$$P=\frac{RT}{V}=f(T,V) \tag{2-3}$$

여기서 R은 기체 상수라 불리는 상수이다. 식 (2-3)은 세 가지 숫자들의 집합 사이에 일대일의 대응이 있음을 보여준다. 세 집합은 압력의 집합 $P=\{P_1, P_2, P_3, \cdots\}$, 온도의 집합 $T=\{T_1, T_2, T_3, \cdots\}$, 그리고 부피의 집합 $V=\{V_1, V_2, V_3, \cdots\}$를 말한다. 이 세 집합은 한 축을 따라 P를, 또 다른 축을 따라 T를, 세 번째 축을 따라 V를 표시한 3차원 좌표계에 그래프로 나타낼 수 있다. **그림 2.1**과 같은 P, T, V의 그래프를 흔히 상 평형도(phase diagram)라 부른다.

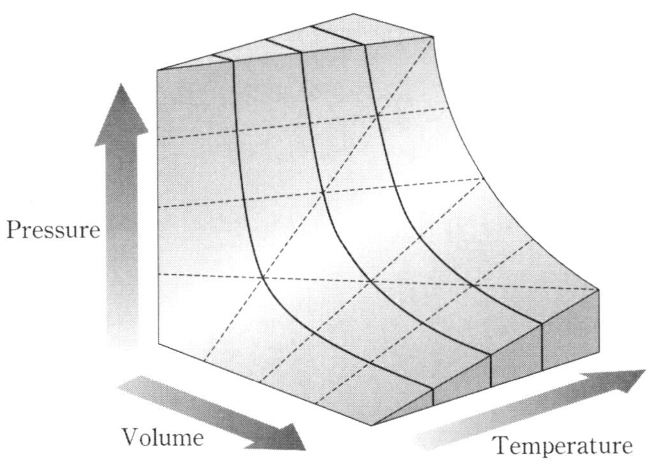

그림 2.1 이상 기체의 $P-V-T$ 표면

2.2 함수의 그래프 표현

앞에서 보았듯이 계의 변수들 사이의 함수적 의존 관계를 표현하는 가장 편리한 방법 중 하나는 좌표계를 사용하는 것이다. 이는 각각의 숫자 집합을 하나의 축에 쉽게 표현할 수 있고, 결과로 만들어지는 그래프가 각 축이 나타내는 변수의 거동을 쉽게 알아볼 수 있도록 만들어 주기 때문이다. 우리는 변수들 사이의 선형(linear) 의존을 보여주는 그래프부터 살펴보기로 한다.

2.2.1. 1차 함수

변수 간 선형 의존성을 나타내는 함수를 정의하는 방정식을 1차 식(1st-degree equation)이라 한다. 이러한 함수는 일반적으로 직접 비례(direct proportion)라 불리는 의존성을 나타내는데, 이 함수에는 변수의 거듭제곱이 1차로만 나타나기 때문에 1차 식이라 불리는 것이다. 1차 식은 직선을 표현하고 다음과 같은

$$y = f(x) = mx + b \tag{2-4}$$

의 일반적인 형태를 갖는다. 여기서 m은 직선의 기울기라고 불리는 상수, b는 선의 y-절편이라고 불리는 상수이다. 기울기 m은 직선이 x-축과 이루는 각도의 tan 값을 의미하며, y-절편 b는 직선이 y-축과 만나는 점을 나타낸다. **그림 2.2**에 도시된 방정식 $°\mathrm{F} = \frac{9}{5}℃ + 32$는 1차 식이다. 이 친숙한 식은 온도의 화씨 눈금과 섭씨 눈금의 관계를 표현한다. 실제로 이 식이 직선의 방정식임을 알 수 있다. 주어진 식으로부터 직선의 기울기가 9/5이고 y-절편이 32임을 알 수 있다. $°\mathrm{F} = f(℃) = 0$인 ℃값을 고려하는 것도 흥미로울 수 있다. 이 점은 직선이 ℃ 축과 만나는 점을 나타내며 함수의 영점(zero of function)으로 알려져 있다. 식 (2-4)를 재배열하면 다음과 같이 영점을 얻을 수 있다.

$$0 = mx + b, \text{ 즉 } x = -\frac{b}{m} \tag{2-5}$$

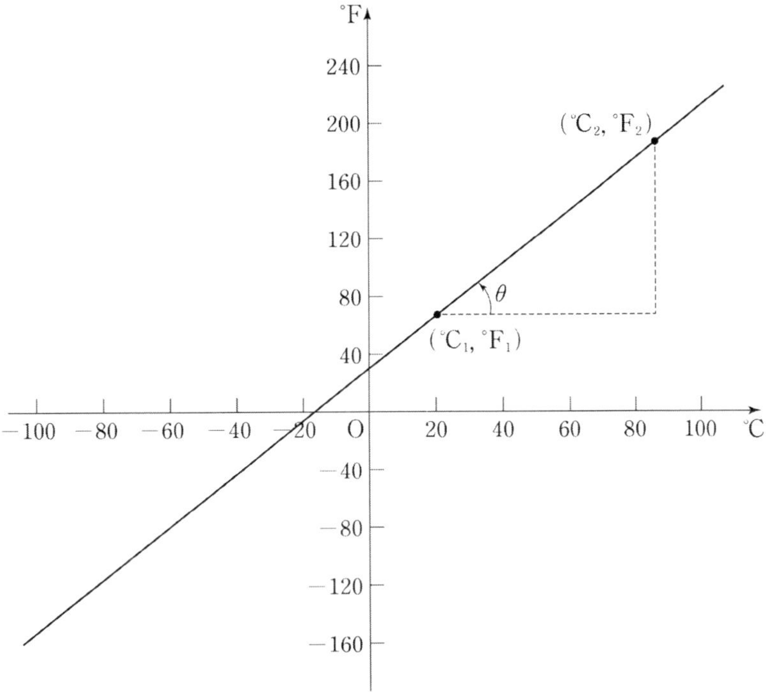

그림 2.2 $°F = \frac{9}{5}°C + 32$의 그래프

한편, 변수들 사이에 선형 관계가 나타나지 않는 식도 변수로 표시할 좌표축의 값을 적절히 선택하기만 하면 직선으로 나타낼 수 있는 경우가 많다. 식에 들어있는 물리적 의미를 갖는 상수는 식을 선형으로 만들면 그래프를 통해 가장 쉽게 결정할 수 있기 때문에 이 방법은 매우 유용하게 사용된다. 예를 들어, 물의 증기압을 온도의 함수로 나타낸 **그림 1.1**은 전혀 선형적이지 않다. 그러나 P를 T에 대해 표현하는 대신 $\ln P$를 $1/T$에 대해 표현하면 선형인 $\ln P = -\Delta H/RT + C$의 그래프를 얻는다. 이 그래프는 **그림 2.3**과 같은데, 이 그림의 장점은 직선의 기울기, $-\Delta H/R$로부터 물의 기화열인 ΔH를 쉽게 결정할 수 있다는 것이다. 이 값을 **그림 1.1**에 나타낸 그래프로부터 결정하는 것은 매우 어려운 일이다.

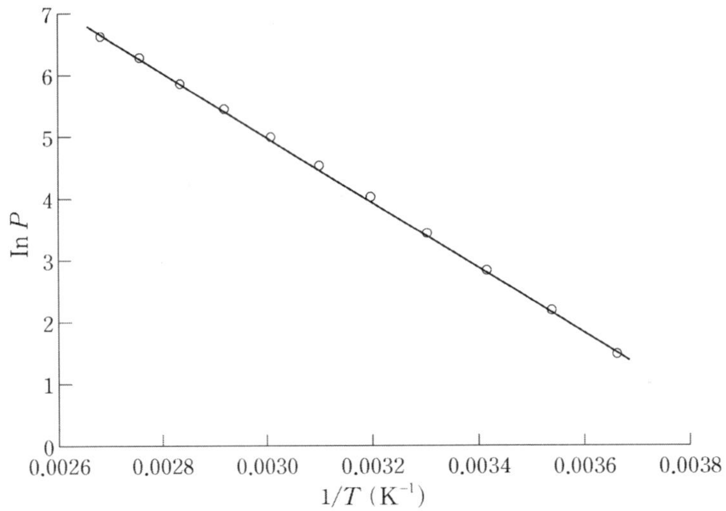

그림 2.3 물의 증기압 식을 $\ln P$ vs. $1/T$로 그린 그래프

2.2.2. 2차 함수

2차 함수를 나타내는 식(2nd-degree equation)의 일반적인 형태는 다음과 같다.

$$y = f(x) = ax^2 + bx + c \tag{2-6}$$

여기서 a, b, c는 상수이며, 2차를 유지해야 하므로 $a \neq 0$이다. 이 함수는 변수의 거듭제곱이 최대 2차까지 나타나기 때문에 2차 식이라 불린다. 식 (2-6)은 quadratic equation이라고도 불리는데, 여기서 quad는 제곱(square)을 의미한다. **그림 2.4**는 전형적인 2차 함수식 $y = x^2 - 2x - 2$를 나타낸 것이다. 식 (2-6)이 나타내는 곡선 부류는 **포물선**(parabola)이라 불린다. 이 유형의 곡선은 상수 a가 양수이면 곡선 아래쪽이 볼록하고 위가 열리고, 상수 a가 음수이면 곡선 위쪽이 볼록하고 아래가 열린다. 점 (x, y)에서 곡선의 기울기는 그 점에서 곡선에 접하는 직선의 기울기로 정의할 수 있는데, **그림 2.5**와 나타낸 것과 같이 일정하지 않고 x의 함수로서 위치에 따라 변화한다. 그렇지만 이러한 곡선의 기울기를 곡선에 접하는 직선을 작도하여 구하는 것은 현실적으로 어려운 일이다. 그러나 곡선을 표현하는 식을 안다면 기울기는 수학적으로 쉽게 결정할 수 있다. 곧 4장에서 배우게 될 미분학을 이용하면 곡선의 기울기도 쉽게 결정할 수 있다.

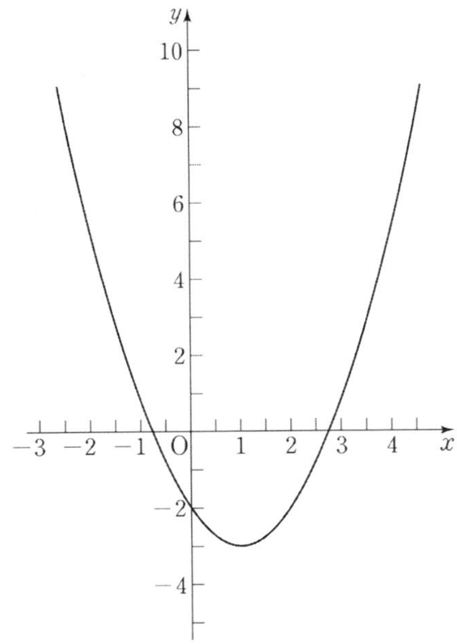

그림 2.4 함수 $y=f(x)=x^2-2x-2$의 그래프

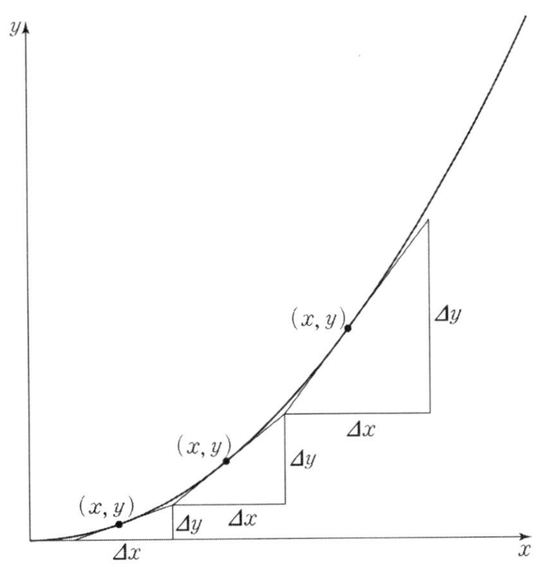

그림 2.5 x의 함수로서의 기울기 변화

이전 절에서 함수의 영점은 직선이 x-축과 만나는 점, 즉 좌표로 정의하였다. 차수가 1보다 큰 함수는 영점을 하나 이상 가질 수도 있고 그렇지 않을 수도 있다. 우리는 일반적으로 함수의 영점($y=0$일 때)을 관련 방정식의 근(root)이라고 한다. 그러나 방정식의 근이 함수의 실제 영점이 되는지 그 여부는 근이 실수인지 허수인지에 따라 달라진다. 2차 방정식은 두 개의 근을 가져야 한다. **그림 2.4**와 같이 x-축이 함수의 곡선을 둘로 나누는 경우, 두 근은 서로 다르며 교차점은 함수의 영점(즉, $f(x)=0$인 점)을 나타낸다. 어떤 경우에는 2차 방정식의 두 근이 동일할 수 있다. 이 경우 x-축은 함수의 곡선을 둘로 나누지 않고 곡선과 접하게 된다. 그리고 동일한 두 근이 함수의 영점을 나타내는 것은 자명하다. 그러나 근이 허수가 되는 경우에는 함수의 그래프가 x-축에 닿지 않을 것이고 x-축 위쪽에서 최솟값을 갖거나 x-축 아래쪽에서 최댓값을 가질 것이다. 이 상황에서 방정식의 근은 함수의 영점을 나타내지 않으며, 함수는 실수값의 영점을 갖지 않는다고 말한다.

한편, 2차 방정식의 근을 찾기 위해 우리는 다음의 **근의 공식**(quadratic formula)을 사용할 수 있다.

$$x=\frac{-b\pm\sqrt{b^2-4ac}}{2a} \tag{2-7}$$

예제 2.1

근의 공식을 사용하여 함수 $y=x^2-x+3$이 x-축과 만나는 x 좌표가 있다면 그 값을 구하시오. 그리고 구한 좌표가 함수의 실제 영점인지를 설명하시오.

[풀이]

$y=0$으로 놓고 근의 공식을 적용하면,

$$x = \frac{-(-1) \pm \sqrt{1-4(1)(3)}}{2a} = \frac{1 \pm i\sqrt{11}}{2}$$

두 근은 허수이다. 따라서 실수값의 영점을 갖지 않으며 함수는 x-축과 만나지 않는다.

한편, 우리는 흔히 2차 방정식의 근을 인수분해하여 찾을 수 있다. 예를 들어, 다음 식은

$$x^2 - 3x + 2 = 0 \tag{2-8}$$

다음 두 항의 곱으로

$$(x-1)(x-2) = 0 \tag{2-9}$$

으로 인수분해된다. 이 방정식의 근은 이제 두 개의 1차 방정식을 풀어 구할 수 있다.

$$(x-1) = 0 \quad \text{또는} \quad (x-2) = 0 \tag{2-10}$$

결과는 $x = 1$ 또는 $x = 2$이다. 근의 공식에 $a = 1, b = -3, c = 2$를 넣어도 동일한 결과를 얻을 수 있다.

어떤 특정한 물리적 상황을 정의하는 식이 2차(또는 심지어 3차 이상 차수의) 식인 경우에는 순수 수학을 다룰 때와 다르게 물리적으로 존재하지 않는 근이 나타날 수 있다. 2차 방정식은 반드시 두 개의 근을 가지고 있기 때문에 두 근이 동일하지 않은 경우, 비록 두 근이 모두 수학적으로 맞는 답일지라도 물리적 상황에 맞는 적절한 근만을 선택해야 한다. 예를 들어, 다음 평형 화학식을 고려해 보자.

$$A + B \rightleftarrows C + D$$

초기 반응 용기에 A의 농도는 1 M, B의 농도는 2 M, 그리고 C와 D는 존재하지 않았다고 가정해 보자. 우리가 반응의 평형 상수가 5.0임이 알고 있을 때 A, B, C, D의 평형 농도를 결정하고자 한다. 평형에서 C와 D의 평형 농도가 모두 x로 동일하다고 가정한다면, A와 B의 평형 농도는 각각 (1.00 - x)와 (2.00 - x)일 것이다. 평형 상수 식에 이들을 대입하면 다음과 같다.

$$K = \frac{[C][D]}{[A][B]}$$

이 식은 다음과 같이 쓸 수 있다.

$$5.0 = \frac{(x)(x)}{(1.00 - x)(2.00 - x)}$$

우리는 이 식을 2차 방정식으로 다시 정리할 수 있다.

$$4x^2 - 15x + 10 = 0$$

그리고 근의 공식을 이용하면 $x = 2.88$ M 또는 $x = 0.868$ M의 근을 얻을 수 있다.

우리는 이제 어느 x값이 물리적으로 옳은 것인지 결정해야만 한다. 우리가 $x = 2.88$ M을 선택하는 경우 A와 B의 평형 농도는 둘 다 실제로 불가능한 음수가 될 것이다. 따라서 x에 대해 물리적으로 옳은 값은 0.868 M이며 A, B, C, D의 평형 농도는 각각 0.132 M, 1.132 M, 0.868 M, 0.868 M이다. 여기서 우리는 두 개의 근 모두가 수학적으로는 맞을지 몰라도 물리적으로는 하나의 근만이 허용된다는 것을 알게 되었다.

2.2.3. 지수 함수와 로그 함수

지수 함수는 다음과 같은 일반 형태로 정의할 수 있는 함수이다. 단, 여기서 밑(base)은 $a > 0$이다.

$$f(x) = a^x \tag{2-11}$$

물리화학을 포함하여 실제 자연과학 전 분야에서 가장 광범위하게 사용되는 중요한 지수 함수는

$$f(x) = e^x \tag{2-12}$$

이며, 여기서 상수 e는

$$e = \lim_{x \to 0}(1+x)^{1/x} = 1 + \frac{1}{1!} + \frac{1}{2!} + \frac{1}{3!} + \cdots$$

이다. 이것은 반복되지 않는 무한소수이며 유효 숫자 다섯 자리까지 쓰면 2.7183이고, 오일러수(Euler's number)라 불린다. **그림 2.6**은 함수 e^x을 나타낸다. 모든 $a(> 0)$에 대해 $a^0 = 1$이므로, 모든 지수 함수는 공통으로 점 (0,1)을 지난다. 이 함수가 x가 $-\infty$에서 0에 접근하지만, 함수값이 결코 0이 될 수 없다는 것을 주의하자. $\lim\limits_{x \to 0}$의 표현은 "x가 0으로 접근할 때 극한"으로 읽는데, 위 식은 x가 0에 접근함에 따라 $(1+x)^{1/x}$가 2.7183의 값에 접근한다는 것을 의미한다.

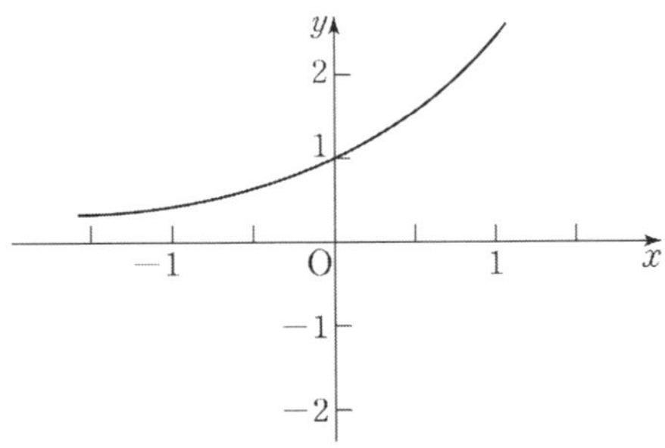

그림 2.6 함수 $y = e^x$의 그래프

로그 함수는 지수 함수와 직접적으로 관련된 것으로 사실상 동일한 의미를 담고 있는 다른 표현으로 간주할 수 있다. 식 $y = a^x$ 에서 거듭제곱된 지수 x는, 밑(base)을 a로 한 y의 로그라 하며 다음과 같이 쓸 수 있다.

$$\log_a y = x \tag{2-13}$$

그림 2.7은 로그 함수 $\log_2 y = x$를 그린 것이다. 모든 $a(>0)$에 대해 $\log_a 1 = 0$이므로 모든 로그 함수는 공통으로 점 (0, 1)을 지난다. 로그 함수는 많은 유용한 성질을 가지고 있기 때문에 물리화학 분야의 연구에서 중요한 도구로 사용된다. 이러한 이유로 우리는 로그의 일반적인 성질을 따로 분리하여 3장에서 다시 다룰 것이다.

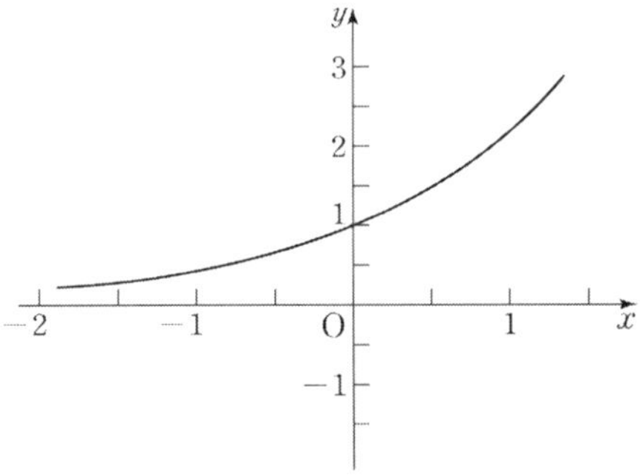

그림 2.7 함수 $\log_2 y = x$의 그래프

2.2.4. 원 함수

원은 고정된 점으로부터 일정한 거리에 있는 평면의 모든 점의 궤적으로 정의된다. 원은 다음 방정식에 의해 표현된다.

$$(x-a)^2 + (y-b)^2 = r^2 \tag{2-14}$$

여기서 a와 b는 원 중심(고정된 점)의 좌표이며, r는 반지름이다. 단위 원(unit circle)은 원점에 중심을 둔 반지름이 1인 원이다.

$$x^2 + y^2 = 1 \tag{2-15}$$

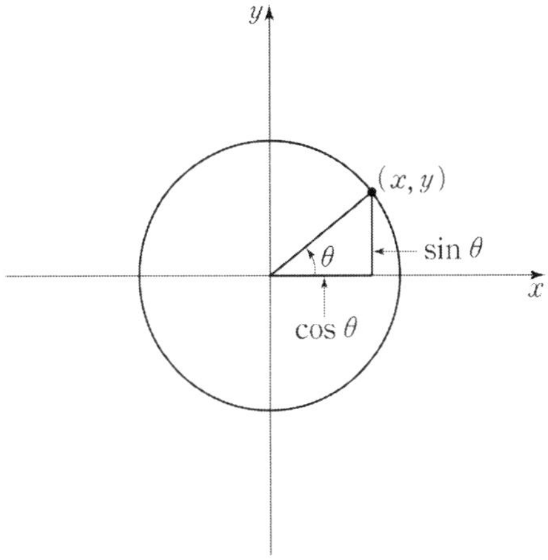

그림 2.8 단위 원 $x^2 + y^2 = 1$의 그래프

이제 **그림 2.8**과 같이 단위 원에 내접하는 삼각형을 생각해 보자. 이제 여기서 우리는 세 가지 함수를 정의할 수 있다. 각 θ를 점 (x, y)의 y좌표로 보내는(즉, $\theta \to y$) sine(줄여서 sin), 각 θ를 x좌표로 보내는(즉, $\theta \to x$) cosine(줄여서 cos), 그리고 x에 대한 y의 비(즉, $\theta \to x/y$)로 보내는 tangent(줄여서 tan) 함수가 이들이며, 다음과 같이 표현할 수 있다.

$$\sin\theta = y \tag{2-16}$$

$$\cos\theta = x \tag{2-17}$$

$$\tan\theta = \frac{y}{x} = \frac{\sin\theta}{\cos\theta} \tag{2-18}$$

이 함수들을 원 함수 또는 삼각 함수라 부른다. 식 (2-16), (2-17), (2-18)은 1장의 변환 방정식 (1-4)에 단지 $r = 1$을 대입한 것임을 주목하자. $\sin\theta$와 $\cos\theta$ 같은 함수를 선형 좌표(수평축에 선형적으로 θ를 표시한 좌표)에 그린 그래프와 평면 극좌표에 그린 그래프를 비교하는 것은 흥미로운 일이다. 예를 들어, $A(>0)$가 상수일 때 식 $r = A\cos\theta$를 고려해 보자. 이 식은 파동의 성질을 묘사하는 데 이용될 수 있으며, 실제로도 2차원에서 p형 원자 궤도함수(atomic orbital)를 표현한다. θ에 대한 r의 함수적 의존 관계는 **표 2.1**에 나열된 자료에서 읽을 수 있다.

표 2.1 함수 $r = A\cos\theta$에서 θ에 대한 r의 의존

θ	r	θ	r	θ	r
0°	1.000A	135°	−0.707A	270°	0
30°	0.688A	150°	−0.866A	300°	0.500A
45°	0.707A	180°	−1.000A	315°	0.707A
60°	0.500A	210°	−0.866A	330°	0.866A
90°	0	225°	−0.707A	360°	1.000A
120°	−0.500A	240°	−0.500A		

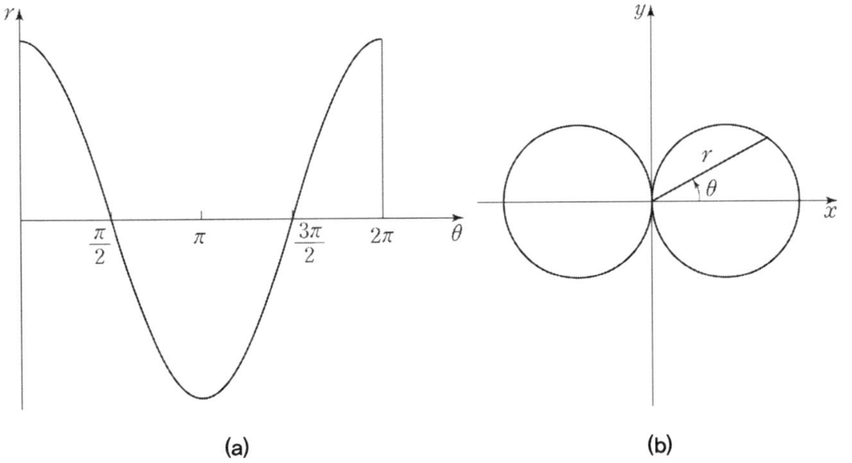

그림 2.9 함수 $r = A\cos\theta$를 (a) 선형 좌표와 (b) 극좌표로 그린 그래프

선형 좌표에 θ값에 대해 r값을 그리면 **그림 2.9(a)**로 전형적인 cos 곡선이 나타나며, 이것은 분명히 파동을 닮아 있다. 한편, 평면 극좌표에 그리면 **그림 2.9(b)**와 같이 우리에게 친숙한 p-오비탈이 나타난다[1]. 두 그래프는 동등하며 곡선의 모양은 좌표계의 선택에 달려 있음에 주목하자.

1 극좌표에서 음의 값을 갖는 r은 물리적 의미를 갖지 않기 때문에 실제로는 $r = |A\cos\theta|$를 그린다.

2.3 다항 함수와 관련 방정식의 근

앞서 우리는 1차 또는 2차 방정식의 근을 쉽게 찾을 수 있음을 보았다. 하지만 선형 또는 2차가 아닌 방정식의 근은 어떻게 찾을 수 있을까? 컴퓨터 시대가 오기 전에 이것은 간단한 일이 아니었다. 컴퓨터를 사용하지 않고 다항 방정식의 근을 찾는 표준 방법은 함수를 그래프로 그리는 것이다. 예를 들어, 다음 식을 살펴보자.

$$y = x^4 + x^3 - 3x^2 - x + 1$$

이 함수를 -3에서 $+3$까지의 구간에서 그리면, **그림 2.10**의 그래프를 얻는다. 방정식의 근은 $y = 0$일 때 x의 값, 즉 함수의 그래프가 x-축과 만나는 점에 해당한다.

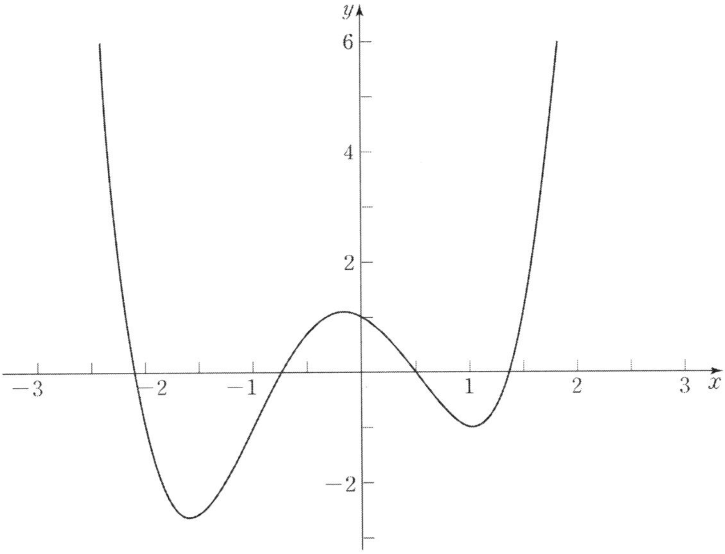

그림 2.10 함수 $y = x^4 + x^3 - 3x^2 - x + 1$의 그래프

그래프를 주의 깊게 조사해 보면, 근이 $x = -2.09, -0.74, 0.47, 1.36$ 임을 알 수 있다. 우리는 11장에서 Excel®을 이용하여 다항 방정식의 근을 찾는 수치적인 방법(numerical methods)을 다룰 것이다.

CHAPTER

02 연습문제

1 다음 각 직선 또는 곡선이 x-축과 만나는 점(근)을 구하시오. 각각의 경우, 구한 근이 함수의 실제 영점인지 확인하시오.

(a) $y=5x-10$

(b) $2(y-2)=-6x$

(c) $y=x^2-2x+4$

(d) $y=x^2+x-12$

(e) $y=x^2-1.509x-2.922$

(f) $y=\cos x$

(g) $r=\sin\theta$

(h) $\mathrm{pH} = -\log_{10}[\mathrm{H}^+]$

(i) $x^2+y^2=3$

(j) $(x-3)^2+(y-4)^2=9$

2 0부터 2π까지 θ의 범위에서 평면 극좌표에 다음 함수를 그리시오.

(a) $r=2$

(b) $r=|4\sin\theta|$

(c) $r=|\theta/72|$

(d) $r=|4\cos\theta|$

(e) $r=|4\sin\theta\cos\theta|$

(f) $r=|3\cos^2\theta-1|$

3 다음 함수를 직교 좌표계에 그리시오.

(a) $y=5$

(b) $y=3x-9$

(c) $t=3e^{-x}$

(d) $y=2\sin(2x)$ (x의 범위는 0부터 2π까지)

(e) $PV=k$ (여기서 k는 양의 상수)

(f) $\psi=4\sin\theta\cos\theta$

(g) $y=x^2-x+3$

(h) $y=(4-x^2)^{1/2}$

4 다음 함수를 괄호에 지시한 대로 직교 좌표계에 그리시오.

(a) $E_k=\dfrac{1}{2}mv^2$, (x-축: v, y-축: E_k, 여기서 m은 상수)

(b) $V=-e^2/r^2$, (x-축: r, y-축: V, 여기서 e는 상수)

(c) $F=e^2/r^2$, (x-축: r, y-축: F, 여기서 e는 상수)

(d) $[\mathrm{A}]=[\mathrm{A}]_0 e^{-kt}$, ($x$-축: t, y-축: [A], k와 $[\mathrm{A}]_0$은 상수)

(e) $1/[\mathrm{A}]=kt+1/[\mathrm{A}]_0$, ($x$-축: t, y-축: [A], k와 $[\mathrm{A}]_0$은 상수)

(f) $k_r = Ae^{-E/RT}$, (x-축: T, y-축: k_r, E와 R은 상수, e는 오일러수)

5 문제 4번의 함수들이 직교 좌표계에 직선으로 그려지도록 x-축과 y-축의 좌표 변수를 새로 정한 후, 함수들을 그리시오.

6 다음 함수에 대해 $[f(x+h)-f(x)]/h$를 구하시오. 여기서 h는 상수이다.

(a) $f(x)=1/x$

(b) $f(x)=1/x^2$

(c) $f(x)=3x^2-3$

(d) $f(x)=1/(1+x)$

7 방사성 붕괴는 방사성 물질의 농도 C가 시간 t의 함수로 변하는 1차 과정이며, 이것은 방정식 $C=C_0e^{-kt}$으로 표현할 수 있다. 여기서 C_0과 k는 상수이고 e는 오일러수이다.
다음 자료를 직교 좌표계에 직선으로 표현할 수 있도록 적절한 x-축과 y-축의 좌표 변수를 정하고, 좌표계에 자료를 점으로 표시하여 점들을 지나는 직선의 식을 구하시오. 이 직선의 식으로부터 C_0과 k의 값을 구하시오.

t (min)	0	30	60	90	120	150	180	210
C (counts/min)	3142	2601	2153	1782	1475	1221	1011	837

CHAPTER

03

로그

3.1 도입

2장에서 우리는 로그를 숫자 $a(>0)$를 거듭제곱하여 그 값이 y가 되도록 하는 지수 x로 정의하였다. 즉, $a^x=y$이면, $\log_a y$("log of y to (the base) a"라 읽음)가 x인 것이다.

두 식

$$a^x=y \quad 그리고 \quad \log_a y=x$$

는 같은 내용을 담고 있는 동등한 표현이기 때문에 우리는 이를 이용하여 로그의 몇 가지 유용한 일반적인 성질을 끌어낼 수 있다.

3.2 로그의 일반적인 성질

곱의 규칙

두 수 m과 n의 곱(product)의 로그는 m의 로그와 n의 로그의 합(sum)과 같다.

$$\log_a mn=\log_a m+\log_a n \tag{3-1}$$

증명) 우변의 각 항을 $x=\log_a m$과 $y=\log_a n$으로 쓰자. 이것은 각각 $m=a^x$, $n=a^y$와 동등한 표현이다. 여기서

$$mn=a^x a^y=a^{(x+y)} \tag{3-2}$$

이므로 식 (3-2)에 밑이 a인 로그를 취하면,

$$\log_a mn = \log_a a^{(x+y)} = x + y = \log_a m + \log_a n$$

으로 식 (3-1)을 얻는다.

몫의 규칙

두 수 m과 n의 몫(quotient)의 로그는 m의 로그와 n의 로그의 차(difference)와 같다.

$$\log_a\left(\frac{m}{n}\right) = \log_a m - \log_a n \tag{3-3}$$

증명) 우변의 각 항을 $x = \log_a m$과 $y = \log_a n$으로 쓰자. 이것은 각각 $m = a^x$, $n = a^y$와 동등한 표현이다. 여기서

$$\frac{m}{n} = \frac{a^x}{a^y} = a^{(x-y)} \tag{3-4}$$

이므로 식 (3-4)에 밑이 a인 로그를 취하면,

$$\log_a\left(\frac{m}{n}\right) = \log_a a^{(x-y)} = x - y = \log_a m - \log_a n$$

으로 식 (3-3)을 얻는다.

지수의 규칙

m을 n번 거듭제곱한 것의 로그는 m의 로그에 n을 곱한 것과 같다.

$$\log_a (m)^n = n \log_a m \tag{3-5}$$

증명) $x = \log_a m$이라 하면 이것은 $m = a^x$와 동등한 표현이다. 이 표현의 양변을 n번 거듭 제곱하면,

$$m^n = (a^x)^n = a^{xn} \tag{3-6}$$

이므로 식 (3-6)에 밑이 a인 로그를 취하면, 로그의 정의에 의해

$$\log_a (m)^n = \log_a a^{nx} = nx = n\log_a m$$

으로 식 (3-5)을 얻는다.

3.3 상용로그

앞의 예에서 우리는 밑 a에 대해 특정 값을 지정하지 않았다. 즉, 위의 규칙들은 a가 0보다 큰 실수이기만 하면 항상 성립한다. 하지만 대부분의 수치 계산에서는 밑이 10인 상용로그를 사용하는 것이 편리한데, 이는 우리가 숫자를 10진법으로 표현하는 것과 직접적으로 연관되어 있다. 또 이것은 계산기나 교과서 등에서 숫자를 10의 거듭제곱으로 표현하는 이른바 '과학적 표기법(scientific notation)'과도 직접적으로 연결되어 있다.

표 3.1 $y = 10^x$와 $\log_{10} y = x$의 관계

$10^0 = 1$	$\log 1 = 0$	$10^{0.3010} = 2$	$\log 2 = 0.3010$
$10^1 = 10$	$\log 10 = 1$	$10^{0.4771} = 3$	$\log 3 = 0.4771$
$10^2 = 100$	$\log 100 = 2$	$10^{0.9542} = 9$	$\log 9 = 0.9542$
$10^3 = 1000$	$\log 1000 = 3$	$10^{1.3010} = 20$	$\log 20 = 1.3010$

일반적으로 상용로그의 값은 두 부분의 합이다. 0보다 크고 1보다 작은(보통 소수로 나타나는) 값을 가지는 가수(假數, mantissa), 그리고 숫자의 소수점 위치를 가르쳐주는(보통 정수로 나타나는) 값을 가지는 지표(指標, characteristic)가 그것이다. 상용로그를 사용하는 것은 모든 숫자를 과학적 표기법으로 표현하는 것과 동등하다. 예를 들어, 12200은 1.22×10^4이다. 1.22는 로그의 가수에 해당하고, 10^4는 로그의 지표에 해당하여 소수점의 위치를 알려준다. 즉, 12200의 상용로그를 구하면, 그 값은 1.22의 상용로그와 10^4의 상용로그의 합과 같다.

$$\log(12200) = \log(1.22) + \log(10^4) = 0.0864 + 4 = 4.0864$$

여기서 0.0864는 가수이고 4는 지표이다. 그런데 특별히 중요한 사실은 어떤 측정값을 나타내는 수의 유효 숫자의 개수는 지표가 아니라 가수와 관련되어 있다는 점이다. 숫자 12200이 3개의 유효 숫자를 가지고 있을 때, 이 사실을 고려하여 가수를 결정해야 한다. 지표는 단지 소수점이 어디에 위치하는지를 알려줄 뿐이다.

0보다 크고 1보다 작은 범위에 있는 수 N(즉, $0 < N < 1$)을 상용로그로 나타낼 때 지표는 음의 정수가 된다. 특정 로그값이 음의 지표와 양의 가수(가수는 결코 음의 값이 될 수 없음)의 합인 사실을 강조하기 위해, 음의 부호는 지표를 나타낸 정수 위에 올려 쓰기도 한다. 따라서, $0.020 = \log(2.0\times10^{-2}) = 0.3010 + (-2)$는 $\bar{2}.3010$로 표현된다. 이러한 로그 표기법을 이질 로그법(heterogeneous logarithm)이라 한다. 음의 지표와 양의 가수를 합하여 동질 로그법(homogeneous logarithm)으로 표기할 수도 있다. 계산기와 컴퓨터는 자동으로 이런 방식을 사용한다. 계산이 완료되면, 음의 부호가 로그값 앞에 놓이게 되어, $\bar{2}.3010 = -1.6990$을 얻게 된다. 화학에서는 이질 로그법보다는 동질 로그법을 사용한다. 물질의 pH와 같이 로그로 측정된 값 등의 화학에서 발견되는 모든 로그 자료가 동질 로그법으로 표현된다. 이질 로그법으로 표현되는 값은 그래프의 축에 편하게 눈금으로 표시할 수 없다.

상용로그는 휴대용 계산기 발명 이전에 오늘날에는 정말 사소해 보이는 여러 유형의 계산 수행을 위해 광범위하게 사용되었다. (예를 들어, 어떤 수의 제곱근을 구하는 문제이다.

독자들도 한번 계산기를 사용하지 않고 43.9987의 5 제곱근을 구해 보길 바란다.) 사실, 어떤 숫자 하나의 로그값을 결정하기 위해서도 많은 숫자가 담긴 자료의 표를 훑고 지나가는 노력을 필요로 한다. 그러나 계산기가 이 모든 것을 바꾸어 놓았다. 오늘날 우리는 간단히 계산기의 버튼을 눌러 숫자의 로그 값을 쉽게 확인할 수 있다. 이제 더는 숫자를 곱하거나 숫자의 제곱근을 찾기 위해 상용로그를 사용할 필요는 없다. 그렇지만 pH와 흡광도(吸光度, absorbance)와 같은 많은 화학 개념이 여전히 상용로그로 정의된다. 따라서 화학을 공부하는 학생들은 계산기를 구입하여 계산기 LOG 버튼(그리고 그 반대 의미인 ANTILOG 버튼)에 익숙해지는 것이 중요하다.

3.4 자연로그

2장에서는 화학 공부에 특히 중요한 함수 $f(x) = e^x$를 지수 함수로 소개하였다. 이것은 자연로그로 알려져 있고 $\ln y = x$로 표시한다. 자연로그의 물리적 의미를 논하기 전에 먼저 자연로그와 상용로그의 관계를 잠시 살펴보도록 하자. 다음 식

$$y = e^x \tag{3-7}$$

에 밑이 10인 로그를 취하면,

$$\log y = \log(e^x) = x \log e \tag{3-8}$$

을 얻는다. 그런데 $x = \ln y$이므로 식 (3-8)에 대입하면 다음과 같다.

$$\log y = \log e \ln y = \log(2.718) \ln y = 0.4343 \ln y$$

즉,

$$\ln y = 2.303 \log y \tag{3-9}$$

로 자연로그를 상용로그로 바꾸면 2.303을 곱해야 하는데, 화학 교과서에서 이 숫자가 자주 등장하는 이유가 바로 여기에 있다.

자연로그의 물리적 의미는 어떤 변수 y에 유한한 변화량 Δy가 생겼을 때 분수로 표현하는 상대 변화량 $\Delta y/y$으로부터 가장 잘 이해할 수 있다. Δy는 y의 값이 일부 바뀐 양이다. 변수 y가 새로운 값 $y+\Delta y$로 변한다고 가정했을 때, 변화량 Δy가 극히 작다면 그 변화에 따른 자연로그 값의 변화는 다음과 같다.

$$\begin{aligned}\Delta \ln y &= \ln(y+\Delta y) - \ln y \\ &= \ln\left(\frac{y+\Delta y}{y}\right) = \ln\left(1+\frac{\Delta y}{y}\right)\end{aligned}$$

여기서 양변을 Δy로 나누면,

$$\begin{aligned}\frac{\Delta \ln y}{\Delta y} &= \frac{1}{\Delta y}\ln\left(1+\frac{\Delta y}{y}\right) \\ &= \ln\left(1+\frac{\Delta y}{y}\right)^{1/\Delta y} = \frac{1}{y}\ln\left(1+\frac{\Delta y}{y}\right)^{y/\Delta y}\end{aligned}$$

이 된다. 그런데 여기서 2장의 오일러수 e를 $\lim\limits_{x\to 0}(1+x)^{1/x}$로 정의한 것을 상기해 보자. 위 식에서 우리가 $x=\Delta y/y$라 하고 Δy를 0으로 보내면, $\ln e = 1$이므로 다음과 같은 식을 얻는다.

$$\lim_{\Delta y\to 0}\left(1+\frac{\Delta y}{y}\right)^{y/\Delta y} = \lim_{x\to 0}(1+x)^{1/x} = e$$

$$\frac{\Delta \ln y}{\Delta y} = \frac{1}{y}\ln e = \frac{1}{y} \tag{3.10}$$

따라서 식 (3-10)을 정리하면 다음 식을 얻을 수 있다.

$$\lim_{\Delta y \to 0} \frac{\Delta y}{y} = \Delta \ln y \tag{3.11}$$

일반적으로 우리는 어떤 변수의 변화량이 극히 미미할 정도로 작은 극한에서 변수의 **상대 변화량**은 그 변수의 자연로그 값이 변한 값과 동일함을 알 수 있다. 식 (3-11)의 수학적 중요성은 4장 미분학에서 다시 살펴볼 예정이다.

CHAPTER

03 연습문제

1 수용액의 pH는 $pH = -\log_{10}[H^+]$로 정의된다. 수용액 H^+의 농도가 다음과 같을 때, pH를 구하시오.

(a) $[H^+] = 1.00 \times 10^{-7}$ M
(b) $[H^+] = 0.123$ M
(c) $[H^+] = 8.54 \times 10^{-10}$ M
(d) $[H^+] = 1.152$ M
(e) $[H^+] = 6.23 \times 10^{-2}$ M
(f) $[H^+] = 12.0$ M

2 수용액의 pH값이 다음과 같을 때, 각 수용액의 H^+의 농도 $[H^+]$를 구하시오.

(a) pH = 0
(b) pH = 2.156
(c) pH = 0.234
(d) pH = 7.876
(e) pH = 13.435
(f) pH = −0.132

3 HCl 수용액에서 HCl의 농도는 2.00×10^{-8} M이라 한다. 이 HCl 수용액의 pH를 구하시오. (힌트: 용액은 산성이기 때문에 pH는 7.00을 넘을 수 없다.)

4 이상 기체가 부피 V_1로부터 부피 V_2까지 등온 가역 팽창하거나 압축되는 과정에서 이 기체가 수행한 일은 다음의 식으로 주어진다.

$$W = -nRT\ln\frac{V_2}{V_1}$$

여기서 n은 기체의 몰수이고, $R(= 8.314\ \mathrm{J\ mol^{-1}K^{-1}})$은 기체 상수이며, T는 절대 온도이다. 298.2 K에서 이상 기체 1.00 몰이 3.00 L로부터 10.00 L까지 등온 가역 팽창했을 때, 수행한 일을 구하시오.

5 이상 기체의 팽창이나 압축과 관련된 엔트로피 변화는 다음과 같은 식으로 주어진다.

$$\Delta S = nC_V \ln \frac{T_2}{T_1} + nR \ln \frac{V_2}{V_1}$$

여기서 n은 기체의 몰수이고, C_V는 일정 부피에서 기체의 몰 열용량이며, T 는 기체의 절대온도, V 는 기체의 부피이다. 이상 기체 1.00 몰의 온도가 300 K에서 248 K로 떨어지고 부피가 1.00 L에서 5.00 L로 팽창했을 때 관련된 엔트로피의 변화를 구하시오. (단, $C_V = 3R/2$, $R = 8.314\ \mathrm{J\ mol^{-1}\ K^{-1}}$이다.)

6 이상 기체가 가역적으로 단열 팽창한다면, 문제 5의 엔트로피 변화 ΔS는 0이다. 문제 5의 주어진 식을 사용하여, 1.00 L로부터 5.00 L까지 가역적으로 단열 팽창한 이상 기체의 최종온도를 구하시오. (단, $C_V = 3R/2$이며, 초기 온도는 300 K이다.)

7 방사성 붕괴는 적분된 속도 법칙을 따르는 1차 과정이다.

$$\ln \frac{[\mathrm{A}]}{[\mathrm{A}]_0} = -kt$$

[A]는 시간 t에서 A의 농도, $[\mathrm{A}]_0$는 A의 초기 농도이고, k는 속도 상수이다. 고고학적 발굴에서 얻은 나무 재 시료에서 동위원소 $^{14}\mathrm{C}$ 분율은 0.664인 것으로 밝혀졌다. 이때 이 나무 재의 나이를 구하시오. 방사성 동위 원소 $^{14}\mathrm{C}$의 속도 상수는 $k = 1.24 \times 10^{-4}\ \mathrm{yr^{-1}}$이다.

8 화학반응식이 $a\text{A}+b\text{B}\rightarrow c\text{C}+d\text{D}$인 볼타 전지의 기전력(EMF) E_{cell}은 각 화학종의 농도와 온도에 따라 다음 Nernst 방정식으로 주어진다.

$$E_{\text{cell}}=E^{o}_{\text{cell}}-\frac{RT}{nF}\ln\frac{[\text{C}]^{c}[\text{D}]^{d}}{[\text{A}]^{a}[\text{B}]^{b}}$$

여기서 E^{o}_{cell}은 모든 농도가 1.00 M일 때의 기전력(표준 EMF로 불림)이며, $R=8.314$ J mol^{-1} K^{-1}이고, T는 절대 온도이며, n은 전지 반응에서 이동한 전자의 몰수, F는 Faraday 상수 96,487 C mol^{-1}이다.
298.2 K에서 다음 전지 반응의 기전력을 구하시오.

$$\text{Zn}(s)+\text{Cu}^{2+}(aq)\longrightarrow\text{Zn}^{2+}(aq)+\text{Cu}(s)$$

여기서 $[\text{Cu}^{2+}(aq)]$=0.500 M, $[\text{Zn}^{2+}(aq)]$=0.100 M이며, $E^{o}_{\text{cell}}=1.100$ V이다.

9 x의 변화량 Δx가 작아질수록, $\Delta x/x$는 $\Delta\ln x$에 접근한다는 것을 정량적으로 보이시오.

CHAPTER

04

미분학

4.1 서론

화학에서는 하나의 계에서 물리량 값 하나가 변화할 때 그 변화가 계의 다른 측정값에 미치는 영향에 대하여 관심이 많다. 예를 들어, 기체의 압력이나 온도의 변화가 기체의 부피나 에너지에 어떤 영향을 미칠까? 미분학은 **점진적으로 변하는 변화량에 대한 수학**이다. 이 학문은 주로 도함수(導函數, derivative)로 알려진 수학적 개념에 기초한다. 어떤 물리량을 나타내는 변수 y가 x의 함수 $f(x)$일 때, 변수 y를 변수 x로 미분한 존재, 즉 도함수는

$$\frac{dy}{dx} = \lim_{\Delta x \to 0} \frac{\Delta y}{\Delta x} \tag{4-1}$$

로 정의되며, 여기서 Δx와 Δy는 각각 변수 x와 y의 변화량을 나타낸다. 따라서 x에 대한 y의 도함수는 x의 변화가 지극히 작아져 사라질 정도가 될 때 x의 변화에 대한 함수 $y = f(x)$의 변화가 되는 것이다. 만약 y가 x의 함수가 아니라면, 도함수는 존재하지 않는다(즉, $dy/dx = 0$). 우리는 앞선 장에서 곡선의 어느 한 점에서 곡선의 기울기가 그 점에서 곡선에 접하여 그려진 직선에 의해 정의될 수 있다고 설명하였다. 우리는 다음 절에서 (x_1, y_1)과 (x_2, y_2)가 어느 한 곡선상의 두 점일 때, (x_2, y_2)가 (x_1, y_1)에 접근함에 따라 Δx가 점점 작아지고 이에 따라 $\Delta y/\Delta x$는 점점 더 (x_1, y_1)에서 곡선에 그은 접선의 기울기에 더 가까운 값에 접근한다는 것을 알게 될 것이다. 그러니까 Δx가 작아져 0이 되는 극한에서 $\Delta y/\Delta x = dy/dx$이며, 이 값이 바로 점 (x_1, y_1)에서 곡선의 기울기가 된다.

함수가 변수에 어떻게 의존하는지 설명하는 방정식이 일단 알려지면 함수로부터 도함수를 얻는 과정은 수학적으로 꽤 간단한 절차가 된다. 그렇기 때문에 계에서 한 변수가 다른 변수에 어떻게 의존하는지를 알아내고 그들이 서로 관련되어 있는 식을 구하는 것이야말로 과학자가 해야 할 중요한 작업이다. 어떤 과학자들은 이를 매우 잘 수행하여 노벨상을 수상하기도 한다. 아쉽게도 나머지 과학자들은 계속 노력할 뿐이다. 단순히 수학을 이해하는 것뿐만 아니라 과학을 배우고 이해하는 것이 더 중요한 것은 이러한 이유 때문이

다. 예를 들어, 일부 학생들은 **그림 4.3**에 나타낸 것과 같은 피스톤-실린더 장치에서 일정한 외부 압력에 대한 기체의 등온(일정한 온도) 팽창을 등압(일정한 압력) 과정으로 착각할 수 있다. 이 기체가 이상 기체이든 그렇지 않든 기체가 일정한 온도에서 팽창하면 압력은 변화해야 한다. (이상 기체의 경우는 보일의 법칙을 따른다.) 기체에 작용하는 외부의 압력(이것은 주위(surroundings)의 성질임)과 기체의 부피(계(system)의 성질) 사이에는 어떤 함수적 의존이랄 것이 없다. 따라서 기체의 부피에 대한 외부 압력의 도함수는 존재하지 않는다. 단, 우리가 다음 절에서 배우게 될 한 가지의 특별한 경우, 즉 기체의 팽창이나 압축이 가역적일 때만은 이 둘이 간접적으로 연관되어 있음을 밝혀둔다.

함수의 도함수는 두 번 이상 계속 취할 수 있으며 이들을 2차, 3차 혹은 그 이상의 도함수라 부르며, d^2y/dx^2, d^3y/dx^3 등으로 나타낸다. 즉, 2차 도함수는 1차 도함수의 도함수로

$$\frac{d}{dx}\left(\frac{dy}{dx}\right)=\frac{d^2y}{dx^2}$$

이며, 3차 도함수는 2차 도함수의 도함수로

$$\frac{d}{dx}\left(\frac{d^2y}{dx^2}\right)=\frac{d^3y}{dx^3}$$

로 얻을 수 있다. 이런 식으로 도함수를 이끌어내는 과정을 미분(微分, differentiation)이라 한다.

미분(계산)학(differential calculus)은 화학, 특히 물리화학 분야에서 매우 다양하게 쓰인다. 하지만 자세히 들어가기 전에 일단 미분의 주요 기법을 복습하도록 하자. 어떤 계의 변수들 사이의 함수적 의존성은 상당히 다른 여러 가지 (1차나 2차 방정식, 삼각 함수 방정식, 지수나 로그 방정식 등) 형태로 나타날 수 있다. 이 때문에 물리화학 분야에서 광범위하게 사용되는 이러한 함수들의 도함수는 잘 알아두어야 한다. 또, 함수와 도함수 관계를 다룰 다음 절에서는 함수의 합이나 차, 그리고 곱과 몫을 미분하는 법칙에 대해서도 설명할 예

정이다. 그리고 물리화학적 수식에 대한 일부 미분의 응용 사례도 보여 줄 것이다.

4.2 단일 변수의 함수

1. $\dfrac{d}{dx}(c) = 0$, 여기서 c는 상수이며, 이것은 x의 함수가 아닌 일정한 값을 가진 수.

2. $\dfrac{d}{dx}(cx) = c$, 여기서 c는 상수이며, 이것은 x의 함수가 아닌 일정한 값을 가진 수.

   (예) $V = kT;\ \dfrac{dV}{dT} = k = \dfrac{V}{T}$

3. $\dfrac{d}{dx}(x^n) = nx^{n-1}$, 여기서 n은 실수

   (예)

   (a) $P = \dfrac{k}{V} = kV^{-1};\ \dfrac{dP}{dV} = (-1)kV^{-2} = -\dfrac{k}{V^2} = -\dfrac{P}{V}$

   $$\frac{d^2P}{dV^2} = (-2)(-1)kV^{-3} = \frac{2k}{V^3}$$

   (b) 구의 반지름에 대한 구 부피의 도함수는 구의 표면적이다.

   $$V = \frac{4}{3}\pi r^3;\ \frac{dV}{dr} = (3)\left(\frac{4}{3}\right)\pi r^2 = 4\pi r^2$$

   (c) 속력에 대한 운동에너지의 도함수는 운동량이다.

   $$E_k = \frac{1}{2}mv^2;\ \frac{dE_k}{dv} = (2)\left(\frac{1}{2}\right)mv = mv$$

   (d) $r = \sqrt{x} = (x)^{1/2};\ \dfrac{dr}{dx} = \dfrac{1}{2}x^{-1/2}$

4. 여러 항의 합 또는 차의 도함수는 각 항의 도함수의 합 또는 차이다.

$$\frac{d}{dx}[f(x)+g(x)] = \frac{df}{dx}+\frac{dg}{dx}, \quad \frac{d}{dx}[f(x)-g(x)] = \frac{df}{dx}-\frac{dg}{dx}$$

(예)

(a) $y = mx + b$, 여기서 m과 b는 상수.

$$\frac{dy}{dx} = \frac{d(mx)}{dx} + \frac{db}{dx} = m + 0 = m$$

(b) $\ln P = \frac{-\Delta H}{RT} + c$, 여기서 $\Delta H, R, c$는 상수.

$$\frac{d(\ln P)}{dT} = \frac{\Delta H}{RT^2}$$

5. $\frac{d}{dx}(\sin ax) = a\cos ax$, 여기서 a는 상수.

(예)

(a) $\psi = A\sin\left(\frac{n\pi x}{a}\right)$, 여기서 A, n, π, a는 상수.

$$\frac{d\psi}{dx} = \left(\frac{n\pi}{a}\right)A\cos\left(\frac{n\pi x}{a}\right)$$

(b) $y = A\sin(2\pi\nu t)$, 여기서 A, π, ν는 상수.

$$\frac{dy}{dt} = (2\pi\nu)A\cos(2\pi\nu t)$$

6. $\frac{d}{dx}(\cos ax) = -a\sin ax$, 여기서 a는 상수.

(예)

(a) $y = A\cos(2\pi\nu t)$; $\frac{dy}{dt} = -2\pi\nu A\sin(2\pi\nu t)$

(b) $\frac{d^2}{dx^2}\left[A\sin\left(\frac{n\pi x}{a}\right)\right] = \frac{d}{dx}\left[\left(\frac{n\pi}{a}\right)A\cos\left(\frac{n\pi x}{a}\right)\right]$

$$= -\frac{n^2\pi^2}{a^2}A\sin\left(\frac{n\pi x}{a}\right)$$

7. $\dfrac{d}{dx}(\tan x) = \sec^2 x$

8. $\dfrac{d}{dx}(e^{ax}) = ae^{ax}$, 여기서 a는 상수.

(예)

(a) $\Phi = Ae^{im\phi}$, 여기서 A, m은 상수이고 $i = \sqrt{-1}$.

$$\frac{d\Phi}{d\phi} = imAe^{im\phi}$$

$\dfrac{d^2\Phi}{d\phi^2} = -m^2Ae^{im\phi} = -m^2\Phi$. 이것은 수소 원자의 전자의 정상상태(stationary states)를 기술하는 ϕ에 대한 방정식이다.

(b) $[\mathrm{A}] = [\mathrm{A}]_0 e^{-kt}$, 여기서 $[\mathrm{A}]_0, k$는 상수

$$\frac{d[\mathrm{A}]}{dt} = -k[\mathrm{A}]_0 e^{-kt}$$

9. $\dfrac{d}{dx}(\ln x) = \dfrac{1}{x}$ 이므로 $\dfrac{dx}{x} = d(\ln x)$이다. 이 식은 식 (3-11)과 동일한 것으로 자연로그의 물리적 의미를 담고 있다.

10. $\dfrac{d}{dx}[f(g(x))] = \dfrac{df}{dg} \cdot \dfrac{dg}{dx}$. 이 미분 규칙은 사슬 규칙(chain rule)이라고 알려져 있다. 이는 가장 많이 사용되는 미분 규칙 중 하나로 화학 분야에서 많은 적용 사례를 찾아볼 수 있다.

(예)

(a) $\Phi = 3\cos^2\theta - 1$

$u = \cos\theta$라 하면 $\dfrac{du}{d\theta} = -\sin\theta$이므로,

$\Phi = 3u^2 - 1;\ \dfrac{d\Phi}{du} = 6u$

$\dfrac{d\Phi}{d\theta} = \dfrac{d\Phi}{du} \cdot \dfrac{du}{d\theta} = -6u\sin\theta = -6\cos\theta\sin\theta$

(b) $y=\dfrac{1}{\sqrt{1-x^2}}=(1-x^2)^{-1/2}$

$u=(1-x^2)$이라 하면 $\dfrac{du}{dx}=-2x$ and $y=u^{-1/2}$이므로,

$$\frac{dy}{du}=-\frac{1}{2}u^{-3/2};\quad \frac{dy}{dx}=\frac{dy}{du}\cdot\frac{du}{dx}$$

$$\frac{dy}{dx}=-\frac{1}{2}(1-x^2)^{-3/2}(-2x)=\frac{x}{(1-x^2)^{3/2}}$$

(c) $n=n_0e^{-E/RT}$, 여기서 n_0, E, R은 상수.

$u=E/RT$라 하면 $\dfrac{du}{dT}=-\dfrac{E}{RT^2}$ 이므로,

$$n=n_0e^{-u};\quad \frac{dn}{du}=-n_0e^{-u}$$

$$\frac{dn}{dT}=\frac{dn}{du}\cdot\frac{du}{dT}=-n_0e^{-E/RT}\left(-\frac{E}{RT^2}\right)=n_0\left(\frac{E}{RT^2}\right)e^{-E/RT}$$

(d) $y=Ae^{-ax^2}$, 여기서 A, a는 상수.

$u=ax^2$이라 하면 $\dfrac{du}{dx}=2ax$이므로,

$$y=Ae^{-u};\quad \frac{dy}{du}=-Ae^{-u}$$

$$\frac{dy}{dx}=\frac{dy}{du}\cdot\frac{du}{dx}=-Ae^{-ax^2}(2ax)=-2axAe^{-ax^2}$$

11. $\dfrac{d}{dx}[f(x)\cdot g(x)]=f(x)\dfrac{dg}{dx}+g(x)\dfrac{df}{dx}$

(예)

(a) $y=(\sin x)e^{mx}$, 여기서 m은 상수.

$f(x)=\sin x$ 이고 $g(x)=e^{mx}$이라 하면,

$\dfrac{df}{dx}=\cos x$ 이고 $\dfrac{dg}{dx}=me^{mx}$이다.

$$\frac{dy}{dx}=m(\sin x)e^{mx}+(\cos x)e^{mx}$$

(b) $F = -\eta 2\pi r L \dfrac{dy}{dr}$, 여기서 η, π, L은 상수.

$f(r) = -\eta 2\pi r L$ 이고 $g(r) = \dfrac{dy}{dr}$ 라 하면,

$\dfrac{df}{dr} = -\eta 2\pi r L$ 이고 $\dfrac{dg}{dr} = \dfrac{d^2 y}{dr^2}$ 이다.

$$\frac{dF}{dr} = -\eta 2\pi r L \frac{d^2 y}{dr^2} - \eta 2\pi L \frac{dy}{dr}$$

(c) $E = kT^2 \dfrac{d}{dT}(\ln q)$, 여기서 k는 상수.

$f(T) = kT^2$ 이고 $g(T) = \dfrac{d}{dT}(\ln q)$라 하면,

$\dfrac{df}{dT} = 2kT$ 이고 $\dfrac{dg}{dT} = \dfrac{d^2}{dT^2}(\ln q)$이다.

$$\frac{dE}{dT} = kT^2 \frac{d^2}{dT^2}(\ln q) + 2kT \frac{d}{dT}(\ln q)$$

(d) $\psi(x) = e^{-x^2/2} y(x)$

$u = -\dfrac{x^2}{2}$; $\dfrac{du}{dx} = -x$; $\dfrac{d^2 u}{dx^2} = -1$.

따라서 $\psi(x) = e^u y(x)$이므로, 도함수는 다음과 같다.

$$\frac{d\psi}{dx} = e^u \frac{dy}{dx} + y(x)\frac{d(e^u)}{dx} = e^u \frac{dy}{dx} + y(x) e^u \frac{du}{dx}$$

$$\frac{d^2\psi}{dx^2} = e^u \frac{d^2 y}{dx^2} + \frac{dy}{dx} e^u \frac{du}{dx} + y(x)\left[e^u \frac{d^2 u}{dx^2} + \frac{du}{dx} e^u \frac{du}{dx}\right] + e^u \frac{du}{dx}\frac{dy}{dx}$$

$$\frac{d^2\psi}{dx^2} = e^{-x^2/2}\frac{d^2 y}{dx^2} - xe^{-x^2/2}\frac{dy}{dx} - y(x)e^{-x^2/2}$$

$$+ x^2 y(x) e^{-x^2/2} - xe^{-x^2 2}\frac{dy}{dx}$$

$$= e^{-x^2/2}\frac{d^2 y}{dx^2} - 2xe^{-x^2/2}\frac{dy}{dx} + x^2 y(x) e^{-x^2/2} - y(x) e^{-x^2/2}$$

12. $\dfrac{d}{dx}\left[\dfrac{f(x)}{g(x)}\right]=\dfrac{g(x)\dfrac{df}{dx}-f(x)\dfrac{dg}{dx}}{[g(x)]^2}$

(예)

$y=\tan x=\dfrac{\sin x}{\cos x}$

$f(x)=\sin x$ 이고 $g(x)=\cos x$ 라 하면,

$\dfrac{df}{dx}=\cos x$ 이고 $\dfrac{dg}{dx}=-\sin x$ 이다.

$$\frac{dy}{dx}=\frac{\cos x(\cos x)-\sin x(-\sin x)}{\cos^2 x}=\frac{\cos^2 x+\sin^2 x}{\cos^2 x}$$

$$=\frac{1}{\cos^2 x}=\sec^2 x$$

4.3 다변수의 함수와 편도함수

앞선 절에서 다룬 미분된 함수들은 모두 단 하나의 독립 변수의 함수였다. 그러나 우리가 관심을 가지는 대부분의 계는 보통 둘 이상의 독립 변수를 동반한다. 예를 들어, 이상 기체의 압력은 그 기체의 온도의 함수이면서 동시에 부피의 함수이다. 이 관계는 다음과 같이 기체의 상태 방정식 형태로 표현된다. 즉,

$$P=f(T,\ V)=\frac{RT}{V} \tag{4-2}$$

이며, 여기서 R은 상수이다. 두 변수 모두 변할 수 있으므로, 이 상황을 다루기 위한 두 가지 방법을 고려해 보자. 먼저 하나가 변할 때 다른 하나는 일정하게 유지되는 경우를 고려해 보자. (두 번째 방법은 다음 절에서 다룰 예정이다.) 다른 변수 하나를 일정하게 유지하

며 T 또는 V 중 하나의 변수에 대해 구한 P의 도함수를 편도함수(partial derivative)라 부른다. 편도함수는 기호 ∂를 써서 표기한다. 일정한 T에서 V에 대한 P의 편도함수는

$$\left(\frac{\partial P}{\partial V}\right)_T = \lim_{\Delta V \to 0} \frac{f(T, V+\Delta V) - f(T, V)}{\Delta V} \tag{4-3}$$

로 정의되며, 일정한 V에서 T에 대한 P의 편도함수는

$$\left(\frac{\partial P}{\partial T}\right)_V = \lim_{\Delta T \to 0} \frac{f(T+\Delta T, V) - f(T, V)}{\Delta T} \tag{4-4}$$

로 정의된다. $\partial P/\partial V$와 $\partial P/\partial T$의 아래첨자 T와 V는 각각 일정하게 유지되는 변수를 표현한 것이다.

편미분에 대한 규칙은 식에서 일정하게 유지되는 변수들이 기타 다른 상수들과 똑같이 다뤄진다는 점을 추가하는 것 이외에는 보통 미분의 규칙(4.2절)과 같다. 그러므로 일정 온도 T에서

$$P = \frac{RT}{V}; \ \left(\frac{\partial P}{\partial V}\right)_T = \frac{-RT}{V^2} \tag{4-5}$$

이고, 일정 부피 V에서

$$P = \frac{RT}{V}; \ \left(\frac{\partial P}{\partial T}\right)_V = \frac{R}{V} \tag{4-6}$$

이다.

두 개 이상 변수의 함수에 대해 다른 변수를 일정하게 두고 하나의 변수로 두 번 이상 편미분하면 2차 이상의 도함수를 얻을 수 있다. 예를 들어,

$$\left(\frac{\partial}{\partial T}\left(\frac{\partial P}{\partial T}\right)_V\right)_V=\left(\frac{\partial^2 P}{\partial T^2}\right)_V \tag{4-7}$$

을 얻을 수 있고, 두 개의 다른 변수로 차례로 미분하면

$$\left(\frac{\partial}{\partial V}\left(\frac{\partial P}{\partial T}\right)_V\right)_T=\left(\frac{\partial^2 P}{\partial V\partial T}\right) \tag{4-8}$$

와 같은 혼합 2차 편도함수(mixed partial second derivative)를 얻는다. 두 개 이상의 변수의 함수와 도함수가 단일 값을 갖고 연속이면(이 경우 함수와 도함수는 보통 두 가지 다른 물리량을 나타낸다), 함수의 혼합 2차 편도함수는 편미분 순서와 무관하게 동일하다. 즉,

$$\left(\frac{\partial}{\partial V}\left(\frac{\partial P}{\partial T}\right)_V\right)_T=\left(\frac{\partial}{\partial T}\left(\frac{\partial P}{\partial V}\right)_T\right)_V \tag{4-9}$$

즉,

$$\left(\frac{\partial^2 P}{\partial V\partial T}\right)=\left(\frac{\partial^2 P}{\partial V\partial T}\right) \tag{4-10}$$

편미분이 보통 미분에 비해 사실상 더 복잡한 것이 아님을 설명하기 위해 다음 예를 살펴보기로 하자.

(예)

(a) $d=\dfrac{m}{V}$; $\left(\dfrac{\partial d}{\partial m}\right)_V=\dfrac{1}{V}$; $\left(\dfrac{\partial d}{\partial V}\right)_m=\dfrac{-m}{V^2}$

(b) $V=\pi r^2 h$; $\left(\dfrac{\partial V}{\partial r}\right)_h=2\pi rh$; $\left(\dfrac{\partial V}{\partial h}\right)_r=\pi r^2$

(c) $\left(\dfrac{\partial U}{\partial T}\right)_V=T\left(\dfrac{\partial S}{\partial T}\right)_V$

일정한 T에서 V에 대한 U의 2차 도함수를 취하면 다음과 같다.

$$\left(\frac{\partial}{\partial V}\left(\frac{\partial U}{\partial T}\right)_V\right)_T = T\left(\frac{\partial}{\partial V}\left(\frac{\partial S}{\partial T}\right)_V\right)_T = T\left(\frac{\partial^2 S}{\partial V \partial T}\right)$$

(d) $\left(\frac{\partial U}{\partial V}\right)_T = T\left(\frac{\partial S}{\partial V}\right)_V - P$, 여기서 $P = f(T, V)$일 때, 일정 V에서 위 식을 T에 대해 편미분하여 혼합 2차 편도함수를 구하면 다음과 같다.

(풀이) T와 $(\partial S/\partial V)$는 둘 다 V의 함수이기 때문에 첫 번째 항은 두 함수의 곱으로 보고 미분해야 한다.

$$\left(\frac{\partial}{\partial T}\left(\frac{\partial U}{\partial V}\right)_T\right)_V = T\left(\frac{\partial}{\partial T}\left(\frac{\partial S}{\partial V}\right)_T\right)_V + \left(\frac{\partial S}{\partial V}\right)_T\left(\frac{\partial T}{\partial T}\right) - \left(\frac{\partial P}{\partial T}\right)_V$$

$(\partial T/\partial T) = 1$이므로, 다음과 같이 쓸 수 있다.

$$\left(\frac{\partial^2 U}{\partial T \partial V}\right) = T\left(\frac{\partial^2 S}{\partial T \partial V}\right) + \left(\frac{\partial S}{\partial V}\right)_T - \left(\frac{\partial P}{\partial T}\right)_V$$

(e) $\psi(r, \theta, \phi) = R(r)\Theta(\theta)\Phi(\phi) = R(r)\Theta(\theta)Ae^{\pm im\phi}$

$$\frac{\partial \psi}{\partial \phi} = R(r)\Theta(\theta)(\pm im)Ae^{\pm im\phi}$$

$$\frac{\partial^2 \psi}{\partial \phi^2} = R(r)\Theta(\theta)(-m^2)Ae^{\pm im\phi} = -m^2 R(r)\Theta(\theta)\Phi(\phi)$$

$$= -m^2\psi(r, \theta, \phi)$$

(f) 사슬 규칙을 이용하여 편도함수(편미분) 연산자 $\partial/\partial x$를 평면 극좌표의 연산자로 변환하시오.

(풀이) 사슬 규칙을 이용하면,

$$\frac{\partial}{\partial x} = \frac{\partial r}{\partial x}\frac{\partial}{\partial r} + \frac{\partial \theta}{\partial x}\frac{\partial}{\partial \theta}$$

을 얻는다. 평면 극좌표에 대한 역변환 방정식(1장 참고)은

$$r=(x^2+y^2)^{1/2} \text{ 이고 } \theta=\tan^{-1}\left(\frac{y}{x}\right)$$

이므로,

$$\frac{\partial r}{\partial x}=\frac{1}{2}(x^2+y^2)^{-1/2}(2x)=\frac{x}{r}=\frac{r\cos\theta}{r}=\cos\theta$$

이다. $\partial\theta/\partial x$을 구하기 위해 $u=(y/x)$라 하면 $\partial u/\partial x=-y/x^2$이고,

$$\theta=\tan^{-1}u;\quad \frac{\partial\theta}{\partial u}=\frac{1}{1+u^2}=\frac{1}{1+(y/x)^2}=\frac{x^2}{x^2+y^2}$$

이며,

$$\frac{\partial\theta}{\partial x}=\frac{\partial\theta}{\partial u}\cdot\frac{\partial u}{\partial x}=\left(\frac{x^2}{x^2+y^2}\right)\left(\frac{-y}{x^2}\right)=\frac{-r\sin\theta}{r^2}=\frac{-\sin\theta}{r}$$

이므로,

$$\frac{\partial}{\partial x}=\cos\theta\frac{\partial}{\partial r}-\frac{\sin\theta}{r}\frac{\partial}{\partial\theta}$$

이다.

4.4 전미분(완전 미분)

이제 계의 독립변수들이 변하는 두 번째 경우를 고려해 보자. 우리는 이러한 변화가 종속 변수(즉, 함수값)에 미치는 영향을 조사하려 한다. 앞 절에서 우리는 한 번에 단 하나의 변수를 변화시켰다. 이 절에서는 모든 변수가 동시에 변할 경우 발생하는 효과를 고려한다. 다시 $P=f(T, V)$의 예를 고려해 보면, ΔP는 온도와 부피가 동시에 변할 때 발생하는 압력 변화라 할 수 있다. 즉,

$$\Delta P=f(T+\Delta T, V+\Delta V)-f(T, V) \tag{4-11}$$

식 (4-11)의 중간에 항 $f(T, V+\Delta V)$를 한 번 빼주고 더해주면,

$$\Delta P = f(T+\Delta T, V+\Delta V) - f(T, V+\Delta V) + f(T, V+\Delta V) - f(T, V) \qquad (4\text{-}12)$$

을 얻는다. 식 (4-12) 우변의 앞쪽 두 항에 $\Delta T/\Delta T$를 곱하고, 뒤쪽 두 항에 $\Delta V/\Delta V$를 곱하면,

$$\begin{aligned}\Delta P = &\left[\frac{f(T+\Delta T, V+\Delta V) - f(T, V+\Delta V)}{\Delta T}\right]\Delta T \\ &+ \left[\frac{f(T, V+\Delta V) - f(T, V)}{\Delta V}\right]\Delta V \end{aligned} \qquad (4\text{-}13)$$

을 얻는다.

이제 식 (4-13)에 대해 ΔT가 0으로 가고 ΔV가 0으로 가는 극한을 취하면, 다음과 같이 우변의 첫 번째 항은 일정 V에서 ΔT가 0으로 가는 극한이며 두 번째 항은 일정 T에서 ΔV가 0으로 가는 극한이 된다. 그리고 좌변은 이 상황에 해당하는 압력의 극한값이 된다.

$$\begin{aligned}\lim_{\Delta P \to 0} \Delta P = &\lim_{\Delta T \to 0}\left[\frac{f(T+\Delta T, V) - f(T, V)}{\Delta T}\right]\Delta T \\ &+ \lim_{\Delta V \to 0}\left[\frac{f(T, V+\Delta V) - f(T, V)}{\Delta V}\right]\Delta V \end{aligned} \qquad (4\text{-}14)$$

식 (4-14)의 대괄호 안의 항이 바로 편도함수 $(\partial P/\partial T)_V$와 $(\partial P/\partial V)_T$이다. 지극히 작은 변화량을 나타내기 위해서 $\Delta P, \Delta T, \Delta V$를 각각 dP, dT, dV로 바꾸면,

$$dP = \left(\frac{\partial P}{\partial T}\right)_V dT + \left(\frac{\partial P}{\partial V}\right)_T dV \qquad (4\text{-}15)$$

로 P의 (완)전미분(total differential)을 나타내는 표현이 된다. 그리고 여기서 $(\partial P/\partial T)_V\, dT$와 $(\partial P/\partial V)_T\, dV$는 편미분(partial differentials)이라 불리며, 편미분의 합은 함수의 완전미분이 된다. 일반적으로 어떤 값 $u = f(x_1, x_2, x_3, \ldots)$이 여러 독립 변수 $x_1, x_2, x_3, \ldots$의 함수라면[1], u의 전미분 du은 다음과 같다.

$$du = \left(\frac{\partial u}{\partial x_1}\right)_{x_2,\, x_3,\, \cdots} dx_1 + \left(\frac{\partial u}{\partial x_2}\right)_{x_1,\, x_3,\, \cdots} dx_2 + \left(\frac{\partial u}{\partial x_3}\right)_{x_1,\, x_2,\, \cdots} dx_3 + \ldots \tag{4-16}$$

식 (4-16)의 물리적 의미를 설명하기 위해 원기둥의 예를 고려해 보자. 원기둥의 부피는 원기둥의 반지름 r과 높이 h의 함수이며 다음 식으로 주어진다.

$$V = f(r, h) = \pi r^2 h \tag{4-17}$$

따라서 r 또는 h 중 어느 하나에 변화가 있다면 V에도 변화가 초래될 것이다. 따라서 V의 전미분은 다음과 같이 쓸 수 있다.

$$dV = \left(\frac{\partial V}{\partial r}\right)_h dr + \left(\frac{\partial V}{\partial h}\right)_r dh \tag{4-18}$$

여기에서 각 항이 물리적으로 무엇을 의미하는지 조사해 보자. r과 h의 각각의 변화량 dr과 dh에 대해 부피는 따라서 변한다. 그러나 부피가 r의 변화에 따라 변하는 방식은 h의 변화에 따라 변하는 방식과는 다르다. 우리는 식 (4-17)을 편미분하여 얻은 다음의 결과로부터

$$\left(\frac{\partial V}{\partial r}\right)_h = 2\pi rh \quad \text{그리고} \quad \left(\frac{\partial V}{\partial h}\right)_r = \pi r^2$$

1 식 (4-16)은 모든 변수가 서로 독립적이 아니어도 여전히 유효하다.

두 방식이 다름을 알 수 있다.

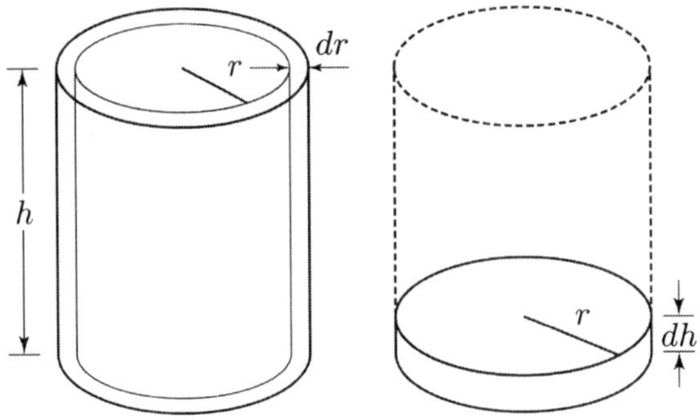

그림 4.1 원기둥의 편미분

그러므로

$$dV = 2\pi rh\,dr + \pi r^2\,dh \tag{4-19}$$

이며, 원기둥의 부피와 그 부피의 변화를 고려할 때 적어도 두 가지 방식이 존재함을 확인할 수 있다.

한 가지는 **그림 4.1**에서 볼 수 있듯이 $2\pi rh\,dr$의 변화량으로 두께 dr의 속이 빈 원기둥의 부피에 해당한다. 원기둥의 총 부피는 반지름이 최종적인 반지름에 도달할 때까지 부피 $2\pi rh\,dr$의 동심 원기둥들 부피의 합이라고 생각할 수 있다. 따라서 원기둥 반지름의 변화는 동심 원기둥들을 더하거나 빼는 것으로 해석되어 부피에 영향을 준다. 다른 한 가지는 역시 **그림 4.1**에서 볼 수 있듯이 $\pi r^2\,dh$의 변화량으로 두께 dh의 얇은 원반의 부피에 해당한다. 이 경우 원기둥의 총 부피는 높이가 최종 높이에 이를 때까지 이 얇은 원반들 부피의 합으로 생각할 수 있다. 높이의 변화는 얇은 원반들을 더하거나 빼는 것으로 해석되어 부피에 영향을 준다. 이 두 가지 부피 변화의 합이 원기둥의 전체적인 부피 변화가 된다.

4.5 무한히 작은 변화의 비율인 도함수

4.1절에서 x에 대한 $y = f(x)$의 도함수를 x의 변화량에 대한 y의 변화량의 비가 x의 변화량을 무한히 작게 했을 때 이르는 값으로 정의하였다. 이 시점에서 우리는 왜 이러한 작은 변화가 화학 공부에 그렇게 중요한지 묻지 않을 수 없다. 어쨌거나 우리가 이러한 작은 변화를 일상에서 전혀 관찰하지 않으니까 말이다. 그렇다면 도함수의 물리적 의미는 무엇일까?

이 질문에 답을 하기 위해 한 가지 예를 고려해 보자. 어떤 계의 에너지는 그 계의 온도의 함수라 알려져 있다. 즉, $U = f(T)$이다. 우리는 2장에서 T에 대한 U를 곡선의 그래프로 나타낼 때, 곡선 위 어느 한 점 (T, U)에서 두 변수의 변화량 사이의 관계는 그 점에 접하게 그린 직선의 기울기로 주어짐을 배웠다. T에 대한 U의 곡선에서 얻은 이 관계를 계의 열용량(heat capacity)이라 부르며, 기호 C_V로 나타낸다. 여기서 V를 아래첨자로 꼭 써두어야 하는데, 이는 원래 U가 부피 V의 함수이기도 하기 때문이다. 단지 여기서는 좁은 범위의 논의를 위해서 V를 다른 상수와 마찬가지로 일정하게 유지한 것뿐이다. 아무튼, 일정한 부피에서 열용량 C_V는 점 (T, U)에서 T에 대한 U의 곡선에 그어진 접선의 기울기이다.

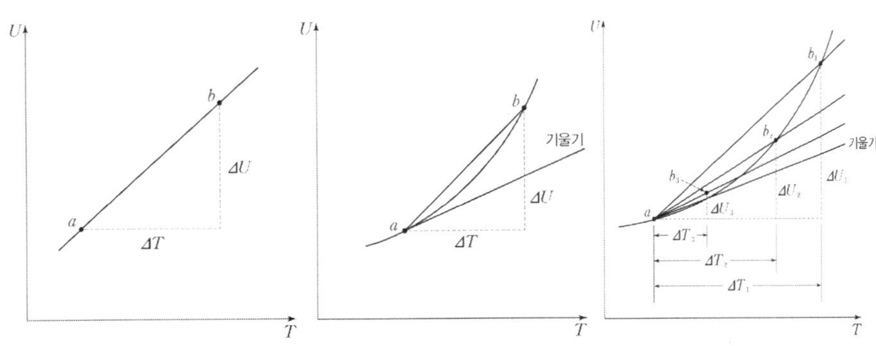

(a) (b) (c)

그림 4.2 온도의 함수인 내부 에너지

이제 어떤 유한한 온도 변화 $\Delta T = T_2 - T_1$에 따른 유한한 에너지 변화 $\Delta U = U_2 - U_1$을 고려해 보자. 우리는 **그림 4.2(a)**에서 볼 수 있듯이 U와 T의 관계가 선형일 때만 온도의 변화 ΔT에 대한 에너지의 변화 ΔU가 전체 선의 기울기 $\Delta U/\Delta T$로 나타난다는 것을 이미 알고 있다. 이러한 상황에서, C_V는 온도와 관계없이 일정하다. 그러나 우리는 C_V가 온도에 대해 상수가 거의 아닌 것을 실험적으로 알고 있다.**그림 4.2(b)**에서 볼 수 있듯이 U가 온도에 따라 선형으로 변하지 않을 때는 $\Delta U/\Delta T$를 곡선의 기울기로 보기 어렵다. 선분 $\overline{ab}$에 의해 주어진 비율 $\Delta U/\Delta T$는 점 a에서 그은 접선 기울기와 매우 다르다는 것을 주목하자. 그러나, ΔT가 점점 더 작게 만들면, **그림 4.2(c)**에 나타난 바와 같이, 선분 $\overline{ab_1}$, $\overline{ab_2}$, $\overline{ab_3}$ 등에 의해 만들어지는 비율 $\Delta U/\Delta T$가 점 a에서 얻게 되는 곡선의 기울기에 점점 더 가까이 접근한다는 것을 알 수 있다. 실제로 ΔT가 0이 될 때의 극한에서 $\Delta U/\Delta T$의 비율은 정확히 점 a에서 얻는 곡선의 기울기와 같다. 이것이 도함수의 정의이다. 즉,

$$\lim_{\Delta T \to 0} \frac{\Delta U}{\Delta T} = \frac{dU}{dT} = \text{곡선의 기울기}$$

따라서 도함수의 지극히 유용한 성질 하나는 도함수가 곡선을 따라가며 임의의 점에서 곡선의 기울기(더 정확히 말하면 그 점에서 그은 접선의 기울기)를 알려준다는 것이다.

화학 분야에서 무한히 작은 변화의 중요성에 대한 또 다른 예는 가역성(reversibility)의 개념에서 발견할 수 있다. 가역 과정이란 그 과정이 일어난 후에 이전 상태로 계를 되돌림으로써 변화가 뒤집힐 수 있는 과정을 가리킨다. 어떤 과정이 어떤 경로를 따라 가역적으로 일어나려면 그 경로에 존재하는 모든 상태들이 평형 상태이어야 한다. 가역 과정이 일어나기 위해서는 경로를 따라 각 단계에서 필요한 추진력이 이에 맞서는 저항력보다 원칙적으로 커야 하지만 그 차이는 무한히 작은 것으로 정의되어야 한다. 만약 우리가 이 방식으로 가역 과정을 정의하지 않는다면, 중간 상태는 평형 상태가 아닐 것이고 과정도 가역적이지 않을 것이다. 이 점을 설명하기 위해 **그림 4.3**과 같이 어떤 초기 압력 P_1, 부피 V_1, 온도 T에서 1몰의 이상 기체를 담고 있는 마찰 없는 피스톤이 장착된 실린더를 가정해 보자. 또한 기체 압력과 기체에 작용하는 외부 압력이 초기에 모두 1 bar이고, 피스톤을 원래

의 위치에 핀으로 고정한 뒤 외부 압력을 0.5 bar로 떨어뜨린다고 가정하자. 그다음 핀을 제거하면 기체는 갑자기 팽창하여 기체의 압력이 0.5 bar(또는 피스톤이 다른 위치에 꽂아 둔 새 핀에 접촉)에 이를 때까지 피스톤을 밀어내고 최종적으로 새로운 부피 V_2로 된다. 이렇게 함으로써 기체는 주위에 $w = -P_{ext}\Delta V = -0.5\Delta V$라는 일정량의 일을 하게 된다. 만약 이 과정이 온도가 일정한 상태(즉, 등온)로 일어난다고 가정한다면, 이상 기체는 주위로부터 $+0.5\Delta V$와 같은 양의 열에너지를 흡수해야 한다.

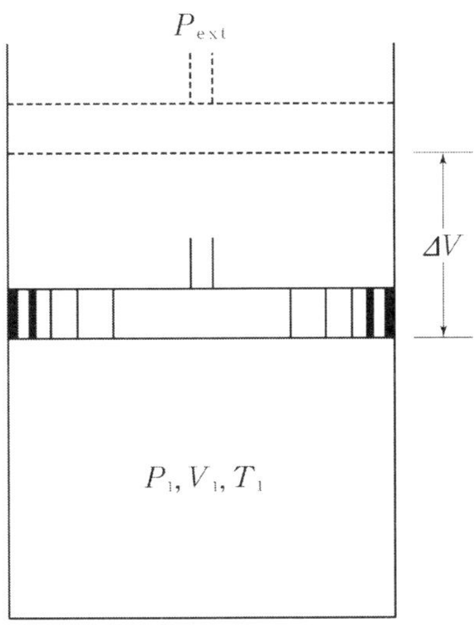

그림 4.3 질량과 마찰이 없는 피스톤이 장착된 실린더 속의 기체

이제 기체의 물리적 상태는 P_2, V_2, T로 표현된다. 방금 설명한 과정이 가역적이라면, 기체를 원래의 부피 V_1로 압축하는 데 정확히 동일한 양의 일이 필요할 것이다. 그러나 문제는 일정한 외부 압력을 사용하여 기체를 압력이 1 bar인 원래의 부피 V_1로 다시 압축하기 위해서는 그 외부 압력이 적어도 1 bar가 되어야 한다는 것이다. 따라서 기체를 V_1로 다시 압축하려면 두 배인 $w = -1.0\Delta V$와 같은 크기의 일이 필요하다. 게다가 온도를 일정하게 유지하려면 기체는 팽창할 때 흡수했던 열에너지의 두 배를 주위에 방출해야 한다. 따라서 이 과정은 가역적이 아니다.

이제 다시 이 팽창을 반복해 보자. 단, 이번에는 팽창하는 동안 모든 점에서 기체에 가해지는 외부 압력이 기체의 압력보다 무한히 작은 크기(dP)만큼 작다고 가정해 보자. 즉,

$$P_{\text{ext}} = P_{\text{gas}} - dP$$

이 경우, 우리는 기체가 팽창하는 동안 외부 압력이 기체의 압력과 사실상 같다고 가정할 수 있으며, 이는 기체가 평형을 유지하며 팽창하는 상황과 목적에 부합된다고 할 수 있다. 기체가 부피 V_1으로부터 V_2로 팽창함에 따라 기체의 압력은 1 bar에서 0.5 bar로 떨어지게 된다. 그런데 이번에는 외부 압력 역시 팽창하는 동안 모든 점에서 동일하게 감소한다. 또한, 외부 압력과 기체의 압력의 차이가 무한히 작은 극소량에 불과해야 하므로 기체의 팽창은 기체가 팽창하는 동안 각 점에서 새로운 평형이 형성되게 하도록 무한한 시간을 필요로 한다. 다시 한번, 기체는 주위에 일을 할 것이고 일정한 온도로 유지하기 위해 기체는 수행한 일과 같은 양의 열에너지를 주위로부터 흡수해야 한다. 이제 상태를 되돌리기 위해 외부 압력을 각 점에서 기체의 압력보다 무한히 작은 크기(dP) 만큼 크게 하여 기체를 원래 부피로 다시 압축하고자 한다. 즉,

$$P_{\text{ext}} = P_{\text{gas}} + dP$$

압축 과정 중 각 점에서 외부 압력은 팽창 과정 중의 그 동일 점에서 외부 압력과 무한히 작은 크기만큼 다르기 때문에(즉, 본질적으로 둘 다 P_{gas}와 동일하기 때문에) 압축에서 기체가 받는 일은 팽창에서 기체가 수행하는 일과 크기가 같다. 단, 일의 정의 때문에 부호만 다를 것이다. 기체는 팽창할 때 흡수했던 열과 정확히 같은 양의 열에너지를 주위에 방출하여 계를 등온 상태로 유지할 것이다. 따라서 과정 전체에 걸쳐 무한히 작은 변화량을 사용함으로써 각 중간 단계가 평형에 도달할 수 있으며 과정은 가역적이다.

예제 4.1

(a) 300 K에서 1몰의 이상 기체가 부피 1.00 L로부터 5.00 L로 1.00 bar의 일정한 외부 압력에 대하여 등온적으로 팽창하였다. 기체가 수행한 일과 주위로부터 계에 흡수된 열을 구하시오.

[풀이]

일정한 외부 압력에 대하여 계가 수행한 일은 다음과 같다.

$$w = -P_{\text{ext}}(V_2 - V_1) = -1.00(5.00 - 1.00)$$
$$= -4.00\ \text{L} \cdot \text{bar} = -400\ \text{J}$$

이 과정은 등온 과정이므로 기체의 내부 에너지 변화 $\Delta U = 0$이다. 따라서 흡수된 열은 다음과 같다.

$$q = -w = +400\ \text{J}$$

(b) 예제 (a)의 기체를 일정한 외부 압력을 사용하여 원래 부피로 압축하는 데 필요한 일을 구하시오. 그리고 (a)의 과정이 가역적인지 아닌지 설명하시오.

[풀이]

팽창이 일어나기 전에 기체의 압력은

$$P_1 = \frac{nRT}{V_1} = \frac{(1.00)(8.08314)(300)}{(1.00)} = 24.9\ \text{bar}$$

이다. 그러므로 기체를 이 압력으로 압축하기 위해서는 사용할 일정한 외부 압력이 적어도 24.9 bar가 되어야 한다. 따라서 일은

$$w = -P_{\text{ext}}(V_2 - V_1) = -24.9(1.00 - 5.00) = +99.6\ \text{L} \cdot \text{bar} = 9{,}960\ \text{J}$$

이며, 과정은 가역적이 아니다.

(c) (a)의 팽창 과정이 가역적으로 일어나는 경우에 대해 기체에 의해 수행된 일을 구하시오.

[풀이]

이상 기체의 가역 등온 과정에 대하여, 일은 다음과 같이 $w = -nRT \ln \frac{V_2}{V_1}$로 계산할 수 있다.

$$w = -(1.00)(8.314)(300) \ln \frac{5.00}{1.00} = -4{,}014 \text{ J}$$

이 가역 등온 과정의 일을 표현하는 식에 부피는 초기 부피와 최종 부피로만이 나타남을 주목하자. 그리고 기체를 V_1로 다시 압축하는 일은 +4,014 J이 된다.

다음 장에서는 가역성의 개념을 다시 살펴볼 것이다. 또한, 위의 예제 (c)에서 가역적인 일을 계산하는 데 사용된 식이 무한히 작은 변화량들의 합과 어떤 관련이 있는지 알아볼 예정이다.

4.6 도함수의 기하학적 성질

앞 절에서 우리는 도함수가 두 변수의 순간적인 변화의 비율을 나타낸다는 것을 소개했다. 다시 말해, 이것은 두 변수의 변화량이 극한에 이르는 경우에 해당한다. 그러므로 $y = f(x)$가 2차원 직교 좌표계에 표시된다면, dy/dx는 곡선의 임의의 점 (x, y)에서 곡선의 기울기이다. 함수 $f(x)$ = 상수를 제외한 일반적인 함수는 x값이 증가함에 따라 그 값이 증가하거나 감소한다. 점 (x, y)에서 도함수(즉, 기울기)를 살펴보면 실제로 함수를 그래프로 그릴 필요 없이 x가 증가함에 따라 함수 $f(x)$가 증가하는지 감소하는지 확인할 수 있다. dy/dx가 양수이면 x가 증가할 때 $f(x)$가 증가하고, dy/dx가 음수이면 x가 증가할 때 $f(x)$가 감소한다.

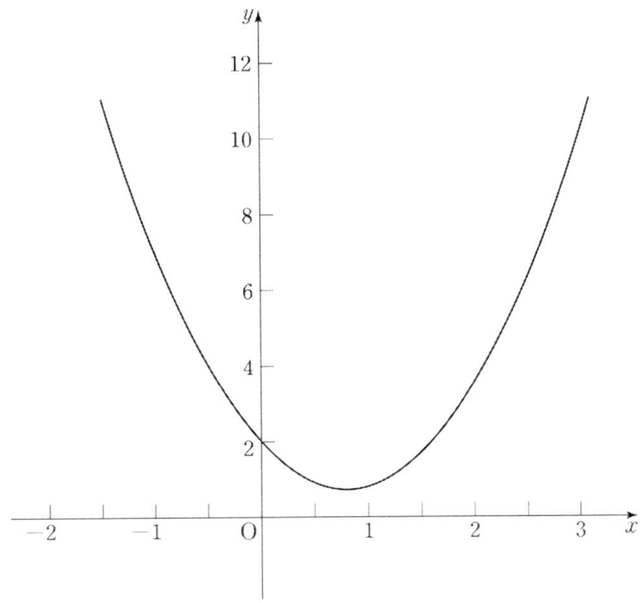

그림 4.4 함수 $y = 2x^2 - 3x + 2$의 그래프

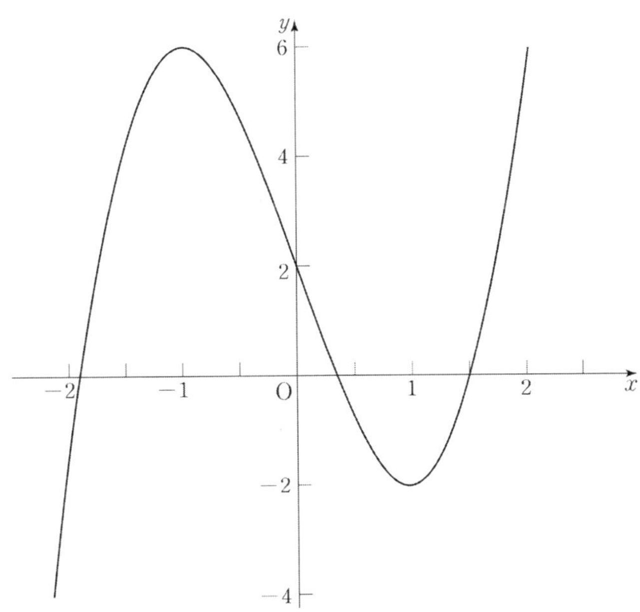

그림 4.5 함수 $y = 2x^3 - 6x + 2$의 그래프

포물선(**그림 4.4**)으로 나타나는 2차 함수나 증가 또는 감소가 여러 번 나타나는 그래프(**그림 4.5**)를 보여주는 3차 함수나 그 이상의 고차 함수에서 우리는 보통 최댓값이나 최솟값을 찾을 수 있다. 그리고 경우에 따라서는 두 가지 모두 찾을 수 있다. 미분학은 곡선을 따라가며 최대 또는 최솟값이 발생하는 점을 결정하는 데 사용될 수 있다. 곡선의 기울기는 이러한 점에서 0이어야 하므로 첫 번째 도함수 역시 0이어야 한다. 예를 들어, **그림 4.4**에 나타낸 포물선은 다음 식에 의해 설명된다.

$$y = 2x^2 - 3x + 2$$

이 식에 1차 도함수를 취하면,

$$\frac{dy}{dx} = 4x - 3$$

을 얻고, 도함수 값이 0이 되는 x를 구하면,

$$4x - 3 = 0,\ \ \text{즉}\ x = \frac{3}{4}$$

이 된다. 이 x값을 원래 곡선의 식에 대입하면 $y = 0.875$를 얻게 되는데, 이 값은 함수의 최솟값이다. 함수의 그래프를 실제로 그리지 않고 이 점에서 함수가 최대인지 최소인지를 결정하기 위해, 우리는 도함수 값이 0인 이 위치보다 조금 작은 x에 대한 함숫값과 조금 큰 x에 대한 함숫값을 구할 수 있다. 그러면 다음 y의 거동을 확인할 수 있다. 그런데 이보다 함수가 최대인지 최소인지를 판정하는 더 간단한 방법은 기울기가 0인 위치에서 함수의 두 번째 도함수 값을 확인하는 것이다.

$\frac{d^2y}{dx^2} < 0$ 이면, 함수값은 최대이다.

$\dfrac{d^2y}{dx^2} > 0$ 이면, 함수값은 최소이다.

$\dfrac{d^2y}{dx^2} = 0$ 이면, 함수는 이 위치에서 변곡점(a point of inflection)을 가진다.

변곡점에서는 곡선의 곡률(굴곡)이 '아래로 볼록'에서 '위로 볼록'으로 또는 그 반대로 바뀌는 점을 의미한다.

이제 **그림 4.5**의 3차 함수를 고려해 보자.

$$y = 2x^3 - 6x + 2$$

이 식의 1차 도함수를 구하여 0으로 놓으면,

$$\frac{dy}{dx} = 6x^2 - 6 = 0; \quad x^2 - 1 = 0; \quad x = \pm 1$$

이고, 이것은 최댓값이나 최솟값이 $x = +1$ 이나 $x = -1$ 에서 발견된다는 것을 의미한다. 한번 더 미분하여 2차 도함수를 구하면,

$$\frac{d^2y}{dx^2} = 12x$$

으로 $x = +1$ 에서는 $d^2y/dx^2 = 12$ 로 함수가 최솟값을, $x = -1$ 에서는 $d^2y/dx^2 = -12$ 로 함수가 최댓값을 가진다는 것을 알려준다. 그리고 변곡점이 $x = 0$ 에 존재한다는 것을 주목하자.

예제 4.2

1. 포도당 수용액의 총 부피(mL)는 다음 식에 의해 주어진다.

$$V = 1001.93 + 111.5282m + 0.64698m^2$$

여기서 m은 용액 속 용질 포도당의 몰랄 농도(molality)이다. 포도당의 분몰랄 부피(partial molal volume) $\overline{V}'_{\text{glucose}}$는 m에 대한 곡선 V의 기울기 $\partial V/\partial m$이다. 포도당 용액의 몰랄 농도가 $0.100\ \text{mol kg}^{-1}$일 때 포도당의 분몰랄 부피를 구하시오.

[풀이]

m에 대해 곡선 V의 도함수를 구하면,

$$\overline{V}'_{\text{glucose}} = \frac{\partial V}{\partial m} = 111.5282 + 1.2940m$$

이며, 여기에 농도 $m = 0.100$을 대입하면 다음의 결과를 얻는다.

$$\overline{V}'_{\text{glucose}} = 111.6576\ \text{mL mol}^{-1}\text{kg}$$

참고로, 포도당의 분몰 부피(partial molar volume) $\overline{V}_{\text{glucose}} = \partial V/\partial n$은 $\overline{V}'_{\text{glucose}}$를 용매의 질량(kg)으로 나누어 얻을 수 있다. 여기서 n은 용액 속 용질의 몰수이다.

2. 기체 분자가 c와 $c+dc$ 사이 범위의 속력을 가질 확률은 다음의 맥스웰 분포 법칙(Maxwell distribution law)에 의해 주어지며,

$$P_c dc = 4\pi\left(\frac{m}{2\pi kT}\right)^{3/2} e^{-mc^2/2kT} c^2 dc$$

여기서 m, k, T는 상수이다. 분자의 최빈 속력(most probable speed)에 대한 표현을 구하시오.

[풀이]

최빈 속력 C_{mp}는 확률 분포 함수 P_c가 최대일 때 속력을 의미한다. 따라서 우리는 다음 함수를 c에 대해 미분해야 한다.

$$P_c = 4\pi\left(\frac{m}{s\pi kT}\right)^{3/2} e^{-mc^2/2kT} c^2$$

다음과 같이 c에 대한 P_c의 도함수를 구하고 그 값을 0으로 놓으면,

$$\frac{dP_c}{dc} = 4\pi\left(\frac{m}{2\pi kT}\right)^{3/2}[e^{-mc^2/2kT}(2c) + c^2\left(-\frac{2mc}{2kT}\right)e^{-mc^2/2kT}] = 0$$

이고, 이 식을 $4\pi(m/2\pi kT)^{3/2}(2c)e^{-mc^2/2kT}$으로 나누면 다음 식을 얻는다.

$$1 - \frac{mc^2}{2kT} = 0$$

$$c_{\mathrm{mp}} = \sqrt{\frac{2kT}{m}}$$

3. 연속되는 반응 A → B → C에 대해 1차 속도 법칙을 적용하면, B의 농도를 다음 식으로 쓸 수 있다.

$$[\mathrm{B}] = \frac{[\mathrm{A}]_0 k_1}{k_2 - k_1}[e^{-k_1 t} - e^{-k_2 t}]$$

여기서 $[\mathrm{A}]_0$은 A의 초기 농도이고 k_1과 k_2가 각 단계의 속도 상수이다. [B]가 최대가 되는 시간 t를 구하시오.

[풀이]

t에 대한 [B]의 도함수를 구하고 그 값을 0으로 놓으면,

$$\frac{d[\mathrm{B}]}{dt} = \frac{[\mathrm{A}]_0 k_1}{k_2 - k_1}[-k_1 e^{-k_1 t} + k_2 e^{-k_2 t}] = 0$$

이 식을 $[\mathrm{A}]_0 k_1/(k_2 - k_1)$로 나누면 다음과 같다.

$$k_2 e^{-k_2 t} = k_1 e^{-k_1 t}$$

이 식에 자연로그를 취하면, 다음과 같은 답을 얻는다.

$$\ln k_2 - k_2 t_{\max} = \ln k_1 - k_1 t_{\max}$$

$$t_{\max} = \frac{\ln(k_2/k_1)}{(k_2 - k_1)}$$

4.7 제한된 최댓값과 최솟값

대부분의 학문에서는 특정 제한 조건에서 최댓값이나 최솟값을 구해야 하는 상황에 부딪힐 때가 많다. 화학에서도 역시 이런 문제가 발견되는데, 간단한 예를 하나 들어 보자. 어떤 함수 $f(x, y)$의 최댓값을 구해야 하는데 x와 y가 어떤 다른 관계식 $\phi(x, y) = 0$으로 서로 묶인 제한이 존재한다고 가정해 보자. 이때 우리는 최댓값을 찾기 위해 '라그랑주의 미정 계수(Lagrange's method of undetermined multipliers)'로 알려진 방법을 사용할 수 있다. 라그랑주 방법으로 $f(x, y)$의 최댓값을 구하기 위해 먼저 다음의 전미분을 고려해 보자.

$$df = \left(\frac{\partial f}{\partial x}\right)_y dx + \left(\frac{\partial f}{\partial y}\right)_x dy \tag{4-20}$$

그리고 $\phi(x, y) = 0$이기 때문에 $d\phi = 0$이므로,

$$d\phi = \left(\frac{\partial \phi}{\partial x}\right)_y dx + \left(\frac{\partial \phi}{\partial y}\right)_x dy = 0 \tag{4-21}$$

이다. 이제 식 (4-21)을 풀어 dy를 구해 식 (4-20)에 대입하면, 다음의 결과를 얻는다. 즉,

$$dy = -\frac{\left(\frac{\partial \phi}{\partial x}\right)}{\left(\frac{\partial \phi}{\partial y}\right)} dx \tag{4-22}$$

이므로

$$df = \left[\frac{\partial f}{\partial x} - \frac{\partial f}{\partial y}\frac{\left(\frac{\partial \phi}{\partial x}\right)}{\left(\frac{\partial \phi}{\partial y}\right)}\right]dx \tag{4-23}$$

이다. 이 과정으로 dx와 dy에 의존하던 df가 dx에만 의존하게 되었음을 주목하자. 즉, y에 대한 명시적인 의존이 제거되어 이제 함수 f는 하나의 변수 x의 함수로 다뤄질 수 있게 되었다.

함수 f는 $df/dx = 0$인 점에서 최댓값을 가진다. 따라서

$$\left[\frac{\partial f}{\partial x} - \frac{\partial f}{\partial y}\frac{\left(\frac{\partial \phi}{\partial x}\right)}{\left(\frac{\partial \phi}{\partial y}\right)}\right] = 0$$

즉,

$$\frac{\left(\frac{\partial f}{\partial x}\right)}{\left(\frac{\partial f}{\partial y}\right)} = \frac{\left(\frac{\partial \phi}{\partial x}\right)}{\left(\frac{\partial \phi}{\partial y}\right)} \equiv \lambda \tag{4-24}$$

여기서 λ는 미정(未定) 계수(undetermined multiplier)로 불리는 상수이다. 식 (4-24)를 다시 정리하면, 다음 두 방정식을 얻는다.

$$\frac{\partial f}{\partial x} - \lambda\frac{\partial \phi}{\partial x} = 0 \quad \text{그리고} \quad \frac{\partial f}{\partial y} - \lambda\frac{\partial \phi}{\partial y} = 0$$

즉,

$$\frac{\partial}{\partial x}(f - \lambda\phi) = 0 \quad \text{그리고} \quad \frac{\partial}{\partial y}(f - \lambda\phi) = 0 \tag{4-25}$$

이 두 방정식을 $\phi(x, y) = 0$과 함께 풀면 함수가 최대가 되는 점과 λ값을 모두 구할 수 있다.

한편, 이 라그랑주의 방법은 두 개 이상의 제한 조건까지 확장하는 것도 가능하다. 보통 이런 경우 제한 조건의 개수보다 변수가 적어도 하나 이상 더 많다. 따라서 둘 이상의 제한 조건에 대해

$$F(x, y, z, \ldots) = f(x, y, z, \ldots) - \alpha u(x, y, z, \ldots) - \beta v(x, y, z, \ldots) - \ldots \tag{4-26}$$

이며, 여기서 $f(x, y, z, \ldots)$는 최댓값을 구해야 할 함수이고 $u(x, y, x, \ldots)$, $v(x, y, z, \ldots)$ 등은 제한 조건들이며, $\alpha, \beta, \ldots$ 등은 미정 계수이다. 함수 $f(x, y, z, \ldots)$의 제한된 최댓값 또는 최솟값을 구하는 조건은 다음과 같다.

$$\left(\frac{\partial F}{\partial x}\right) = 0, \left(\frac{\partial F}{\partial y}\right) = 0, \left(\frac{\partial F}{\partial z}\right) = 0, \ldots \tag{4-27}$$

예제 4.3

둘레의 길이가 일정할 때 면적이 최대인 직사각형을 구하시오.

[풀이]

두 변이 a, b인 직사각형의 면적은 $A = ab$이다. 이때 직사각형의 둘레는 $C = 2(a+b)$이다. 우리는 일정한 C에서 A를 최대화해야 한다. 둘레 조건을 $\phi(a, b) = C - 2(a+b) = 0$으로 쓰자.

따라서 이 문제에 대한 식 (4-26)은 다음과 같다.

$$F(a, b) = ab - \lambda\phi(a, b) = ab - \lambda C + 2\lambda(a+b)$$

A의 최댓값을 구하는 조건은 다음과 같다.

$$\left(\frac{\partial F}{\partial a}\right)=0 \qquad \text{그리고} \qquad \left(\frac{\partial F}{\partial b}\right)=0$$

편도함수를 구하면,

$$\frac{\partial F}{\partial a}=b-\lambda\frac{\partial C}{\partial a}+2\lambda=0 \qquad \text{그리고} \qquad \frac{\partial F}{\partial b}=a-\lambda\frac{\partial C}{\partial b}+2\lambda=0$$

이며, C가 상수이기 때문에, $\partial C/\partial a=\partial C/\partial b=0$이 된다. 따라서 다음과 같이 쓸 수 있다.

$$b+2\lambda=0 \qquad \text{그리고} \qquad a+2\lambda=0$$

즉,

$$a=b$$

이며, 따라서 일정한 길이의 둘레를 가진 직사각형이 최대 넓이를 갖기 위해서는 정사각형이어야 한다.

예제 4.4

통계 역학에서 자주 보게 되는 문제는 다음과 같은 함수의 최댓값을

$$f(n_0, n_1, n_2, \ldots)=n\ln n-\sum_{n_i=0}^{n} n_i \ln n_i$$

다음 두 제한 조건에서

$$\sum n_i=n \qquad \text{그리고} \qquad \sum n_i E_i=E$$

구하는 것이다.

[풀이]

먼저 두 제한 조건을 다음과 같이 쓰자.

$$u(n_0, n_1, n_2, \dots) = \sum n_i - n = 0$$

그리고

$$v(n_0, n_1, n_2, \dots) = \sum n_i E_i - E = 0$$

그러면,

$$F(n_0, n_1, n_2, \dots) = n \ln n - n - \sum_{n_i=0}^{n} n_i \ln n_i - \alpha \sum (n_i - n) - \beta \sum (n_i E_i - E)$$

이고, 여기서 α와 β는 미정 계수이다. 따라서 $n \ln n - \sum_{n_i=0}^{n} n_i \ln n_i$의 제한된 최댓값을 구하려면 다음을 풀어야 한다.

$$\left(\frac{\partial F}{\partial n_0}\right) = 0, \quad \left(\frac{\partial F}{\partial n_1}\right) = 0, \quad \left(\frac{\partial F}{\partial n_2}\right) = 0, \dots, \qquad \text{즉 } \frac{\partial F}{\partial n_j} = 0; \; j = 0, 1, 2, 3, \dots$$

$n_j \ln n_j$는 함수의 곱이고 n과 E는 상수임을 상기하면서 각각의 n_j에 대한 F의 도함수를 구하면,

$$\frac{\partial F}{\partial n_j} = -n_j\left(\frac{1}{n_j}\right) - \ln n_j - \alpha - \beta E_j = 0$$

을 얻을 수 있으며, 결국

$$\ln n_j = -1 - \alpha - \beta E_j$$

가 된다. 이 식을 지수 함수 형태로 바꾸어 주면 다음과 같다.

$$n_j = e^{-(1+\alpha)} e^{-\beta E_j}$$

하지만 $n = \sum n_j$이므로 $n = e^{-(1+\alpha)} \sum e^{-\beta E_j}$로 나타낼 수 있다. 이것을 정리하면 볼츠만 분포(Boltzmann distribution)로 알려진 다음 식을 얻게 된다.

$$\frac{n_j}{n} = \frac{e^{-\beta E_j}}{\sum e^{-\beta E_j}}$$

그리고 함수 $n \ln n - \sum_{n_i=0}^{n} n_i \ln n_i$는 다음의 조건에서 최댓값을 갖는다.

$$\frac{n_0}{m} = \frac{e^{-\beta E_0}}{q_s}; \quad \frac{n_1}{n} = \frac{e^{-\beta E_1}}{q_s}; \quad \frac{n_2}{n} = \frac{e^{-\beta E_2}}{q_s}; \ldots$$

여기서 $q_s = \sum e^{-\beta E_j}$는 계의 분배 함수(system partition function)라 불린다.

CHAPTER

04 연습문제

1 다음 함수를 미분하시오. (소문자는 변수로 대문자는 상수로 간주할 것)

(a) $y=3x^3+4x^2-5x+6$

(b) $y=\sqrt{1-x^2}$

(c) $y=x^2-9x+16$

(d) $r=5\tan 2\theta$

(e) $y=x^4e^{3x}$、

(f) $y=A\sin\theta\cos\theta$

(g) $y=x^5\sqrt{1-e^{2x}}$

(h) $y=x^{-2}(1-e^x)\sin 3x$

(i) $y=\dfrac{x^2}{\sqrt{1-5x}}$

(j) $y=\ln(1-e^x)$

(k) $w=N\ln N-n_j\ln n_j$

(l) $s=\ln t\cdot e^{-3t}$

(m) $\ln g=\dfrac{A}{t}+t\ln t$

(n) $e=\dfrac{E^2}{A}\left(z^2-\dfrac{27}{8}z\right)$

(o) $\phi=2A\cos\left(\dfrac{N\pi x}{L}\right)$

(p) $\ln p=\dfrac{-\Delta H}{Rt}+K$

(q) $\ln k=-\dfrac{\Delta G}{Rt}$

(r) $u=\dfrac{A}{r^{12}}-\dfrac{B}{r^6}$

(s) $d=\dfrac{M}{v}$

(t) $\phi=Ae^{-B/Rt}$

2 다음 식에 대해 지시한 대로 편도함수를 구하시오.

(a) $PV=nRT$; V에 대한 P의 편도함수

(b) $\left(P+\dfrac{n^2a}{V^2}\right)(V-nb)=nRT$; V에 대한 P의 편도함수

(c) $\rho=\dfrac{PM}{RT}$; T에 대한 ρ의 편도함수

(d) $H=a+bT+cT^2+\dfrac{d}{T}$; T에 대한 H의 편도함수

(e) $r=\sqrt{(x^2+y^2+z^2)}$; y에 대한 r의 편도함수

(f) $y=r\sin\theta\cos\phi$; ϕ에 대한 y의 편도함수

(g) $\left(\frac{\partial S}{\partial T}\right)_P = \frac{1}{T}\left(\frac{\partial H}{\partial P}\right)_P$; T는 상수로 간주하고, P에 대한 S의 편도함수

(h) $\left(\frac{\partial S}{\partial T}\right)_T = \frac{1}{T}\left[\left(\frac{\partial H}{\partial P}\right)_T - V\right]$; P는 상수로 간주하고, T에 대한 S의 편도함수

(i) $D = \sin\theta \sin\phi \cos\phi$; ϕ에 대한 D의 편도함수

(j) $E = \dfrac{c_A^2 H_{AA} + c_B^2 H_{BB} + 2c_A c_B H_{AB}}{c_A^2 + c_B^2 + 2c_A c_B S_{AB}}$; c_B에 대한 E의 편도함수

(k) $q = \sum e^{-E_i/kT}$; E_i에 대한 q의 편도함수

(l) $q = \sum e^{-E_i/kT}$; T에 대한 q의 편도함수

3 지정한 위치에서 곡선의 기울기를 구하시오.

(a) $y = x^3$ at $x = 5$

(b) $y = 2x^3 - 5x^2 + 4x - 6$ at $x = 2$

(c) $y = 3\ln 3x$ at $x = 4$

(d) $y = x\ln 2x$ at $x = 5$

(e) $r = 10\cos\theta$ at $\theta = \pi$

(f) $r = 5\sin\theta\cos\theta$ at $\theta = \pi/2$

(g) $y = (x^2 - 6)^{1/2}$ at $x = 4$

(h) $s = \frac{1}{2}At^2$ at $t = 30$ sec (여기서 가속도 $A = 9.80$ m/s^{2}은 상수)

(i) $C_p = 25.90 + 33.00 \times 10^{-7} T^2$ at $T = 298.2$ K

(j) $\ln P = -\Delta H/RT + B$ at $T = 298.2$ K

(여기서 $\Delta H = 30{,}820$ J mol^{-1}, $R = 8.314$ J mol^{-1} K^{-1}, $B = 2.83$은 상수)

(k) $[\mathrm{A}] = [\mathrm{A}]_0 e^{-kt}$ at $t = 5.0$ hours

(여기서 $[\mathrm{A}]_0 = 0.0200$ M, $k = 4.11 \times 10^{-2}$ hr^{-1}은 상수)

4 다음 각 함수에 대해 최댓값이나 최솟값이 있다면, 그 값을 있는 대로 모두 구하시오. 또한, 변곡점이 있다면 그 점도 구하시오.

(a) $y = 3x^2 - 5x + 2$

(b) $y = 2x^3 - 3x^2 + 5x - 12$

(c) $y = \sin 2x$

(d) $\psi = Ae^{mx}$ (A와 m은 상수)

(e) $U(r) = 4e\left[\left(\frac{\sigma}{r}\right)^{12} - \left(\frac{\sigma}{r}\right)^{6}\right]$ (e와 σ는 상수)

(f) $\psi = \frac{1}{2}(1 + \sin\theta) + \sqrt{2}\cos\theta$

(g) $E = \frac{e^2}{a}\left(z^2 - \frac{27}{8}z\right)$ (e, a는 상수)

(h) $P_E = 2\pi^{-1/2}(kT)^{-3/2}e^{-E/kt}E^{1/2}$ (π, k, T는 상수)

(i) $P(x) = \left(\frac{2}{a}\right)\sin^2\frac{\pi x}{a}$ ($P(x)$는 x가 0부터 a 사이의 값일 때 정의된다.)

(j) $U(r) = -N_0 A\frac{z^2}{r} + \frac{B}{r^n}$ (N_0, A, z, B는 상수)

5 화학 반응의 속도 상수는 다음의 아레니우스 방정식에 따라 온도에 의존한다.

$$k = Ae^{-E_a/RT} \ (A,\ E_a,\ R\text{은 상수})$$

T에 대한 k가 변화량을 나타내는 식을 구하시오.

6 이상 기체의 밀도는 다음 방정식에 따라 온도에 의존한다.

$$\rho = \frac{PM}{RT} \quad (P,\ M,\ R\text{은 상수로 간주할 것})$$

T에 대한 ρ의 곡선을 그렸을 때, 곡선의 기울기를 표현하는 식을 구하시오.

7 다음 반데르발스 방정식을 따르는 기체에 대해 T에 대한 P의 편도함수를 구하시오.

$$\left(P + \frac{n^2 a}{V^2}\right)(V - nb) = nRT$$

8 문제 7의 기체에 대해 V에 대한 P의 편도함수를 구하시오.

9 어떤 기체가 다음의 상태 방정식을 따른다고 한다.

$$P(V - nb) = nRT \quad (n,\ R\text{은 상수})$$

팽창계수가 다음 식으로 주어질 때, 이 기체의 팽창계수를 표현한 식을 구하시오.

$$\alpha = \left(\frac{1}{V}\right)\left(\frac{\partial V}{\partial T}\right)_P$$

10 이상 기체의 부피는 이 기체의 온도와 압력에 동시에 의존하는 함수이다. V의 전미분에 해당하는 식을 구하시오. 기체가 1몰일 때 이상 기체 방정식 $PV = RT$을 이용하여, 전미분 식에 등장하는 편도함수를 구하시오.

11 2원자 분자의 진동 퍼텐셜 에너지는 다음의 모스(Morse) 함수로 근사할 수 있다.

$$U(r) = A(1 - e^{-B(r-r_0)})^2 \quad (A,\ B,\ r_0\text{은 상수})$$

U가 최솟값이 될 때 r의 값을 구하시오.

12 1차원 상자에 갇힌 입자를 양자 역학적으로 표현하는 경우, 입자가 $n=1$인 상태에 놓여 있을 때 입자의 공간적 확률 밀도를 표현하는 식은 다음과 같다.

$$\psi(x) = \sqrt{\frac{2}{a}}\sin\frac{\pi x}{a} \quad (\text{여기서 } a\text{는 상자의 길이})$$

$\psi(x)$가 최댓값이 될 때 x의 값을 구하시오.

13 수소 원자의 전자가 $1s$ 오비탈로 존재할 때 핵으로부터 어떤 거리 r만큼 떨어진 위치에서 전자를 발견할 확률은 방향에 관계없이 다음의 분포 함수로 표현된다.

$$P(r) = 4\left(\frac{1}{a_0}\right)^3 r^2 e^{-2r/a_0}$$

이 함수의 최댓값이 보어 반지름 a_0에서 얻어진다는 것을 보이시오.

14 반데르발스 방정식 $(P+n^2a/V^2)(V-nb)=nRT$는 부피에 대한 3차 방정식이다. 따라서 이 방정식은 $V=f(T,P)$의 형태로 쓸 수 없다. 반데르발스 기체에 대해 편도함수 $(\partial V/\partial T)_p$를 구하시오.

CHAPTER

05

적분학

5.1 도입

일반적으로 적분학에 접근하는 방식으로는 크게 두 가지가 있다. 하나는 적분을 역도함수(antiderivative)로 간주하는 것이다. 즉, 이 접근법에서 적분하기(integration)란 미분하기(differentiation)의 역(inverse)으로 해석된다. 또 하나의 접근법에서는 적분을 수많은, 서로 비슷하게 생긴, 무한히 작은 조각들의 합으로 생각한다. 이 경우 적분은 어떤 곡선 아래 면적과 같다. 이 두 번째 접근법으로 우리는 적분에 어떤 물리적 의미를 부여할 수 있다. 적분학에 대한 입문 교과목에서는 첫 번째 접근법에 막대한 시간을 사용함으로써 적분을 수행하기 위한 엄청나게 많은 다양한 방법을 가르친다. 물론 이것이 의심할 나위 없이 중요하고 어느 시점에서는 꼭 배워야 할 것이기는 하지만, 실제로 그 방법들이 모두 다 빈번하게 이용되는 것은 아니다. 이는 우리 대부분이 문헌의 적분표를 참고하도록 배웠기 때문이다. 이번 장에서는 몇몇 일반적 그리고 특별 적분법을 복습할 예정인데, 이는 적분할 함수가 항상 적분표에 등장하는 형태로 주어지지는 않기 때문이다[1].

앞선 장에서 우리가 배운 수학은 함수를 수많은 작고 변화하는 부분으로 나누고 함수의 변수와 이 부분들의 관련성을 결정하는 것이었다. 이 장에서 우리는 반대의 과정을 고려할 것이다. 각 부분의 변수 의존을 알고 있을 때, 우리는 이러한 부분들을 합하여 일정한 변화를 보이는 함수의 모습을 결정하려고 한다. 화학 분야에 적분학을 적용하고 그 물리적 의미를 생각하기 전에 먼저 적분의 일반적인 방법과 특별한 방법을 검토해 보자.

1 이 책의 적분표는 [부록 II]에 정리해 두었다. 잘 만들어진 적분 표를 싣고 있는 대표적인 문헌 중 하나로는 David R Lide(Boca Raton, FL: CRC Press)의 CRC Handbook of Chemistry and Physics를 들 수 있다.

5.2 역도함수로서 적분

4장에서 우리는 함수 $y=f(x)$의 미분을 다루었다. 도함수(derivative) 형태로는

$$\frac{dy}{dx}=\frac{df(x)}{dx}=f'(x) \tag{5-1}$$

미분(differential) 형태로는

$$dy=f'(x)dx \tag{5-2}$$

이며, 여기서 $f'(x)$는 x에 대한 $f(x)$의 1차 도함수이다. 이 절에서 우리의 주 관심사는 다음 질문에 대한 답이다. 어떤 함수 $f(x)$가 미분되었을 때 $f'(x)$라면 원래 함수$f(x)$는 어떤 모습일까? 예를 들어, 미분되었을 때 $f'(x)=2x$라면 $f(x)$는 어떤 함수일까? 식 (5-2)에 $f'(x)=2x$를 대입하면 다음을 얻는다.

$$dy=2x\,dx \quad 즉, \frac{dy}{dx}=2x$$

우리가 찾고 있는 함수 $f(x)$는 이 미분 형태의 적분(integral)으로 불리며 다음과 같이 쓴다.

$$f(x)=\int f'(x)\,dx \tag{5-3}$$

여기서 기호 $\int$은 적분 기호(integral sign)라 불린다[2]. 그리고 적분할 함수 $f'(x)$를 피(被)

2 적분 기호는 원래 'summation(합계)'를 나타내는 S를 길게 늘인 것이다.

적분 함수(integrand)라고 한다. 이 경우 x^2를 미분하면 미분 $f'(x) = 2x$를 얻는다는 것을 우리가 이미 알기 때문에, $f'(x) = 2x$를 잘 들여다보면 적분은 그리 어렵지 않게 수행할 수 있다. 그러나 함수 $f(x) = x^2$는 완전한 해가 아니다. 왜냐하면, C가 상수라 할 때 더 일반적 형태인 $f(x) = x^2 + C$를 미분한 것도 $f'(x) = 2x$가 되기 때문이다. 따라서 적분 결과에는 적분 상수(constant of integration)라 불리는 상수 C가 포함된다. 일반적으로 이 상수는 모든 적분 문제에서 해답의 일부로 항상 포함되어야 한다. 따라서

$$y = \int 2x\,dx = x^2 + C$$

이다.

5.3 일반적인 적분 방법

이제 몇 가지 일반적인 적분 방법을 고려해 보자. 다음은 화학 분야에 중요하게 사용되는 대부분의 함수에 대한 적분을 보여준다. (전체 적분표는 [부록 II] 참고)

1. $\int du(x) = u(x) + C$

   어떤 함수의 미분 형태의 적분은(적분 상수를 제외하고) 그 함수 자체이다.

2. $\int a\,du = a\int du = au + C$

   여기서 a는 상수이기 때문에 적분 기호 밖으로 꺼낸 후 적분이 완료된 후 적분 값에 곱할 수 있다.

3. $\int u^n\,du = \dfrac{u^{n+1}}{n+1} + C,\quad$ 여기서 $n \neq -1$.

(예)

(a) $\int x^3 dx = \frac{x^4}{4} + C$

(b) $\int \frac{\Delta H}{RT^2} dT = \frac{\Delta H}{R} \int \frac{1}{T^2} dT = \frac{\Delta H}{R} \int T^{-2} dT = -\frac{\Delta H}{R} T^{-1} + C$

$$= -\frac{\Delta H}{RT} + C$$

4. $\int \frac{du}{u} = \int d\ln u = \ln u + C$. 이 적분은 화학에서 가장 많이 사용되는 것 중 하나이다. 이것은 부분적인 변화의 합으로 전체 효과를 표현한다(3.4절 참고).

(예)

(a) $\int \frac{dx}{3x} = \frac{1}{3} \int \frac{dx}{x} = \frac{1}{3} \ln x + C$

(b) $-\int nRT \frac{dV}{V} = -nRT \int \frac{dV}{V} = -nRT \ln V + C$

(c) $\int \frac{d[\mathrm{A}]}{[\mathrm{A}]} = -k \int dt$

$\ln[\mathrm{A}] = -kt + C$. 양변의 적분은 각각의 적분 상수를 가진다. 하지만, 보통 하나로 합쳐 한 변에 적는 것이 관례이다.

(d) $\int \frac{dP}{P} = \int \frac{\Delta H}{RT^2} dT$

$\ln P = -\frac{\Delta H}{RT} + C$ (Clausius-Clapeyron equation)

5. $\int [f(x) + g(x)] dx = \int f(x) dx + \int g(x) dx$

합의 적분은 각 항의 적분의 합과 같다.

(예)

$$\Delta H = \int C_P dT = \int (a + bT + cT^2) dT$$

$$= a \int dT + b \int T dT + c \int T^2 dT = aT + \frac{b}{2} T + \frac{c}{3} T^3 + C$$

6. $\int e^{mx}\, dx = \frac{1}{m} e^{mx} + C$

7. $\int \sin kx\, dx = -\frac{1}{k} \cos kx + C$

8. $\int \cos ax\, ax = \frac{1}{k} \sin kx + C$

5.4 특별한 적분 방법

화학에서 자주 접하는 함수는 앞 절에서 다룬 일반적인 형태가 아닐 때가 많다. 이러한 이유로 여기서는 몇 가지 특별한 적분 방법을 소개한다.

대수식 치환

우리는 어떤 대수식을 치환함으로써 복잡한 함수가 3절의 일반적인 형태 중 하나로 또는 적분표에서 발견되는 형태 중 하나로 변환될 수 있다는 것을 알 수 있다.

(예)

(a) $\int 7x(1-x^2)^5 dx$의 적분을 수행하시오.

이 적분을 $\int u^n du$ 형태로 변환해 보자. $u = (1-x^2)$라 하면, $du = -2x\,dx$이다. 따라서 적분은 다음과 같다.

$$\int 7x(1-x^2)^5 dx = -\frac{7}{2}\int u^5\, du = -\frac{7}{12}u^6 + C = -\frac{7}{12}(1-x^2)^6 + C$$

(b) $\int e^{-\Delta E/kT}\left(\frac{\Delta E}{kT^2}\right)dT$의 적분을 수행하시오.

$u=-\frac{\Delta E}{kT}$라 하면, $du=\frac{\Delta E}{kT^2}dT$이다. 따라서 적분은 다음과 같다.

$$\int e^{-\Delta E/kT}\left(\frac{\Delta E}{kT^2}\right)dT=\int e^u\, du=e^u+C=e^{-\Delta E/kT}+C$$

(c) $\int \frac{dV}{(V-nb)}$의 적분을 수행하시오.

이 적분을 $\int \frac{du}{u}$ 형태로 변환해 보자.

$u=(V-nb)$라 하면, $du=dV$이다. 따라서 적분은 다음과 같다.

$$\int \frac{dV}{(V-nb)}=\int \frac{du}{u}=\ln u+C=\ln(V-nb)+C$$

(d) 부록 II의 적분표를 이용하여 $\int \sin\frac{2\pi x}{L}e^{-ikx}\,dx$의 적분을 수행하시오.

$a=-ik,\ b=2\pi/L$라 하면, 적분은 $\int e^{ax}\sin bx\,dx$가 되고, 식은 다음과 같이 쓸 수 있다.

$$\begin{aligned}\int e^{ax}\sin bx\,dx &= \frac{e^{ax}(a\sin bx-b\cos bx)}{(a^2+b^2)}+C\\ &= \frac{e^{-ikx}\left[-ik\sin\frac{2\pi x}{L}-\frac{2\pi}{L}\cos\frac{2\pi x}{L}\right]}{\frac{4\pi^2}{L^2}-k^2}+C\end{aligned}$$

(e) $\int 2\sin^2 x\cos x\,dx$의 적분을 수행하시오.

$u=\sin x$라 하면 $du=\cos x\,dx$이고, 따라서 식은 다음과 같이 쓸 수 있다.

$$\int 2\sin^2 x\cos x\,dx=2\int u^2\,du=\frac{2}{3}u^3+C=\frac{2}{3}\sin^3 x+C$$

삼각함수 변환

많은 삼각함수는 삼각함수와 관련된 항등식을 사용하여 적분하기 편리한 형태로 변환될 수 있다. 예를 들어, 적분 $\int \sin^2 x\,dx$를 수행하기 위해서는 다음 항등식을 사용해야 한다.

$$\sin^2 x = \frac{1}{2}(1 - \cos 2x)$$

이에 따라

$$\int \sin^2 x\,dx = \int \frac{1}{2}(1 - \cos 2x)dx = \frac{1}{2}\int dx - \frac{1}{2}\int \cos 2x\,dx$$

이며, 각 항을 적분하면 다음과 같다.

$$\int \sin^2 x\,dx = \frac{x}{2} - \frac{1}{4}\sin 2x + C$$

물론 이 유형의 적분은 적분표(부록 II)를 사용하여 수행할 수도 있다.

(예)

적분 $\int \cos^3 2x\,dx$를 수행하시오. 이 적분은 적분표의 적분 (88)로 수행할 수 있다. $a = 2, b = 0$을 대입하면, 적분 식은 다음과 같다.

$$\int \cos^3(ax + b)dx = \frac{1}{a}\sin(ax + b) - \frac{1}{3a}\sin^3(ax + b) + C$$

$$\int \cos^3 2x\,dx = \frac{1}{2}\sin 2x - \frac{1}{6}\sin^3 2x + C$$

부분 분수

다음 유형의 적분을 고려해 보자.

$$\int \frac{dx}{(a-x)(b-x)}, \quad \text{여기서 } a\text{와 } b\text{는 상수.}$$

이 유형의 적분은 부분 분수로 전환하여 더 단순한 적분이 될 수 있다. $A=(a-x)$ 그리고 $B=(b-x)$라 하면,

$$\frac{1}{A}-\frac{1}{B}=\frac{B}{AB}-\frac{A}{AB}=\frac{(B-A)}{AB}$$

이다. 따라서

$$\frac{1}{AB}=\frac{1}{(B-A)}\left(\frac{1}{A}-\frac{1}{B}\right)$$

$$\frac{1}{(a-x)(b-x)}=\frac{1}{(b-a)}\left(\frac{1}{(a-x)}-\frac{1}{(b-x)}\right), \quad \text{단, } a\neq b.$$

$$\int \frac{dx}{(a-x)(b-x)}=\frac{1}{b-a}\left[\int \frac{dx}{(a-x)}-\int \frac{dx}{(b-x)}\right]$$

이다. 적분을 수행하면 다음과 같은 식을 얻는다.

$$\int \frac{dx}{(a-x)(b-x)}=\frac{1}{(b-a)}[-\ln(a-x)+\ln(b-x)]+C$$

$$=\frac{1}{(b-a)}\ln\frac{(b-x)}{(a-x)}+C$$

부분 적분

두 함수의 곱 uv을 미분하면, 다음과 같다.

$$d(uv) = u\,dv - v\,du$$

이를 재배열하면 다음과 같이 쓸 수 있다.

$$u\,dv = d(uv) - v\,du$$

이 식을 적분하면 다음과 같다.

$$\int u\,dv = \int d(uv) - \int v\,du = uv - \int v\,du$$

꽤 많은 피적분 함수가 이 형태로 놓일 수 있는데, 이를 부분 적분(integration by parts)이라 한다.

(예)

적분 $\int e^{ax} \sin bx\,dx$를 수행하시오.

$u = \sin\,bx$라 하면 $du = b\cos bx\,dx$이고, $dv = e^{ax}dx$라 하면 $v = \frac{1}{a}e^{ax}$이므로, 적분식은

$$\int e^{ax} \sin bx\,dx = uv - \int v\,du = \frac{1}{a}e^{ax} \sin bx - \int \frac{1}{a}e^{ax}(b\cos bx)dx$$

$$= \frac{1}{a}e^{ax} \sin bx - \frac{b}{a}\int e^{ax} \cos bx\,dx$$

가 된다. 여기서 우리는 두 번째 항의 적분을 다시 부분 적분으로 수행해야 한다. $u = \cos bx$라 하면 $du = -b\sin bx\,dx$이고, $dv = e^{ax}dx$라 하면 $v = \frac{1}{a}e^{ax}$이므로, 적분 식은

$$\begin{aligned}\int e^{ax}\cos bx\,dx &= \frac{1}{a}e^{ax}\cos bx - \int \frac{1}{a}e^{ax}(-b\sin bx)dx \\ &= \frac{1}{a}e^{ax}\cos bx + \frac{b}{a}\int e^{ax}\sin bx\,dx\end{aligned}$$

가 된다. 위 식을 대입하여 정리하면, 적분 식은 다음과 같다.

$$\int e^{ax}\sin bx\,dx = \frac{1}{a}e^{ax}\sin bx - \frac{b}{a}\left[\frac{1}{a}e^{ax}\cos bx + \frac{b}{a}\int e^{ax}\sin bx\,dx\right]$$

$$\int e^{ax}\sin bx\,dx = \frac{1}{a}e^{ax}\sin bx - \frac{b}{a^2}e^{ax}\cos bx - \frac{b^2}{a^2}\int e^{ax}\sin bx\,dx.$$

그리고 모든 항의 분모에 a^2이 나타나도록 쓰면 다음과 같다.

$$\frac{a^2}{a^2}\int e^{ax}\sin bx\,dx = \frac{a}{a^2}e^{ax}\sin bx - \frac{b}{a^2}e^{ax}\cos bx - \frac{b^2}{a^2}\int e^{ax}\sin bx\,dx$$

a^2을 양변에 곱하고 적분 항을 모아서 정리하면 최종 식은 다음과 같다.

$$(a^2+b^2)\int e^{ax}\sin bx\,dx = e^{ax}(a\sin bx - b\cos bx)$$

$$\int e^{ax}\sin bx\,dx = \frac{e^{ax}(a\sin bx - b\cos bx)}{(a^2+b^2)} + C$$

5.5 무한히 작은 조각들의 합인 적분

앞선 절에서 다룬 적분은 역도함수를 찾는 과정이었다. 이는 사실상 전적으로 기계적인 연산이다. 이제 이 절에서는 적분의 물리적 측면을 돌아보고 그 물리적 중요성을 이해해 보자.

일정한 외부 압력에 대해 이상 기체가 부피 V_1로부터 부피 V_2까지 변하는 과정을 고려해 보자. 이 과정에서 기체가 한 일을 구하기 위해서는 우리는 팽창(또는 압축)의 연속된 각 단계에서 기체에 가해진 외부 압력을 알아야 한다. 우리가 기체의 부피에 대하여 기체에 가해진 외부 압력을 도시한다면, **그림 5.1**과 같은 지시 도표(indicator diagram)로 알려진 그래프를 얻는다. 그런데 중요한 것은 이 지시 도표가 외부 압력 P_{ext}를 기체의 부피 V의 **함수로** 그린 그래프가 **아니라는 점**이다. **즉 기체에 가해진 외부 압력과 기체의 부피 사이에는 그 어떤 필연적인 관계가 없다는 것이다.** 우리는 열역학적으로 PV 팽창 혹은 압축 과정에서 행한 일이 V에 대한 P_{ext}의 곡선 아래 면적에 음의 부호를 붙인 것으로 알고 있다[3]. 외부 압력이 일정한 경우 일은 그림의 면적에 음의 부호를 붙인 $w = -P_{ext}\Delta V$와 같다.

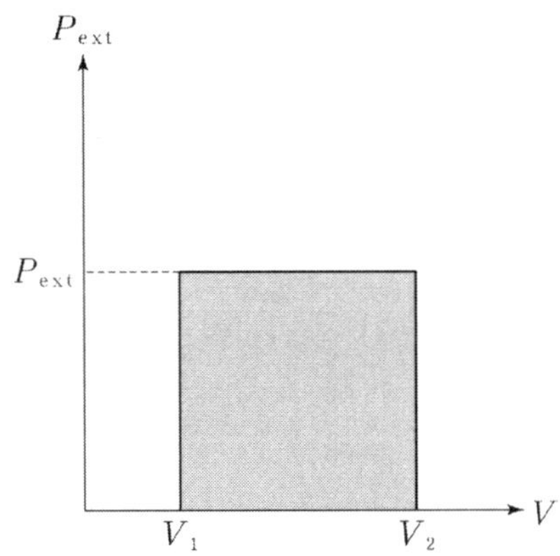

그림 5.1 기체가 일정한 외부 압력에 대항하여 팽창함으로써 한 일을 보여주는 지시 도표

3 여기서 음의 부호는 필수적이다. 그 이유는 계가 주위에 일을 행할 때 일의 값이 음이 되도록 일을 정의하는 것이 최근의 관례이기 때문이다. 이 정의는 계가 주위에 일할 때를 양으로 정의하는 열역학 역사 속의 관례와 다른 것이다.

다음으로 **그림 5.2**의 지시 도표에 보인 것처럼 더 복잡한 경우를 고려해 보자. 이 경우는 외부 압력이 팽창 과정 동안 어떤 다른 외부 원인으로 인해 변한다. 그런데, 여기서 다시 한번 강조해 둘 사실은 외부 압력이 반드시 기체 부피의 함수로서 변할 필요는 없다는 점이다[4]. 그런데 **그림 5.2**의 경우 면적 측정은 외부 압력이 일정할 때보다 훨씬 더 어렵다.

우리는 **그림 5.2**의 곡선 아래 면적을 일정한 폭 ΔV를 가진 네 개의 직사각형으로 나누어 나타낼 수 있다. 그러면 곡선 아래의 면적은 표시된 네 직사각형 면적의 합으로 근사할 수 있다.

$$A_{\text{approx}} = P_1\Delta V + P_2\Delta V + P_3\Delta V + P_4\Delta V = \sum_{i=1}^{4} P_i\Delta V \tag{5-4}$$

만일 우리가 이 과정을 계속한다면(즉, 곡선 아래 면적을 점점 더 작은 폭의 더 많은 직사각형들로 나눈다면), 그 합은 직사각형의 개수 N 이 무한대로 접근할 때 어떤 일정한 값에 접근할 것이다. 우리는 더 이상의 증명 없이 이 합이 이르는 극한의 일정한 값을 V_1과 V_2 사이 구간의 곡선 아래 면적에 대한 참값으로 정의한다.

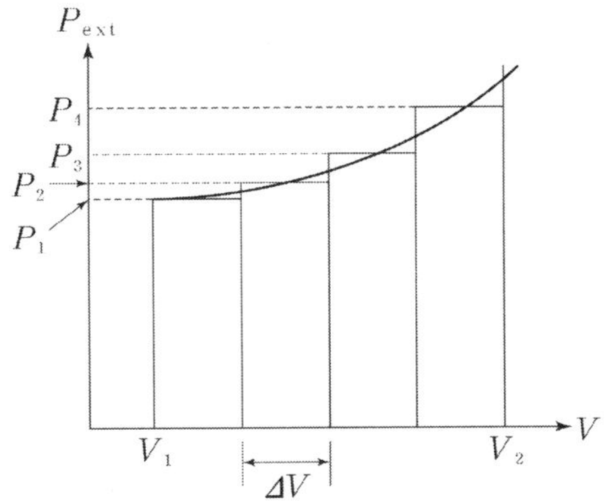

그림 5.2 기체가 일정하지 않은 외부 압력에 대항하여 팽창함으로써 한 일을 보여주는 지시 도표

4 우리는 사실 기체 부피의 함수로서 변할 수 있는 외부 압력을 위한 장치를 고안해 낼 수도 있다. 예를 들면, 피스톤이 바깥쪽으로 움직일 때 외부 압력 쪽의 기체가 압축되어 외부 압력이 증가하는 폐쇄적인 계를 고려해 볼 수 있다. 이 경우 외부 압력과 기체의 부피 사이에는 함수 관계가 만들어진다.

그러므로 면적은

$$A = \lim_{N \to \infty} \sum_{i=1}^{N} P_i \Delta V \tag{5-5}$$

로 쓸 수 있다.

그런데 N 이 무한대로 접근할 때, ΔV가 0에 접근하게 되므로 면적은

$$A = \lim_{\Delta V \to 0} \sum_{i=1}^{N} P_i \Delta V \tag{5-6}$$

로 다시 쓸 수 있다. 그리고 적분의 정의에 의해

$$A = \lim_{\Delta V \to 0} \sum_{i=1}^{N} P_i \Delta V = \int_{V_1}^{V_2} P\, dV \tag{5-7}$$

로 쓸 수 있다. 여기서 기호 $\int_{V_1}^{V_2}$는 "V_1으로부터 V_2까지 적분", 그리고 V_1과 V_2는 **적분의 한계**(limits of integration)라 불린다. 따라서 최종적인 식은 다음과 같다.

$$A = \int_{V_1}^{V_2} P_{\text{ext}}\, dV \tag{5-8}$$

식 (5-8)의 적분은 **정적분**(定積分, definite integral)이라고 불리는데, 이는 V_1로부터 V_2까지 구간에서 적분이 정해진 값을 가지기 때문이다. 따라서 적분은 무수히 많은 수의 무한히 작은 조각들의 합이라 볼 수 있다.

정적분은 부정적분과 정확하게 똑같은 방식으로 구하게 되지만, 다음의 단계들이 추가된다. 앞선 절들에서 서술된 방법으로 적분을 수행한 후, 적분 변수에 상한을 대입하여 적

분 값을 구한다. 또 하한을 적분 변수에 대입하여 적분 값을 구한다. 정적분의 값은 상한으로 얻은 값에서 하한으로 얻은 값을 빼서 결정한다. 이 과정으로 적분 상수가 제거된다는 점을 주목하자.

예제 5.1

(a) $\int_3^{10} x^2 dx$의 값을 구하시오.

[풀이]

$$\int_3^{10} x^2\, dx = \left[\frac{x^3}{3} + C\right]_3^{10} = \left[\left(\frac{1000}{3} + C\right) - \left(\frac{27}{3} + C\right)\right]$$

$$= 333 - 9 = 324$$

(b) $\int_0^{\pi} \sin\theta\ d\theta$의 값을 구하시오.

(풀이)

$$\int_0^{\pi} \sin\theta\, d\theta = [-\cos\theta]_0^{\pi} = [-\cos\pi - (-\cos 0)] = [1 + 1] = 2$$

적분 상수는 사라지기 때문에 일반적으로 정적분을 수행할 때 적분 상수를 적분 식에 넣지 않는다.

(c) $\frac{2}{L}\int_0^{L} x\sin^2\left(\frac{n\pi x}{L}\right)dx$의 값을 구하시오.

(풀이)

부록 II의 적분표를 찾아 대입하면 다음과 같다.

$$\int x\sin^2(ax + b)dx = \frac{x^2}{2} - \frac{x\sin 2(ax+b)}{4a} - \frac{\cos 2(ax+b)}{8a^2} + C;$$

$$a = \frac{n\pi}{L},\ b = 0$$

$$\frac{2}{L}\int_0^L \sin^2\frac{n\pi x}{L}x\,dx = \frac{2}{L}\left[\frac{x^2}{4}-\frac{x\sin 2n\pi x/L}{4(n\pi/L)}-\frac{\cos 2n\pi x/L}{8(n\pi/L)^2}\right]_0^L$$

$$=\frac{2}{L}\left[\frac{L^2}{4}-\frac{L\sin 2n\pi}{4(n\pi/L)}-\frac{\cos 2n\pi}{8(n\pi/L)^2}\right.$$

$$\left.-0+\frac{L\sin 0}{4(n\pi/L)}+\frac{\cos 0}{8(n\pi/L)^2}\right]=\frac{L}{2}$$

5.6 선 적분

적분을 곡선아래의 면적을 나타내는 것으로 정의했기 때문에 이제 식 (5-8)로 표현된 적분의 값을 구할 수 있는지 물을 수 있다. 물론 아까처럼 적분을 작은 조각으로 나누어 작은 조각의 면적을 구함으로써 수치적으로 계산할 수 있다. 이러한 유형의 수치 적분(numerical integration)은 11장에서 따로 자세히 논의할 것이다. 지금 던지는 질문은 "2절과 3절에 설명된 해석적(analytical) 방법을 사용하여 식 (5-8)의 적분을 수행할 수 있을까?"이다. V 에 대한 P_{ext}의 경우 이 질문에 대한 답은 'No'이며, 그 이유는 다음과 같다. 다음의 일반적인 유형

$$A=\int_{x_1}^{x_2} y\,dx \tag{5-9}$$

의 적분을 선 적분(line integral)이라고 하는데, 이는 이 적분이 x_1과 x_2를 잇는 특정 곡선(경로) 아래의 면적을 나타내기 때문이다. 이 적분은 (경로를 나타내는) $y=f(x)$가 알려진 경우에만 해석적으로 (즉, 반도함수을 구함으로써) 계산할 수 있다. 이는 이 경우에 $\int_{x_1}^{x_2} f(x)\,dx$가 하나의 변수에 대한 적분이 되기 때문이다. 만약 y가 x의 함수가 아니거나(즉, P_{ext}가 V 의 함수가 아닌 경우처럼), 또는 y가 x의 함수지만 x에 대한 y의 함수

적 의존성을 몰라서 적분할 수 없거나, 또는 y가 x 이외에 다른 변수들을 가진 둘 이상 변수의 함수라면, 선 적분은 해석적으로 구할 수 없으며, 수치적으로 또는 그래프를 사용하여 구해야 한다. (11장, 12장 참고)

그런데 y에 매우 특별한 조건이 부여되는 경우 우리는 이 문제의 어려움에서 벗어날 수 있다. 우리는 화학 교과서에서 종종 이런 경우를 만난다. 예를 들어, 기체에 가해지는 외부 압력이 일정하다고 가정하면 식 (5-8)의 적분 값을 해석적으로 구할 수 있다. 이 상황에서는 적분 기호 밖으로 상수 P_{ext}를 꺼낼 수 있으며 다음과 같이

$$A = \int_{V_1}^{V_2} P_{\text{ext}}\, dV = P_{\text{ext}} \int_{V_1}^{V_2} dV = P_{\text{ext}}(V_2 - V_1)$$

로 쓸 수 있으며, A는 **그림 5.1**에 나타낸 직사각형의 면적이 된다.

식 (5-8)의 적분을 수행할 수 있는 두 번째 경우는 앞선 장에서 설명한 가역(reversibility)의 개념에서 찾아볼 수 있다. 기체의 팽창이 가역적이라면 모든 실제적인 관점에서 기체의 압력은 팽창의 각 점에서 외부 압력과 같다. 이 관계는 다음과 같다.

$$A = \int_{V_1}^{V_2} P_{\text{ext}}\, dV = \int_{V_1}^{V_2} P(T, V)\, dV$$

그러나 이러한 조건에서도 기체의 압력 P는 두 변수의 함수이므로 적분의 값은 구할 수 없다. 온도 T가 다르면 계는 P_1V_1로부터 P_2V_2에 이르기까지 다른 경로를 지난다. 그런데 여기서 계의 온도가 일정(등온)하다고 추가로 정하면 적분의 값을 구할 수 있다. 만약 이 등온 조건에서 기체가 이상 기체라면, 다음과 같이 쓸 수 있다.

$$A = \int_{V_1}^{V_2} P_{\text{gas}}\, dV = \int_{V_1}^{V_2} \frac{nRT}{V}\, dV = nRT \int_{V_1}^{V_2} \frac{dV}{V}$$

$$= nRT[\ln V_2 - \ln V_1] = nRT \ln \frac{V_2}{V_1}$$

$$\text{일} = -A = -nRT \ln \frac{V_2}{V_1}$$

예제 5.2

(a) 반데르발스 방정식을 따르는 5.00 mol의 기체가 298.2 K에서 1.00 L의 부피에서 5.00 L의 부피로 등온 가역 팽창할 때 한 일을 구하시오. 단, 반데르발스 계수는 $a = 1.358\ \mathrm{L^2\ bar\ mol}$, $b = 0.02789\ \mathrm{L\ mol^{-1}}$이다.

[풀이]

$$\left(P+\frac{n^2a}{V^2}\right)(V-nb)=nRT \text{ 또는 } P=\frac{nRT}{(V-nb)}-\frac{n^2a}{V^2}$$

$$w=-\int_{V_1}^{V_2}P_{\mathrm{ext}}\,dV=-\int_{V_1}^{V_2}P_{\mathrm{gas}}\,dV=-\int_{V_1}^{V_2}\left[\frac{nRT}{(V-nb)}-\frac{n^2a}{V_2}\right]dV$$

$$=-\left[\left(nRT\ln\frac{V_2-nb}{V_1-nb}\right)+n^2a\left(\frac{1}{V_2}-\frac{1}{V_1}\right)\right]$$

$$=-nRT\ln\frac{V_2-nb}{V_1-nb}-n^2a\left(\frac{1}{V_2}-\frac{1}{V_1}\right)\left(\frac{8.314}{0.08314}\right)$$

(독자 중 일부는 이 식의 첫 번째 항에서 nb를 소거하고 싶을 수 있겠지만 절대 하면 안 된다!) 두 번째 항에서 8.314/0.08314의 비는 두 번째 항의 단위를 1 bar에서 J로 바꾸는 데 필요하다. 이에 따라 답은 다음과 같이 계산된다.

$$w=-(5.00)(8.314)(298.2)\ln\frac{5.00-(5.00)(0.02789)}{1.00-(5.00)(0.02789)}$$

$$-(5.00)^2(1.358)\left(\frac{1}{5.00}-\frac{1}{1.00}\right)(100.0)$$

$$=-21462+2716=-18746\ \mathrm{J}$$

(b) 엔탈피의 변화는 온도의 함수로서 다음 식

$$\Delta H=\int_{T_1}^{T_2}C_P\,dT \quad (\text{mol 당})$$

으로 주어지며, 여기서 C_p는 일정한 압력에서 측정되는 열용량이다. 기체의 온도가 298.2 K에서 500.0 K로 변할 때 1 mol의 기체에 대한 엔탈피의 변화를 구하시오.

[풀이]

먼저 이 적분이 선 적분임을 인지해야 한다. 그리고 C_p가 T의 함수로 알려지지 않았다면 이 적분은 구할 수 없다. 물론 C_p가 일정하다고 가정하고 이 가정하에서 적분을 구할 수도 있다. 그러나 온도 범위가 크다면 이는 잘못된 가정이 될 수 있다. 한 가지 방법은 11장에 설명되는 방법을 사용하여 적분을 수치적으로 구하는 것이다. 여기서 우리가 사용할 방법은 다음 식과 같이 C_p를 온도 T의 멱급수(power series)로 표현하고 일반적인 해석적 적분을 수행하는 것이다. (멱급수는 6장에서 따로 다룬다) 이것이 C_p와 T 사이의 정확한 함수 관계를 나타내는 것은 아니지만, 우리는 이 접근법이 꽤 좋은 결과를 제공한다는 것을 알 수 있다.

$$C_P = a + bT + cT^2$$

일반적인 실제 기체 다수에 대해 상수 a, b, c는 알려져 있다. 위 식을 ΔH에 대한 방정식에 대입하면 다음의 식을 얻는다.

$$\Delta H = \int_{T_1}^{T_2} (a + bT + cT^2)\, dT$$

이것을 적분하면 다음과 같다.

$$\Delta H = a(T_2 - T_1) + \frac{b}{2}(T_2^2 - T_1^2) + \frac{c}{3}(T_2^3 - T_1^3)$$

그러므로 우리는 전체 온도 범위에서 무한히 작지만 변화하고 있는 값 $C_p\, dT$를 한 번에 하나씩 더하여 계의 엔탈피 변화를 얻게 된다.

5.7 이중 적분과 삼중 적분

4장에서 우리는 함수를 여러 번 미분할 수 있다는 것을 배웠다. 이제 이 과정의 역인 다중 적분(multiple integral)을 생각해 보자. 원통의 부피는 원통의 반지름 r과 높이 h 두 변수의 함수이다. 이제 우리가 반지름을 일정하게 유지하며 원통의 높이를 변화시킨다고 가정해 보자. 그렇다면 $h = 0$부터 $h = H$까지의 적분은 다음으로 표현될 수 있다.

$$\int_0^H f(r,h)\,dh \tag{5-10}$$

그런데 이 적분은 반지름 r의 값에 의존하기 때문에 r의 함수로 간주해야 한다.

$$g(r) = \int_0^H f(r,h)\,dh \tag{5-11}$$

이제 r을 $r=0$부터 $r=R$까지의 범위에서 변하게 하고 그 범위에서 적분하면 다음을 얻을 수 있다.

$$\int_0^R g(r)\,dr = \int_0^R \int_0^H f(r,h)\,dh\,dr \tag{5-12}$$

우리는 이것을 "$h=0$부터 $h=H$까지, 그리고 $r=0$부터 $r=R$까지의 $f(r,h)$의 2중 적분"이라 읽는다.

2중 적분 값을 구하기 위해 먼저 r을 일정하게 유지하면서 $\int_0^H f(r,h)\,dh$의 적분을 수행하여 $g(r)$을 얻는다. 그리고 h를 일정하게 유지하면서 $\int_0^R g(r)\,dr$의 적분을 수행한다. 이러한 과정을 **축차(逐次, 차례차례) 편적분**(successive partial integration)이라고 한다.

예를 들어, $\int_0^R \int_0^H 2\pi r\,dh\,dr$을 구해보자. 먼저, 우리는 다음 식을 얻는다.

$$g(r) = \int_0^H 2\pi r\,dh = 2\pi rH$$

그다음 적분을 수행한다.

$$\int_0^R g(r)\,dr = \int_0^R 2\pi rH\,dr = \pi R^2 H$$

이 식은 반지름이 R이고 높이가 H인 원통의 부피를 나타낸다.

우리는 지금 이 논리를 삼중 적분 또는 그 이상의 어떤 다중 적분까지로도 확장할 수 있다. 예를 들어, 구면 극좌표의 미분 부피 원소(1장 참고)에 대해 삼중 적분을 수행해 보자.

$$\int_0^{2\pi}\int_0^{\pi}\int_0^{R} r^2 \sin\theta \, dr\, d\theta\, d\phi$$

여기서 ϕ의 범위는 0부터 2π까지지만 θ의 범위는 0부터 π까지임에 주의하자. 만약 θ의 범위를 0부터 2π까지로 하여 적분을 수행한다면, 우리는 각 θ를 두 번씩 세게 된다. ϕ에 대한 적분을 먼저 수행하면, 다음 식을 얻을 수 있다.

$$\int_0^{2\pi} r^2 \sin\theta \, d\phi = r^2 \sin\theta [\phi]_0^{2\pi} = 2\pi r^2 \sin\theta$$

$$\int_0^{\pi} 2\pi r^2 \sin\theta \, d\theta = 2\pi r^2 [-\cos\theta]_0^{\pi} = 2\pi r^2 [-(-1)+1] = 4\pi r^2$$

이 식은 구의 표면적으로 나타낸다. 최종적으로는 다음 식을 얻는다.

$$\int_0^{R} 4\pi r^2 \, dr = \frac{4}{3}\pi R^3$$

이 식은 반지름이 R인 구의 부피를 나타낸다.

CHAPTER 05 연습문제

1 다음 부정적분을 수행하시오. (알파벳 대문자는 상수로 취급할 것)

(a) $\int 5x^3\, dx$

(b) $\int \frac{1}{x^3}\, dx$

(c) $\int \sin 2x\, dx$

(d) $\int (3x+5)^2 4x\, dx$

(e) $\int 4e^{2x}\, dx$

(f) $\int P\, dv$

(g) $\int \frac{RT}{P}\, dp$

(h) $\int Mv\, dv$

(i) $\int \frac{Q^2}{r^2}\, dr$

(j) $\int \cos(2\pi Wt)\, dt$

2 다음 부정적분을 수행하시오. (필요하면 부록 II의 적분표를 사용하고, 알파벳 대문자는 상수로 취급할 것)

(a) $\int e^{-4x}\, dx$

(b) $\int (x^2 - A^2)\, dx$

(c) $\int \sqrt{(x^2 - A^2)}\, dx$

(d) $\int (x^4 - 2x^2 + 4)x^3\, dx$

(e) $\int \sin^2\left(\frac{N\pi x}{A}\right) dx$

(f) $\int \sin^2\left(\frac{N\pi x}{A}\right) x\, dx$

(g) $\int \left(\frac{-\Delta H}{Rt^2}\right) dt$

(h) $\int e^x \sin x\, dx$

(i) $\int \sin^2(2\pi Wt)\, dt$

(j) $\int \cos^3\phi \sin\phi\, d\phi$

(k) $\int \cos^5\theta\, d\theta$

(l) $\int \sin^4(3x+4)\, dx$

(m) $\int x^3 \cos 2x\, dx$

(n) $\int \frac{dx}{(4-x)(3-x)}$

(o) $\int \left(\frac{\Delta H}{t^2} + \frac{A}{t} + \frac{B}{2} + \frac{C}{3}t\right) dt$

(p) $\int \frac{C_p}{t}\, dt$

(q) $\int \frac{dx}{(A-x)^n}$

(r) $\int re^{-ar}\, dr$

(s) $\int e^{-\varepsilon/KT}\, d\varepsilon$

(t) $\int \frac{d[\mathrm{A}]}{[\mathrm{A}]} = -\int K\, dt$

3 다음 정적분을 수행하시오. (필요하면 부록 II의 부정적분 또는 정적분 표를 사용할 것)

(a) $\int_{T_1}^{T_2}\left(a+bT+cT^2+\frac{d}{T}\right)dT;\quad a,\ b,\ c,\ d$는 상수

(b) $\int_{P_1}^{P_2}\frac{RT}{P}dP;\quad R$과 T는 상수

(c) $\int_0^{2\pi}d\phi$

(d) $\int_{T_1}^{T_2}\frac{\Delta H}{RT^2}\,dT;\quad \Delta H$와 R은 상수

(e) $\int_{V_1}^{V_2}\left(\frac{nRT}{V-nb}-\frac{n^2a}{V^2}\right)dV;\quad a,\ b,\ n,\ R,\ T$는 상수

(f) $\int_0^{\pi/2}\sin^2\theta\cos\theta\,d\theta$

(g) $\int_0^{a}x^2\sin^2\left(\frac{n\pi x}{a}\right)dx;\quad n,\ \pi,\ a$는 상수

(h) $\int_0^{\infty}x^2e^{-ax^2}dx;\quad a$는 상수

(i) $\int_0^{\infty}e^{-2r/a_0}r\,dr;\quad a_0$는 상수

(j) $\int_0^{\infty}e^{-mv^2/2kT}v^3\,dv;\quad m,\ k,\ T$는 상수

(k) $\int_0^{\infty}(2J+1)e^{-a(J^2+J)}\,dJ;\quad a$는 상수

4 $n,\ R,\ T$가 상수인 경우의 이상 기체 방정식 $P=nRT/V$를 고려해 보자. 편의상, $n=1.00$ mol, $R=0.08314$ L bar mol^{-1} K^{-1}, $T=298$ K로 두고, 부피 $V=1.00$ L로부터 $V=10.00$ L까지, 적절한 좌표계를 선택하여 V에 대한 P의 그래프를 그리시오. 이제 부피 $V=2.00$ L로부터 $V=6.00$ L까지 곡선 아래 면적을 고려하자. 폭(ΔV)이 같은 네 개의 직사각형으로 이 면적을 나누어 표시하여 대략적인 면적을 구하고, 이 구간에서 $P=nRT/V$를 V로 직접 적분한 해석적인 해답과 비교하시오.

5 다음 다중 적분을 수행하시오. (필요하면 부록 II의 부정적분 또는 정적분 표를 사용할 것)

(a) $\iint yx^2 \, dx \, dy$ (b) $\iint (x^2+y^2) \, dx \, dy$

(c) $\iint y \ln x \, dx \, dy$ (d) $\iiint x^2 \ln ye^{2x} \, dx \, dy \, dz$

(e) $\int_0^{\pi/2} \int_0^2 r \cos\theta \, dr \, d\theta$ (f) $\int_0^{2\pi} \int_0^{\pi} \int_0^V v^2 \sin\theta \, dv \, d\theta \, d\phi$

(g) $\int_0^{\infty} \int_0^{\infty} \int_0^{\infty} e^{\frac{h^2}{8mkT}\left(\frac{n_x^2}{a^2}+\frac{n_y^2}{b^2}+\frac{n_z^2}{c^2}\right)} dn_x \, dn_y \, dn_z$; a, b, c, m, k, h, T는 상수

6 직교 좌표계의 원점을 통과하는 직선의 방정식은 $y=mx$이며, 여기서 m은 직선의 기울기이다. 이 직선과 $x=0$부터 $x=a$ 구간의 x축이 만드는 삼각형의 면적이 $A=\frac{1}{2}ma^2$ 임을 보이시오.

7 화학 반응의 엔탈피 ΔH가 절대 온도 T에 따라 변화하는 비율을 나타내는 키르히호프(Kirchhoff) 방정식은 $\left[\frac{\partial(\Delta H)}{\partial T}\right]_p = \Delta C_p$이며. ΔC_p는 반응의 정압 열용량의 변화이다.

ΔC_p를 T의 짧은 멱급수 $\Delta C_p = a+bT+cT^2$로 표현하였을 때, ΔH를 온도 T의 함수로 구하시오. (힌트: 미분 형태로 도함수를 쓴 후, 적분 상수를 추가하는 부정적분을 수행할 것)

8 화학 반응에 대한 깁스-헬름홀츠(Gibbs-Helmholtz)의 방정식은 $\left[\frac{\partial(\Delta G/T)}{\partial T}\right]_p = -\frac{\Delta H}{T^2}$이며, 여기서 ΔG는 반응의 깁스 자유 에너지 변화, ΔH는 반응 엔탈피 변화, T는 절대 온도이다. 문제 7에서 구한 ΔH에 대한 식을 사용하여, ΔG에 대한

식을 온도의 함수로 유도하시오. (힌트: 미분 형태의 도함수를 쓴 후, 적분 상수를 추가하는 부정적분을 수행할 것)

9 폭이 L이고 퍼텐셜 에너지가 0인 양자역학적 1차원 상자에 입자 하나가 들어 있다. 가장 낮은 상태($n=1$)에 있을 때, 입자를 상자 중앙($x=L/2$), 정확히는 $L/2 \pm 0.05L$ 범위에서 발견할 확률을 다음 식을 이용하여 구하시오.

$$P = \frac{2}{L}\int_{L/2-0.05L}^{L/2+0.05L} \sin^2 \frac{\pi x}{L}\, dx$$

10 수소 원자의 전자가 $1s$ 상태에 있을 때, 이 전자를 보어 반지름 $r=a_0$, 정확히는 $a_0 \pm 0.005a_0$ 범위에서 발견할 확률을 다음 식을 이용하여 구하시오.

$$P = 4\left(\frac{1}{a_0}\right)^3 \int_{a_0-0.005a_0}^{a_0+0.005a_0} e^{-2r/a_0} r^2\, dr$$

11 수소 원자의 전자가 $1s$ 상태에 있을 때, 이 전자 위치의 기댓값을 다음 식을 이용하여 구하시오.

$$\langle r \rangle = 4\left(\frac{1}{a_0}\right)^3 \int_0^\infty e^{-2r/a_0} r^3 dr$$

12 원통 좌표에서 미분 부피 원소는 $dV = r\, d\theta\, dr\, dz$이다. r의 범위가 0부터 R, θ의 범위가 0부터 2π, z의 범위가 0부터 h일 때 원통의 부피가 $V=\pi R^2 h$임을 다중 적분으로 보이시오.

CHAPTER

06

무한급수

6.1 도입

앞 장에서 하나의 함수를 여러 항의 합, 즉 급수(級數, series)로 표현하는 것이 때때로 유용하다는 것을 보았다. 예를 들면, 오일러 수를 밑으로 하는 지수함수 e^x는

$$e^x = 1 + x + \frac{x^2}{2} + \frac{x^3}{6} + \frac{x^4}{24} + \dots$$

로 쓸 수 있으며, 삼각 함수 $\sin x$는

$$\sin x = x - \frac{x^3}{6} + \frac{x^5}{120} - \frac{x^7}{5040} + - \dots$$

로 쓸 수 있다. 각 급수의 끝에 있은 세 점은 생략 부호(ellipsis)라 불리는데, 이는 급수에 항이 무한히 많이 존재한다는 것을 나타낸다. 따라서 이러한 급수는 무한급수(infinite series)라 불리며, 일반적인 형태는 다음과 같다.

$$\sum_{n=1}^{\infty} a_n = a_1 + a_2 + a_3 + \dots + a_n + \dots \tag{6-1}$$

이제 여러 항 $a_1, a_2, a_3, \dots$이 하나의 수열(數列, sequence)을 구성한다고 하자. 처음 n개의 항의 합을 S_n이라 하고 쓰면 다음과 같다.

$$S_n = a_1 + a_2 + a_3 + \dots + a_n \tag{6-2}$$

S_n은 이 수열의 n번째 부분합(nth partial sum)이라 부른다. 그러므로 부분합은 그 자체가 무한수열(infinite sequence) $S_1, S_2, S_3, \dots$을 이룬다. 만약, n이 ∞에 접근함에 따라 부분

합 S_n이 일정하고 유한한 값 S로 수렴한다면, 무한급수는 수렴(收斂, convergence)한다고 하며 이를 다음과 같이 쓴다.

$$S = \lim_{n\to\infty} S_n \tag{6-3}$$

그러나 n이 ∞에 접근함에 따라 S_n이 일정하고 유한한 값을 가지지 않으며 한계 없이 증가한다면 무한급수는 발산(發散, divergence)한다고 말한다. 수렴하는 급수와 그 합의 예는 다음과 같다.

$$S = 1 - \frac{1}{2} + \frac{1}{3} - \frac{1}{4} + - \ldots = \sum_{x=1}^{\infty} \frac{(-1)^{x-1}}{x} = \ln 2$$

$$S = 1 + a + a^2 + a^3 + \ldots = \sum_{x=1}^{\infty} a^x = \frac{1}{1-a}; \quad |a| < 1$$

$$S = a + 2a^2 + 3a^3 + \ldots = \sum_{x=1}^{\infty} x a^x = \frac{a}{(1-a)^2}; \quad |a| < 1$$

6.2 수렴과 발산에 대한 판정

무한급수가 수렴하는지 아니면 발산하는지 판정하는 데는 많은 방법이 사용된다. 한 가지 일반적인 방법은 n번째 부분합을 구하고 $n \to \infty$의 극한에서 이 부분합의 극한값을 찾는 것이다. 예를 들어, 다음 급수를 고려해 보자.

$$S = \sum_{x=1}^{\infty} \frac{1}{x(x+1)} = \frac{1}{2} + \frac{1}{6} + \frac{1}{12} + \frac{1}{20} + \ldots$$

처음 네 개의 부분합은 다음과 같고

$$S_1 = \frac{1}{2}, \quad S_2 = \frac{2}{3}, \quad S_3 = \frac{3}{4}, \quad S_4 = \frac{4}{5}$$

일반적으로 첫 n개의 항으로 이루어진 부분합 S_n이 다음 식으로 주어짐을 쉽게 알 수 있다.

$$S_n = \frac{n}{n+1}$$

그리고 $n \to \infty$의 극한을 취하면, 다음과 같이 무한급수는 그 합이 1로 수렴한다.

$$S = \lim_{n \to \infty} \left(\frac{n}{n+1} \right) = 1$$

예제 6.1

(a) 다음 급수의 수렴 또는 발산을 판정하시오.

$$\sum_{n=1}^{\infty} \frac{1}{3^n} = \frac{1}{3} + \frac{1}{9} + \frac{1}{27} + \frac{1}{81} + \dots$$

[풀이]

처음 네 개의 부분합은 다음과 같다.

$$S_1 = \frac{1}{3}, \ S_2 = \frac{4}{9}, S_3 = \frac{13}{27}, \ S_4 = \frac{40}{81}$$

이 부분합에 대한 일반식은

$$S_n = \frac{1}{2} \left(\frac{3^n - 1}{3^n} \right)$$

이므로,

$$\lim_{n \to \infty} \frac{1}{2} \left(\frac{3^n - 1}{3^n} \right) = \frac{1}{2}$$

이다. 따라서 이 급수는 1/2로 수렴한다.

(b) 다음 급수의 수렴 또는 발산을 판정하시오.

$$\sum_{n=1}^{\infty}\frac{1}{2n}=\frac{1}{2}+\frac{1}{4}+\frac{1}{6}+\frac{1}{8}+\ldots$$

[풀이]

처음 네 개의 부분합은 다음과 같다.

$$S_1=\frac{1}{2},\ S_2=\frac{3}{4},\ S_3=\frac{11}{12},\ S_4=\frac{25}{24}$$

여기서 부분합에 대한 일반식은 분명해 보이지 않는다. 이 경우는 다른 방법을 사용해야 하는데, 일반적으로 판정을 위해 하나의 급수에 여러 방법을 적용해 보아야 할 때가 많다. 이 경우에는 적분을 수행함으로써 알 수 있다. 급수에서 일반항은 $1/(2n)$이므로, 급수를 적분으로 근사하면 다음과 같다.

$$\int_1^{\infty}\frac{dn}{2n}=\lim_{b\to\infty}\int_1^{b}\frac{dn}{2n}=\lim_{b\to\infty}\left[\frac{1}{2}\ln 2b-\frac{1}{2}\ln 2\right]=\infty$$

그런데 적분값이 ∞로 발산하므로 적분값보다 더 큰 값을 갖는 이 급수 역시 발산한다.

기하급수(geometric series, 등비급수)

만약 첫 항이 이후의 모든 항이 바로 전 항에 어떤 일정한 수를 곱한 값을 가진다면 급수 $\sum_{n=0}^{\infty}a_n$은 기하급수라 불린다. 이것은 수학적으로 다음과 같이 표현할 수 있다.

$$\sum_{n=0}^{\infty}a_n=a_0+a_0r+a_0r^2+a_0r^3+\ldots=\sum_{n=0}^{\infty}a_0r^n \tag{6-4}$$

기하급수의 합은 쉽게 증명되며 다음과 같이 쓴다.

$$S=\frac{a_0}{1-r} \tag{6-5}$$

만약 $|r| < 1$이면, 이 급수는 S로 수렴한다. 만약 $|r| > 1$이면, 유한한 값의 S는 존재하지 않으며 급수는 발산한다.

예제 6.2

다음 급수의 수렴 또는 발산을 판정하시오. 만약 이 급수가 수렴한다면, 그 값은 무엇인가?

$$\sum_{n=0}^{\infty} \frac{1}{2^n} = 1 + \frac{1}{2} + \frac{1}{4} + \frac{1}{8} + \frac{1}{16} + \ldots$$

[풀이]

우리는 이 급수를 $a_0 = 1$ 그리고 $r = 1/2$인 기하 급수로 볼 수 있다. $|r| < 1$이므로 이 급수는 수렴한다.

$$S = \frac{1}{1-(1/2)} = 2$$

비교 판정

급수의 수렴 또는 발산을 판정하는 일반적인 방법 중 하나는 수렴하거나 발산하는 것으로 이미 알려진 다른 급수와 비교하는 것이다. 기준이 되는 다음 급수를 고려해 보자.

(1) 기하급수

$$a + ar + ar^2 + ar^3 + \ldots + ar^n + \ldots$$

는 $0 < r < 1$일 때 수렴하고, $r \geq 1$일 때 발산한다.

(2) 급수

$$1 + \frac{1}{2^P} + \frac{1}{3^P} + \frac{1}{4^P} + \ldots + \frac{1}{n^P} + \ldots$$

는 $p > 1$일 때 수렴한다.

(3) 조화급수

$$1+\frac{1}{2}+\frac{1}{3}+\frac{1}{4}+\ldots+\frac{1}{n}+\ldots$$

는 항상 발산한다.

(4) 급수

$$\frac{1}{a(a+1)}+\frac{1}{(a+1)(a+2)}+\ldots+\frac{1}{(a+n-1)(a+n)}+\ldots$$

는 $a > 0$ 일 때, 항상 수렴한다.

예제 6.3

다음 급수의 수렴 또는 발산을 판정하시오.

$$\sum_{n=1}^{\infty}\frac{n+1}{n}=\frac{2}{1}+\frac{3}{2}+\frac{4}{3}+\frac{5}{4}+\ldots$$

[풀이]

우리는 이 급수를 조화급수 $1+\frac{1}{2}+\frac{1}{3}+\frac{1}{4}+\ldots$와 비교한다. 주어진 급수의 각 항은 조화급수의 대응하는 각 항보다 항상 크다는 것을 주목하자. 그러므로 이 급수는 비교 판정에 의해 발산한다.

비율 판정

급수의 수렴 또는 발산을 판정하는 또 다른 방법은 이른바 비율 판정(ratio test)이다. 무한급수 $a_1 + a_2 + a_3 + \ldots$에서 이웃하는 n번째 항에 대한 $(n+1)$번째 항의 비를 고려했을 때, 만약

$$\lim_{n \to \infty} \left| \frac{a_{n+1}}{a_n} \right| < 1$$

이라면 이 급수는 수렴하고,

$$\lim_{n \to \infty} \left| \frac{a_{n+1}}{a_n} \right| > 1$$

이라면 이 급수는 발산한다. 그리고

$$\lim_{n \to \infty} \left| \frac{a_{n+1}}{a_n} \right| = 1$$

이라면 이 판정법으로는 수렴 또는 발산 여부를 알 수 없으므로 다른 방법을 사용해야만 한다.

예제 6.4

다음 급수의 수렴 또는 발산을 판정하시오.

$$\frac{1}{2} + \frac{2}{2^2} + \frac{3}{2^3} + \frac{4}{2^4} + \ldots$$

[풀이]

이 급수에서 일반항은 $a_n = n/2^n$ 이다. 따라서

$$a_{n+1} = \frac{n+1}{2^{n+1}}$$

이고

$$\lim_{n\to\infty}\left|\frac{a_{n+1}}{a_n}\right| = \lim_{n\to\infty}\left|\frac{n+1}{2^{n+1}}\cdot\frac{2^n}{n}\right| = \lim_{n\to\infty}\left|\frac{n+1}{2n}\right|$$

이다. 그런데 극한에서 이웃하는 두 항의 비는

$$\lim_{n\to\infty}\left|\frac{n+1}{2n}\right| = \frac{1}{2}$$

로 1보다 작기 때문에 이 급수는 수렴한다.

6.3 멱급수(재방문)

응용 수학 분야에서 가장 유용한 수학적 도구 중 하나는 멱급수(冪級數, power series)로 다음 형태의 무한급수를 말한다.

$$a_0 + a_1x + a_2x^2 + a_3x^3 + \ldots + a_nx^n + \ldots = \sum_{n=0}^{\infty} a_nx^n \tag{6-6}$$

멱급수도 앞선 상수항의 무한급수처럼 수렴하거나 발산할 수 있다. 하지만 멱급수의 경우는 그 수렴 또는 발산의 여부가 x의 값에 의존한다.
우리는 비율 판정(ratio test)을 적용해서 멱급수가 수렴 혹은 발산하는 x의 범위, 즉 구간을 결정할 수 있다. 다음 구간의 모든 x값에 대해

$$|x| < \lim_{n\to\infty}\left|\frac{a_{n-1}}{a_n}\right|$$

급수가 수렴하고, 다음 구간의 모든 x값에 대해

$$|x| > \lim_{n\to\infty}\left|\frac{a_{n-1}}{a_n}\right|$$

급수가 발산함을 알 수 있다. 그러나 구간의 경계점, 즉,

$$|x| = \lim_{n\to\infty}\left|\frac{a_{n-1}}{a_n}\right|$$

에서는 수렴 또는 발산을 판정할 수 없다.

예제 6.5

어떤 x값에 대해 다음 급수가 수렴하는지 결정하시오.

$$\sum_{n=0}^{\infty} a_n x^{n+1} = a_0 x + a_1 x^2 + a_2 x^3 + \ldots = x + 2x^2 + 3x^3 + \ldots$$

[풀이]

이 급수에서 $a_0 = 1, a_1 = 2, a_2 = 3, \ldots$이므로 일반항의 계수는

$$a_n = n+1 \text{ 그리고 } a_{n-1} = n$$

이다. 따라서

$$\lim_{n\to\infty}\left|\frac{a_{n-1}}{a_n}\right| = \lim_{n\to\infty}\left|\frac{n}{n+1}\right| = 1$$

이다. 이 급수는 $|x| < 1$일 때, 즉 구간 $-1 < x < +1$에서 수렴한다. 마찬가지로 급수는 $|x| > 1$일 때, 즉 구간 $x < -1$ 또는 $x > +1$에서 발산한다. $x = 1$일 때, 급수는

$$1+2+3+4+5+\dots$$

로 발산한다. $x=-1$일 때, 급수는

$$-1+2-3+4-5+-\dots$$

로 역시 발산한다. 따라서 수렴하는 구간에 두 경계점은 포함되지 않는다.

6.4 맥클로린 급수와 테일러 급수

이번 절과 다음 절에서는 함수를 무한급수로 전개하는 몇 가지 방법을 고려해 볼 것이다. 그 중에서도 화학 분야에 특히 유용한 두 가지는 멱급수로 알려진 **맥클로린 급수**(Maclaurin series)와 **테일러 급수**(Taylor series)이다. 먼저 맥클로린 급수를 살펴보자. 함수 $f(x)$가 다음과 같이 멱급수로 전개될 수 있다고 가정하자.

$$f(x) = a_0 + a_1x + a_2x^2 + a_3x^3 + \dots \tag{6-7}$$

또 이 함수의 모든 차수의 도함수가 연속이라고 가정하자. 이제 $x=0$에서 $f(x)$와 그 도함수들의 값을 구하면 다음과 같다.

$$f(x) = a_0 + a_1x + a_2x^2 + a_3x^3 + \dots; \qquad f(0) = a_0$$

$$f'(x) = a_1 + (2)(1)a_2x + (3)(1)a_3x^2 + \dots; \quad f'(0) = a_1$$

$$f''(x) = (2)(1)a_2 + (3)(2)(1)a_3x + \dots; \qquad f''(0) = 2!a_2$$

$$f^n(x) = n!a_n + (n+1)!a_{n+1}x + \dots; \qquad f^n(0) = n!a_n$$

계수 $a_0, a_1, a_2, \cdots$ 의 값을 다시 식 (6-7)에 대입하면

$$f(x) = f(0) + f'(0)x + \frac{f''(0)}{2!}x^2 + \ldots + \frac{f^n(0)}{n!}x^n + \ldots \tag{6-8}$$

를 얻는데, 이를 맥클로린 급수라 한다. 이 급수의 적용을 설명하기 위해 함수 $f(x) = \sin x$ 를 맥클로린 급수로 전개해 보자.

$$\begin{aligned} f(x) &= \sin x & f(0) &= 0 \\ f'(x) &= \cos x & f'(0) &= 1 \\ f''(x) &= -\sin x & f''(0) &= 0 \\ &\vdots & &\vdots \end{aligned}$$

$$\sin x = x - \frac{x^3}{3!} + \frac{x^5}{5!} - \frac{x^7}{7!} + - \ldots$$

여기서 $\sin x$가 x의 홀수 번의 거듭제곱들로 표현됨을 주목하자. 이런 이유로 sin 함수는 기함수로 간주되는데, 우리는 이 성질을 이미 삼각 함수에서 배운 바 있다. 기함수의 중요한 성질은 $f(-x) = -f(x)$이다. $\cos x$에 대한 맥클로린 급수는 x의 짝수 번의 거듭제곱들로 표현된다. 따라서, 당연히 cos 함수는 우함수로 간주된다. 우함수의 중요한 성질은 $f(-x) = f(x)$이다.

문제 6.1

함수 $\ln(1+x)$를 맥클로린 급수로 전개하시오.

(풀이)

$$\begin{aligned} f(x) &= \ln(1+x) & f(0) &= 0 \\ f'(x) &= \frac{1}{1+x} & f'(0) &= 1 \\ f''(x) &= \frac{-1}{(1+x)^2} & f''(0) &= -1 \\ &\vdots & &\vdots \end{aligned}$$

이므로, 맥클로린 급수 전개는 다음과 같다.

$$\ln(1+x) = x - \frac{x^2}{2} + \frac{x^3}{3} - + \ldots$$

이다.

이제 또 다른 방식의 급수 전개를 고려해 보자. 함수는 다음과 같이 어떤 상수 a근처에서 급수로 전개될 수 있다.

$$f(x) = c_0 + c_1(x-a) + c_2(x-a)^2 + c_3(x-a)^3 + \ldots \quad (6\text{-}9)$$

이전처럼 이 함수의 모든 차수의 도함수가 연속이라고 가정하자. 이번에는 $x=0$이 아니라 $x=a$에서 $f(x)$와 그 도함수들의 값을 구하는데, 이는 다음과 같다.

$$f(x) = c_0 + c_1(x-a) + c_2(x-a)^2 + c_3(x-a)^3 + \ldots;\ f(a) = c_0$$

$$f'(x) = c_1 + 2c_2(x-a) + 3c_3(x-a)^2 + \ldots;\ f'(a) = c_1$$

$$f''(x) = 2c_2 + 3(2)(1)c_3(x-a) + \ldots;\ f''(a) = 2!c_2$$

$$f^n(x) = n!c_n + (n+1)!c_{n+1}(x-a) + \ldots;\ f^n(a) = n!c_n$$

계수 $c_0, c_1, c_2, \ldots$의 값을 다시 식 (6-9)에 대입하면

$$f(x) = f(a) + f'(a)(x-a) + \frac{f''(a)}{2!}(x-a)^2 + \ldots + \frac{f^{(n)}(a)}{n!}(x-a)^n + \ldots \quad (6\text{-}10)$$

를 얻는데, 이를 테일러 급수라 한다.

문제 6.2

함수 $f(x)=e^x$을 $(x+2)$의 거듭제곱으로 전개하시오.

(풀이)

$f(x)=e^x$ 이고 $(x+2)=(x-a)$, 즉 $a=-2$이므로,

$$\begin{aligned} f(x)&=e^x & f(a)&=e^{-2} \\ f'(x)&=e^x & f'(a)&=e^{-2} \\ f''(x)&=e^x & f''(a)&=e^{-2} \\ &\vdots & &\vdots \end{aligned}$$

이며, 따라서 $(x+2)$의 거듭제곱으로 나타낸 테일러 급수는

$$f(x)=e^{-2}\left[1+(x+2)+\frac{1}{2}(x+2)^2+\frac{1}{6}(x+2)^3+\ldots\right]$$

이다.

6.5 푸리에 급수와 푸리에 변환

푸리에 변환(Fourier transform)은 자연과학과 공학 분야에서 가장 많이 사용되는 일반적인 수학적 도구 중 하나이다. 이 도구는 본질적으로 정보를 재조직하는 수학적 기술이다. 이공 분야의 많은 문제에서 푸리에 변환은 자연스럽게 등장한다. 예를 들어, 렌즈는 일종의 푸리에 변환 장치이다. 사람의 눈과 귀도 각각 복잡한 전자기파와 음파를 분석하는 푸리에 변환 장치 역할을 한다. 푸리에 변환은 푸리에 급수(Fourier series)로부터 정의된다. 따라서 우리는 먼저 푸리에 급수를 공부하기로 한다.

가장 일반적인 형태로 표현되는 푸리에 급수는 다음과 같다.

$$f(x)=\sum_n a_n \sin nx+\frac{1}{2}b_0+\sum_n b_n \cos nx \tag{6-11}$$

여기서 두 가지 계수는

$$a_n = \frac{1}{\pi}\int_{-\pi}^{\pi} f(x)\sin nx\,dx, \quad b_n = \frac{1}{\pi}\int_{-\pi}^{\pi} f(x)\cos nx\,dx \tag{6-12}$$

로 표현된다.

이 계수는 sin 함수들과 cos 함수들이 서로 정규직교(正規直交, orthonormal)한다는 성질로부터 얻을 수 있는데, 이에 대해서는 이 장 뒷부분에서 설명하도록 하겠다. 함수를 전개할 때 푸리에 급수로 하는 것과 멱급수로 하는 것은 크게 두 가지 점이 다른데, 이 차이를 아는 것은 매우 중요하다. 첫째, 멱급수 전개의 경우 함수가 다르면 수렴 구간도 달라진다. 반면 푸리에 급수는 $-\pi$에서 $+\pi$까지의 수렴 구간에서 항상 수렴한다. 둘째, 멱급수로 전개될 수 없는 함수는 꽤 많다. 하지만 푸리에 급수로 전개될 수 없는 함수는 거의 찾기 어렵다.

그리고 푸리에 급수는 정의구역을 $(-\pi, +\pi)$에서 $(-L, L)$로 일반화할 수 있기 때문에 편리하다. 이는 식 (6-11)의 변수 x를 $\pi x/L$로 바꿈으로써 가능하다. 이제

$$f(x) = \sum_n a_n \sin\frac{n\pi x}{L} + \frac{1}{2}b_0 + \sum_n b_n \cos\frac{n\pi x}{L} \tag{6-13}$$

이므로 계수는

$$a_n = \frac{1}{L}\int_{-L}^{+L} f(x)\sin\frac{n\pi x}{L}\,dx, \quad b_n = \frac{1}{L}\int_{-L}^{+L} f(x)\cos\frac{n\pi x}{L}\,dx \tag{6-14}$$

로 쓸 수 있다.

우리는 1장에서 sin 함수와 cos 함수가 복소 지수 함수로 표현될 수 있다는 것을 보았다. 따라서 푸리에 급수를 다음과 같은 또 다른 형태로 쓸 수 있다.

$$f(x) = \sum_{-\infty}^{+\infty} c_n e^{in\pi x/L} \tag{6-15}$$

여기서 계수 $c_n = \frac{1}{2L}\int_{-L}^{+L} f(x)e^{-in\pi x/L}dx$은 일반적으로 복소수 값을 가진다. 그리고 식 (6-13)과 식 (6-15)는 정확히 동일한 의미를 가지는 표현이다.

보통 푸리에 급수는 주기 함수를 전개하는 데 사용된다. 이는 전개에 사용되는 여러 함수가 주기를 가지고 진동하는 함수이기 때문이다. 그런데 식 (6-15)을 적절히 수정하면 주기 함수가 아닌 함수도 표현할 수 있다. 이 표현 방식이 앞서 소개한 푸리에 변환이다. 수정의 첫 단계는 $k = n\pi/L$를 정의하는 것이다. 이제 L이 ∞로 가도록 할 때 어떤 일어나는지 보자. L이 매우 커지는 경우 k는 정수 n이 1씩 변할 때마다 훨씬 더 작은 양으로 증가한다. 즉, 증가량으로 쓰면 $\Delta k = (\pi/L)\Delta n$이다. 그리고 Δk가 거의 0이 되는 (L이 ∞로 가는) 극한에서 k는 연속 변수(즉, 실수)가 된다. 그리고 정수 n에 의존하는 계수 c_n은 이제 k에 의존하는 계수가 되었으므로 c_k가 된다. 그런데 c_k의 k는 정수가 아닌 실수이므로 c_k는 계수가 k에 의존하는 함수 형태 $c(k)$로 쓰는 것이 적절하다. 그러므로 $\Delta n = L/\pi\Delta k$(참고로 정수 n이 1씩 증가하기 때문에 $\Delta n = 1$ 임)를 식 (6-15)에 곱하고 L이 ∞로 가도록 하면,

$$f(x) = \lim_{L\to\infty}\sum_{-\infty}^{+\infty} c_n e^{in\pi x/L}\Delta n$$

$$f(x) = \lim_{\Delta k\to 0}\sum_{-\infty}^{+\infty} \frac{Lc(k)}{\pi} e^{ikx}\Delta k$$

이고, 자세히 들여다보면 이 식은 단지 함수 $Lc(k)/\pi e^{ikx}$에 대한 적분의 정의일 뿐이라는 것을 알 수 있다. 편의상 k에 의존하는 새로운 함수를 $g(k) = \sqrt{2\pi}/Lc(k)$로 놓으면, $1/\sqrt{2\pi}$를 적분 기호 앞에 다음과 같이 쓸 수 있는

$$f(x) = \frac{1}{\sqrt{2\pi}}\int_{-\infty}^{+\infty} g(k)e^{ikx}\,dk \tag{6-16}$$

식이 된다. 이 식 (6-16)을 푸리에 적분(Fourier integral)이라 부른다. 그리고 $g(k)$는 $f(x)$로 다음과 같이

$$g(k) = \frac{1}{\sqrt{2\pi}} \int_{-\infty}^{+\infty} f(x) e^{-ikx}\, dx \tag{6-17}$$

대칭적 관계로 표현할 수 있다. 그래서 $f(x)$와 $g(k)$를 서로의 연속 푸리에 변환(continuous Fourier transform)이라 부른다. 일반적으로 푸리에 변환은 컴퓨터에 의해 계산된다. 하지만 컴퓨터는 디지털 논리로 작동하므로 연속적인 자료를 잘 처리하지 못한다. 이러한 이유로, 컴퓨터에 의한 푸리에 변환의 수치적 계산에는 함수의 이산(離散, discrete) 자료가 필요하다. 따라서 11장에서 이산 푸리에 변환(discrete Fourier transform)을 소개하고 푸리에 변환을 컴퓨터로 계산하는 방법을 따로 설명하고자 한다.

문제 6.3

다음 함수의 푸리에 변환을 구하시오.

$$f(t) = \begin{cases} 0 & ;\ t < -\tau/2 \\ \sqrt{\frac{\pi}{2}} \cos\omega_0 t & ;\ -\tau/2 < t < +\tau/2 \\ 0 & ;\ t > +\tau/2 \end{cases}$$

여기서 cos**파는** τ**동안에만 존재한다.**

(풀이)
이 함수의 푸리에 변환은 다음과 같다.

$$g(\omega) = \frac{1}{\sqrt{2\pi}} \int_{-\tau/2}^{+\tau/2} e^{-i\omega t} \sqrt{\frac{\pi}{2}} \cos\omega_0 t\, dt$$

함수의 값이 구간 $(-\tau/2, \tau/2)$ 밖에서는 0이므로, 적분은 $-\infty$으로부터 $+\infty$까지가 아닌 $-\tau/2$으로부터 $\tau/2$까지만 수행하면 된다. 오일러의 관계식(1장 참고)을 사용하면,

$$\begin{aligned} g(\omega) &= \frac{1}{2} \int_{-\tau/2}^{+\tau/2} (\cos\omega t - i\sin\omega t) \cos\omega_0 t\, dt \\ &= \frac{1}{2} \int_{-\tau/2}^{+\tau/2} \cos\omega t \cos\omega_0 t\, dt - \frac{i}{2} \int_{-\tau/2}^{+\tau/2} \sin\omega t \cos\omega_0 t\, dt \end{aligned}$$

을 얻는다. 이 식에 등장하는 적분은 부록 II의 적분표에서 확인할 수 있다. 적분을 수행하면,

$$g(\omega)=\frac{1}{2}\left[\frac{\sin(\omega-\omega_0)t}{2(\omega-\omega_0)}+\frac{\sin(\omega+\omega_0)t}{2(\omega+\omega_0)}+\frac{i\cos(\omega-\omega_0)t}{2(\omega-\omega_0)}+\frac{i\cos(\omega+\omega_0)t}{2(\omega+\omega_0)}\right]_{-\tau/2}^{+\tau/2}$$

$$\begin{aligned}=\frac{1}{2}\Bigg[&\frac{\sin[(\omega-\omega_0)(\tau/2)]}{2(\omega-\omega_0)}+\frac{\sin[(\omega+\omega_0)(\tau/2)]}{2(\omega+\omega_0)}\\ &+\frac{i\cos[(\omega-\omega_0)(\tau/2)]}{2(\omega-\omega_0)}+\frac{i\cos[(\omega+\omega_0)(\tau/2)]}{2(\omega+\omega_0)}\\ &-\frac{\sin[(\omega-\omega_0)(-\tau/2)]}{2(\omega-\omega_0)}-\frac{\sin[(\omega+\omega_0)(-\tau/2)]}{2(\omega+\omega_0)}\\ &-\frac{i\cos[(\omega-\omega_0)(-\tau/2)]}{2(\omega-\omega_0)}-\frac{i\cos[(\omega+\omega_0)(-\tau/2)]}{2(\omega+\omega_0)}\Bigg]\end{aligned}$$

이고, $\sin(-x)=-\sin x$와 $\cos(-x)=\cos x$이므로

$$g(\omega)=\frac{\sin[(\omega-\omega_0)(\tau/2)]}{2(\omega-\omega_0)}+\frac{\sin[(\omega+\omega_0)(\tau/2)]}{2(\omega+\omega_0)}$$

를 얻는다. 이 변환으로 시간 t의 함수였던 $f(t)$는 주파수 ω의 함수 $g(\omega)$가 되었음을 주목하자.

주제를 다시 푸리에 급수로 돌려보자. 사실 푸리에 급수는 좀 더 축약된 형태로도 가능하다. 예를 들어, 함수 $f(x)$가 $x=0$에 대해 기함수(즉, $f(x)=-f(-x)$)이면 식 (6-11)의 계수 b_n은 0이 되고 푸리에 급수는 다음과 같이 간소화된다.

$$f(x)=\sum_{n=1}^{\infty}a_n\sin nx \tag{6-18}$$

여기서

$$a_n=\frac{2}{\pi}\int_0^{\pi}f(x)\sin nx\,dx \tag{6-19}$$

이다. 마찬가지로 함수 $f(x)$가 $x=0$에 대해 우함수(즉, $f(x)=f(-x)$)이면 식 (6-11)의 계수 a_n은 0이 되고 푸리에 급수는 다음으로 간소화된다.

$$f(x) = \frac{1}{2}b_0 + \sum_{n=1}^{\infty} b_n \cos nx \tag{6-20}$$

여기서

$$b_n = \frac{2}{\pi}\int_0^{\pi} f(x)\cos nx \, dx \tag{6-21}$$

이다.

한편, 우리는 푸리에 급수와 관련된 흥미로운 주제를 화학 교과서에서 찾아볼 수 있다. 그것은 상자 안 입자를 표현하는 양자 역학적 파동함수이다. 양자 역학적 계를 표현하기 위하여 사용할 수 있는 모든 파동함수 중에서 가장 중요한 것은 총 에너지가 일정한 파동함수이다. 여기에는 적어도 두 가지 중요한 이유가 있다. 첫 번째는 그러한 함수들이 실제로 총 에너지가 일정한 상태를 나타내기 때문이다. 하지만, 더 중요한 이유는 임의의 파동함수를 이들 총에너지가 일정한 파동 함수들의 선형 결합으로 항상 표현할 수 있다는 것이다. 예를 들어, $x=0$과 $x=L$사이의 1차원 상자에 갇힌 입자를 표현하는 (슈뢰딩거) 방정식을 풀면 그 해는 다음 식

$$\psi_n(x) = \sqrt{\frac{2}{L}} \sin\frac{n\pi x}{L} \tag{6-22}$$

으로 주어지며, 여기서 n은 양의 정수이다. 이 함수들의 집합은 완전 집합(complete set)이며, 따라서 자연스럽게 이 함수들은 푸리에 전개를 위한 바탕 함수(basis functions)로 사용할 수 있다. 식 (6-22)의 파동 함수는 크게 두 개의 중요한 성질을 가진다. 첫째, 해가 정규화(normalization)되어 있다. 정규화의 성질은

$$\int_{\text{all space}} \psi_i^* \psi_i \, d\tau = 1 \tag{6-23}$$

이며, 여기서 ψ^*는 ψ의 결레복소수를 나타내고 $d\tau$는 좌표계의 미분 부피 원소이다. 둘째, 두 개의 서로 다른 해는 직교(orthogonal)한다. 직교의 성질은

$$\int_{\text{all space}} \psi_j^* \psi_j \, d\tau = 0 \tag{6-24}$$

이며. 이 두 성질로 인하여 이 함수들의 집합을 완전 정규직교(complete orthonormal) 집합이라 하고. 이를 종종 다음과 같이 표기한다.

$$\int_{\text{all space}} \psi_i^* \psi_j \, d\tau = \delta_{ij}; \qquad \delta_{ij} = \begin{cases} 1, & i = j \\ 0, & i \neq j \end{cases}$$

여기서 기호 δ_{ij}는 크로네커 델타(Kronecker delta)라 부른다.

우리는 0부터 L까지 구간에서 놓인 임의의 함수에 대해 식 (6-22)로 주어지는 함수들의 완전 집합을 사용하여 푸리에 급수 전개를 수행할 수 있다. 예를 들어, 임의의 함수 $f(x) = 3x$를 이 바탕함수 집합을 사용하여 푸리에 급수로 전개해 보자. 즉,

$$f(x) = \sum_n a_n \psi_n = \sum_n a_n \sqrt{\frac{2}{L}} \sin \frac{n\pi x}{L} \tag{6-26}$$

식 (6-26)이 파동함수의 선형 결합을 취하는 것과 동등하다는 것을 7장에서 보게 될 것이다.

여기서 계수 a_n을 찾기 위해서는 ψ의 정규직교 성질을 이용해야 한다. 식 (6-26) 전체에 ψ^*를 곱하고 전체공간(이 경우는 1차원의 0부터 L까지)에서 적분한다.

$$\int_0^L \psi_m^* f(x)\, dx = \int_0^L \psi_m^* \sum_n a_n \psi_n \, dx = \int_0^L \sum_n a_n \psi_m^* \psi_n \, dx$$

그런데 합의 적분은 각각의 적분의 합과 같다.

$$\int_0^L \sum_n a_n \psi_m^* \psi_n \, dx = \sum_n a_n \int_0^L \psi_m^* \psi_n \, dx$$

각 적분의 값은 $m = n$일 때 1인 경우를 제외하고는 0이다. 그러므로, 계수 a_n은

$$a_n = \int_0^L \psi_n^* f(x) \, dx = \sqrt{\frac{2}{L}} \int_0^L f(x) \sin \frac{n\pi x}{L} \, dx \tag{6-27}$$

으로 쓸 수 있다. $f(x) = 3x$인 경우, 식 (6-27)은

$$a_n = 3\sqrt{\frac{2}{L}} \int_0^L x \sin \frac{n\pi x}{L} \, dx$$

이고, 적분하면

$$a_n = -3\sqrt{\frac{2}{L}} \left(\frac{L^2}{n\pi} \right) (-1)^n$$

이다. 이 계수를 사용하여 푸리에 급수를 표현하면 다음과 같다.

$$f(x) = \sum_n - \frac{6L}{n\pi} (-1)^n \sin \frac{n\pi x}{L}$$

$$f(x) = \frac{6L}{\pi} \left(\sin \frac{\pi}{L} - \frac{1}{2} \sin \frac{2\pi x}{L} + \frac{1}{3} \sin \frac{3\pi x}{L} - + \dots \right)$$

그림 6.1은 $x = 0$과 $x = L$ 사이의 구간에서 원함수 $f(x) = 3x$의 그래프(점선)와 함께 처음 다섯 항만을 사용한 이 급수의 그래프를 그린 것이다. 그림은 L을 기준 단위로 잡고

그렸기 때문에 사실상 $x=0$에서 $x=1$까지 구간의 그래프가 되었다. 단 여기서 편의상 수직축보다 수평축을 더 늘렸다고 생각하면 되겠다. 푸리에 급수의 오직 다섯 항만을 사용하였지만, 이 짧은 급수가 실제 함수를 따라가는 데 꽤 훌륭한 일을 수행하고 있음을 주목하자. 물론 더 많은 항을 사용하면 더 나은 일치를 보여줄 것이다. 급수는 x가 L에 접근할 때 원함수에서 크게 벗어나는데, 이는 원함수가 $x=L$에서 3이란 값으로 x축에서 떨어져 있는 것에 반해 급수의 값은 0이 되기 때문이다. 하지만 이는 우리가 주기가 없고 불연속적인 함수를 sin 파의 합으로 근사하려고 할 때 발생하는 일반적인 현상이다.

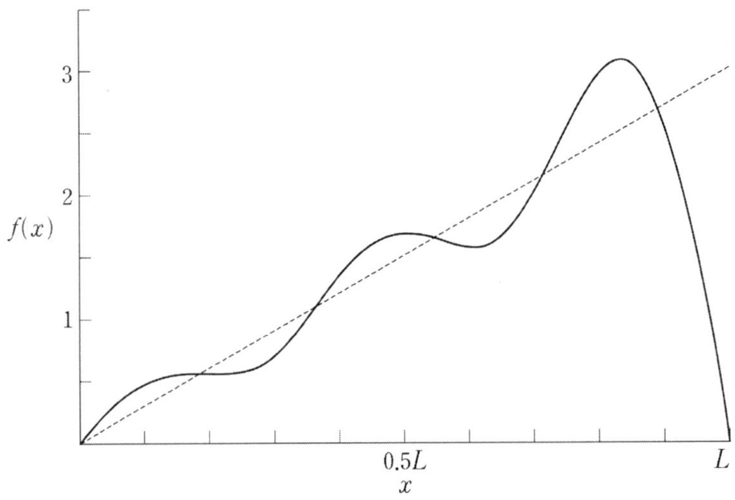

그림 6.1 $f(x)=3x$(점선)와 함께 처음 다섯 항만을 사용한 $f(x)$의 푸리에 급수의 그래프

CHAPTER

06 연습문제

1 다음 급수의 수렴 또는 발산을 판정하고, 만약 수렴한다면 그 수렴 값을 구하시오.

(a) $1+3+5+7+9+\cdots$

(b) $\frac{3}{2}+\frac{3}{4}+\frac{3}{6}+\frac{3}{8}+\frac{3}{10}+\cdots$

(c) $4+\frac{4}{3}+\frac{4}{9}+\frac{4}{27}+\frac{4}{81}+\cdots$

(d) $\frac{1}{1!}+\frac{1}{2!}+\frac{1}{3!}+\frac{1}{4!}+\frac{1}{5!}+\cdots$

(e) $\frac{1}{1}-\frac{1}{2}+\frac{1}{3}-\frac{1}{4}+\frac{1}{5}-\cdots$

(f) $\frac{1}{4}+\frac{2}{7}+\frac{3}{10}+\frac{4}{13}+\frac{5}{16}+\cdots$

(g) $1+\frac{1}{4}+\frac{1}{9}+\frac{1}{16}+\frac{1}{25}+\cdots$

(h) $1+\frac{1}{\sqrt{2}}+\frac{1}{\sqrt{3}}+\frac{1}{\sqrt{4}}+\frac{1}{\sqrt{5}}+\cdots$

(i) $\frac{1}{2}+\frac{2!}{2^2}+\frac{3!}{2^3}+\frac{4!}{2^4}+\frac{5!}{2^5}+\cdots$

(j) $1-\frac{1}{2}+\frac{1}{4}-\frac{1}{8}+\frac{1}{16}-+\cdots$

2 비율 판정법을 사용하여 다음 급수의 수렴 또는 발산을 판정하시오.

(a) $\frac{1}{2}+\frac{1}{2^2}+\frac{1}{2^3}+\frac{1}{2^4}+\frac{1}{2^5}+\cdots$

(b) $3+\frac{3^2}{2}+\frac{3^3}{3}+\frac{3^4}{4}+\frac{3^5}{5}+\cdots$

(c) $\frac{1}{2}+\frac{2}{3}+\frac{3}{4}+\frac{4}{5}+\frac{5}{6}+\cdots$

(d) $2+\frac{2^2}{2^2}+\frac{2^3}{3^2}+\frac{2^4}{4^2}+\frac{2^5}{5^2}+\cdots$

(e) $\frac{1}{2}+\frac{2^2}{2^2}+\frac{3^2}{2^3}+\frac{4^2}{2^4}+\frac{5^2}{2^5}+\cdots$

(f) $3+\frac{3^2}{2!}+\frac{3^3}{3!}+\frac{3^4}{4!}+\frac{3^5}{5!}+\cdots$

(g) $1+\frac{1!}{2}+\frac{2!}{3}+\frac{3!}{4}+\frac{4!}{5}+\cdots$

(h) $\frac{1}{3!}+\frac{1}{6!}+\frac{1}{9!}+\frac{1}{12!}+\frac{1}{15!}+\cdots$

(i) $1+\frac{1}{2}+\frac{2!}{2^2}+\frac{3!}{2^3}+\frac{4!}{2^4}+\cdots$

(j) $\frac{1}{3}+\frac{2^2}{4}+\frac{3^2}{5}+\frac{4^2}{6}+\frac{5^2}{7}+\cdots$

3 다음 멱급수의 수렴 구간을 구하시오.

(a) $1+x+x^2+x^3+\dots$

(b) $1-2x+3x^2-4x^3+-\dots$

(c) $1+x+\frac{x^2}{2!}+\frac{x^3}{3!}+\dots$

(d) $x-\frac{x^2}{2}+\frac{x^3}{3}-\frac{x^4}{4}+-\dots$

(e) $1-x^2+\frac{x^4}{2!}-\frac{x^6}{3!}+-\dots$

(f) $x-\frac{1}{3}x^3+\frac{1}{5}x^5-\frac{1}{7}x^7+-\dots$

(g) $x-\frac{x^3}{3!}+\frac{x^5}{5!}-\frac{x^7}{7!}+-\dots$

(h) $(x-1)-\frac{1}{2}(x-1)^2+\frac{1}{3}(x-1)^3-\frac{1}{4}(x-1)^4+-\dots$

(i) $1+\frac{x}{2}+\frac{x^2}{4}+\frac{x^3}{8}+\frac{x^4}{16}+\dots$

(j) $1+(x+2)+(x+2)^2+(x+2)^3+\dots$

4 다음 함수를 맥클로린 급수로 전개하시오.

(a) $\frac{1}{1+x}$

(b) $\frac{1}{(1+x)^2}$

(c) $(1+x)^{1/2}$

(d) $\ln(1-x)$

(e) e^{-x^2}

(f) a^x

(g) $\cos x$

(h) $(1+x)^3$

5 X_B가 아주 작은 값을 가질 때, $\ln(1-X_B)\cong -X_B$임을 보이시오.

6 θ가 아주 작은 값을 가질 때, $\sin\theta\cong\theta$임을 보이시오.

7 $\sin x$를 $(x-a)$의 멱급수로 전개한 경우, 이 급수의 값은 x가 a에 접근할 때 가장 빠르게 수렴한다는 것을 보이시오.

8 함수 e^{-x^2}를 맥클로린 급수로 전개(처음부터 여덟 번째 항까지만 고려할 것)하여, 적분 $\int_0^4 e^{-x^2}dx$의 값을 구하시오.

9 양자 역학적 1차원 상자 안 입자의 해인 파동함수 $\psi_n(x) = \sqrt{\dfrac{2}{L}}\sin\dfrac{n\pi x}{L}$가 정규화되어 있고, 서로 다른 n값의 해들은 직교한다는 것을 보이시오.

10 다음 함수의 푸리에 변환을 구하시오.

$$f(x) = \begin{cases} 0 \ ; & x < -\pi \\ x \ ; & -\pi < x < \pi \\ 0 \ ; & x > \pi \end{cases}$$

11 다음 계단 함수의 푸리에 변환을 구하시오.

$$f(x) = \begin{cases} 0 & ; \ x < -L \\ \dfrac{\sqrt{2\pi}}{2L} & ; \ -L < x < L \\ 0 & ; \ x > L \end{cases}$$

12 푸리에 변환은 수학, 화학, 물리학 등 여러 분야의 학문에 등장하며, 특히 두드러진 분야로는 회절(diffraction)을 들 수 있다. 예를 들어 우리는 X-ray 회절 패턴에서 얻는 정보를 결정의 이미지로 재구성하는 데 푸리에 변환을 사용한다. (이 역할은 사실상 광학 현미경에서 렌즈가 하는 일이기도 하다.) 다음 1차원 결정 구조 문제를 고려해 보자.

1차원에서 중심대칭(centrosymmetry)의 파동(즉, 파동이 존재하는 영역에서 대칭적인 파동)을 나타내는 푸리에 급수는

$$f(x) = F_0 + \sum_n F_n \cos 2\pi nx, \quad (n = 1, 2, 3, \ldots)$$

이며, 여기서 F_j는 구조 인자(structure factors)라 불리는 푸리에 급수의 계수이다. 먼저, 첫 6개의 구조 인자가 다음과 같을 때,

$$F_0 = +52.0 \qquad F_3 = +25.8$$

$$F_1 = -20.0 \qquad F_4 = -8.9$$

$$F_2 = -14.5 \qquad F_5 = -7.2$$

함수 $f(x)$를 $x=0$부터 $x=1$까지 0.05 간격으로 나타내시오.

그리고 1차원 선상의 두 위치 $x=1/3$와 $x=2/3$에 2개의 원자가 놓여 있는 것을 하나의 단위 세포로 간주하였을 때, 처음 6개의 항으로 나타내는 이 급수가 이 단위 세포를 근사한다는 것을 보이시오. 이 문제는 엑셀과 같은 스프레드시트 프로그램으로 쉽게 풀 수 있다. (11장 참고)

13 다음 계단 함수

$$f(x)=\begin{cases} -1 \ ; & -\pi \le x < 0 \\ +1 \ ; & 0 < x \le +\pi \end{cases}$$

는 푸리에 급수 $f(x)=\sum_n a_n \sin nx$로 표현할 수 있다. 여기서, 계수는

$$a_n = \frac{2}{\pi}\int_0^{\pi} \sin nx \, dx$$

로 구할 수 있다.

$-\pi$부터 $+\pi$까지 원함수 $f(x)$와, 0이 아닌 첫 다섯 개의 항을 가진 푸리에 급수를 각각 그려 그 결과를 비교해 보자. 이 문제는 엑셀과 같은 스프레드시트 프로그램으로 쉽게 풀 수 있다. (11장 참고)

14 다음 함수의 푸리에 변환을 구하시오.

$$f(t)=\begin{cases} 0 & ; \quad t < -\tau/2 \\ \sqrt{\dfrac{\pi}{2}}\sin w_0 t & ; \quad -\tau/2 < t < +\tau/2 \\ 0 & ; \quad t > +\tau/2 \end{cases}$$

이 sin파는 오직 시간 τ 동안만 존재하는 함수임을 주의하시오.

CHAPTER

07

미분 방정식

7.1 도입

변수 y가 독립 변수 x의 함수일 때, 방정식

$$f\left(x, y, \frac{dy}{dx}, \frac{d^2y}{dx^2}, \frac{d^3y}{dx^3}, \dots, \frac{d^ny}{dx^n}\right) = 0 \tag{7-1}$$

은 미분 방정식(differential equation)으로 불린다. 이 방정식은 x와 y, 그리고 x에 대한 y의 여러 차수 도함수들의 상호관계를 나타내는 식이다. 미분 방정식의 전체 차수(order)는 식에 등장하는 도함수 중 가장 높은 차수로 표현된다. 따라서

$$\frac{d^3y}{dx^3} + y^6 = 0$$

은 3차(third-order) 미분 방정식의 예이다.

n차 선형 미분 방정식은 다음 형태로 표현되는 미분 방정식이며,

$$A_0(x)\frac{d^ny}{dx^n} + A_1(x)\frac{d^{n-1}y}{dx^{n-1}} + \dots + A_{n-1}(x)\frac{dy}{dx} + A_n(x)y + B(x) = 0 \tag{7-2}$$

여기서 식은 n차이므로 $A_0(x) \neq 0$이어야 한다. 따라서 3차 선형 미분 방정식은

$$A_0(x)\frac{d^3y}{dx^3} + A_1(x)\frac{d^2y}{dx^2} + A_2(x)\frac{dy}{dx} + A_3(x)y + B(x) = 0$$

의 형태를 가진다.

일반적으로 미분 방정식은 풀기 전에 관례적으로 최고차항의 계수를 1로 놓는다. 따라

서 위 방정식 전체를 $A_0(x)$로 나누면,

$$\frac{A_0(x)}{A_0(x)}\frac{d^3y}{dx^3}+\frac{A_1(x)}{A_0(x)}\frac{d^2y}{dx^2}+\frac{A_{2(x)}}{A_0(x)}\frac{dy}{dx}+\frac{A_3(x)}{A_0(x)}y+\frac{B(x)}{A_{0(x)}}=0 \tag{7-3}$$

즉,

$$\frac{d^3y}{dx^3}+N(x)\frac{d^2y}{dx^2}+P(x)\frac{dy}{dx}+Q(x)y+R(x)=0 \tag{7-4}$$

이 된다.

특별히 마지막 항 $R(x)$가 0 일 때 방정식 (7-4)는 제차(齊次) 또는 동차(同次) 방정식 (homogeneous equation)이라 불린다.

$$\frac{d^3y}{dx^3}+N(x)\frac{d^2y}{dx^2}+P(x)\frac{dy}{dx}+Q(x)y=0 \tag{7-5}$$

일반적으로 어떤 함수 그리고 그것의 도함수들을 미분 방정식 (7-1)에 대입하였을 때 방정식을 만족한다면, 그 함수를 미분 방정식의 해(solution)라 한다.

7.2 선형 결합

함수 $u(x)$와 $v(x)$가 식 (7-5)와 같은 선형 미분 방정식의 두 해라고 가정해 보자. 그러면 c_1과 c_2가 임의의 상수일 때, 다음의 식으로 표현되는 두 해의 선형 결합, 즉

$$\phi(x) = c_1 u(x) + c_2 v(x)$$

도 역시 방정식 (7-5)의 해임을 쉽게 보일 수 있다.

방정식 (7-5)에 $\phi(x)$와 이것의 도함수들을 대입하면, 다음의 식을 얻는다.

$$c_1 \frac{d^3u}{dx^3} + c_2 \frac{d^3v}{dx^3} + c_1 N(x) \frac{d^2u}{dx^2} + c_2 N(x) \frac{d^2v}{dx^2}$$
$$+ c_1 P(x) \frac{du}{dx} + c_2 P(x) \frac{dv}{dx} + c_1 Q(x) u + c_2 Q(x) v = 0$$

동일 함수가 나타나는 항들을 묶으면 다음과 같다.

$$c_1 \left(\frac{d^3u}{dx^3} + N(x) \frac{d^2u}{dx^2} + P(x) \frac{du}{dx} + Q(x) u \right)$$
$$+ c_2 \left(\frac{d^3v}{dx^3} + N(x) \frac{d^2v}{dx^2} + P(x) \frac{dv}{dx} + Q(x) v \right) = 0 \qquad (7\text{-}6)$$

그런데, $u(x)$와 $v(x)$는 둘 다 방정식 (7-5)의 해이므로 방정식 (7-6)의 괄호 안의 값은 각각 정확히 0이고 식의 좌변과 우변의 값은 0으로 동일하다. 따라서 $\phi(x)$도 미분 방정식의 해가 된다.

그러므로 일반적으로 $u_1(x), u_2(x), u_3(x), \cdots$ 각각이 어떤 선형 미분 방정식의 해라면, 이들 해의 선형 결합 $\phi(x) = c_1 u_1(x) + c_2 u_2(x) + c_3 u_3(x) + \cdots$ 역시 그 미분 방정식의 해이다.

7.3 1차 미분 방정식

1차 선형 미분 방정식은 일반적 형태가 다음과 같은 미분 방정식이다.

$$\frac{dy}{dx} + Q(x)y + R(x) = 0 \tag{7-7}$$

이 방정식의 제차형은 변수 분리(separation of variables)로 알려진 기술을 사용하여 단순 적분 방식으로 풀 수 있다. 먼저 변수를 분리하기 위하여, 우리는 모든 y관련 변수를 방정식 한 변에 놓고, 모든 x관련 변수를 다른 한 변에 놓는다. 즉,

$$\frac{dy}{dx} + Q(x)y = 0$$

$$\frac{dy}{y} = -\,Q(x)\,dx$$

$$\int \frac{dy}{y} = -\int Q(x)\,dx$$

$$\ln y = -\int Q(x)\,dx + C$$

마지막 로그 식의 진수를 얻기 위해 역로그(antilogarithm)를 취하면 다음의 결과를 얻는다.

$$y = Ae^{-\int Q(x)\,dx} \tag{7-8}$$

여기서 C는 상수이므로 $A = e^C$ 역시 상수이다.

예제 7.1

시간 t에서 다음 화학 반응의 속도는 그 순간의 반응물 농도에 비례한다고 알려져 있다. 이러한 과정을 표현하는 적분 반응 속도 미분 방정식을 쓰고, 그 해를 구하시오.

$$\mathrm{A} \rightarrow \mathrm{P}$$

[풀이]

반응의 속도는 반응물 A의 농도 감소율인 $-d[\mathrm{A}]/dt$로 표현할 수 있다. 그러므로 반응 속도는

$$-\frac{d[\mathrm{A}]}{dt}=k[\mathrm{A}]$$

이며, 여기서 k는 속도 상수라 불리는 비례 상수이다. 이제 변수 분리를 하고 정적분을 수행하면 다음 식을 얻을 수 있다.

$$\int \frac{d[\mathrm{A}]}{[\mathrm{A}]} = -\int k\,dt = -k\int dt$$

$$\ln[\mathrm{A}] = -kt+C$$

적분 상수 C는 $t=0$에서 $[\mathrm{A}]=[\mathrm{A}]_0$(A의 초기 농도)임을 이용하여 얻을 수 있다. 즉, $C=\ln[\mathrm{A}]_0$이고, 따라서

$$\ln[\mathrm{A}] = -kt+\ln[\mathrm{A}]_0$$

이며

$$[\mathrm{A}]=[\mathrm{A}]_0 e^{-kt}$$

을 얻는다. 이것은 반응물 A의 농도가 지수 함수적으로 감소하는 것을 표현한다.

예제 7.2

순수한 물질의 상 전이(phase transition)는 상 평형도의 상 경계 곡선으로 알 수 있다. 이 곡선은 온도에 대한 압력의 함수로 표현되고, 그 기울기는 다음의

$$\frac{dP}{dT} = \frac{\Delta H}{T(V_f - V_i)}$$

Clapeyron 방정식으로 주어지며, 이것은 일종의 미분 방적식이다. 여기서 ΔH는 하나의 상이 다른 상으로 변할 때 동반되는 엔탈피 변화이고 V_i와 V_f는 각각 초기와 최종 상의 몰 부피이다. 액체가 증기가 되는 상전이에 대하여 이 방정식의 적분 형태를 구하시오. 단, 증기는 완전 기체(이상 기체)라 가정하시오.

[풀이]

액체-증기 상 전이에 대해, Clapeyron 방정식은

$$\frac{dP}{dT} = \frac{\Delta H_{\text{vap}}}{T(V_g - V_l)}$$

이며, 여기서 P는 온도 T에서 측정된 액체의 증기압이다. 그런데 액체 부피 V_l는 기체 부피 V_g보다 훨씬 작기 때문에 이 식에서 제거할 수 있다고 가정할 수 있다. 그렇다면 증기가 완전 기체라 가정할 때 $V_g = RT/P$이다. 이를 식에 대입하면

$$\frac{dP}{dT} = \frac{P\Delta H_{\text{vap}}}{RT^2}$$

을 얻는다. 변수를 분리하고 ΔH_{vap}를 상수라 가정하여 적분식을 쓰면,

$$\int \frac{dP}{P} = \frac{\Delta H_{\text{vap}}}{R} \int \frac{dT}{T^2}$$

이 되며, 적분을 수행하면 다음의 Clausius-Clapeyron 방정식이 된다.

$$\ln P = -\frac{\Delta H_{\text{vap}}}{RT} + C$$

이제 $R(x)$가 0이 아닌 원래 비제차(nonhomogeneous) 미분 방정식을 고려해 보자.

$$\frac{dy}{dx}+Q(x)y=f(x) \tag{7-9}$$

그런데 제차 방정식의 해인 식 (7-8)은 방정식 (7-9)를 푸는 데 일종의 실마리가 되어 준다. 먼저, 다음의 함수 곱에 대한 미분 과정을 살펴보자.

$$\frac{d}{dx}[e^{\int Q(x)\,dx}y]=e^{\int Q(x)\,dx}\frac{dy}{dx}+Q(x)ye^{\int Q(x)\,dx} \tag{7-10}$$

이 식의 우변은 우리가 방정식 (7-9)의 좌변에 $e^{\int Q(x)\,dx}$를 곱하였을 때 얻게 되는 것으로 (7-9) 전체는 다음의 식으로 쓸 수 있다.

$$e^{\int Q(x)\,dx}\frac{dy}{dx}+e^{\int Q(x)\,dx}Q(x)y=e^{\int Q(x)\,dx}f(x) \tag{7-11}$$

이 식은 이제 쉽게 적분된다. 식 (7-11)의 좌변의 적분은 식 (7-10)에서 찾을 수 있다. 그러므로 다음의 식을 얻을 수 있다.

$$e^{\int Q(x)\,dx}y=\int e^{\int Q(x)\,dx}f(x)\,dx+C \tag{7-12}$$

앞서 곱했던 항 $e^{\int Q(x)\,dx}$는 적분 인자(integrating factor)로 불린다.

예제 7.3

연속 반응 $A \rightarrow B \rightarrow C$에서 속도 상수가 각각 k_1과 k_2일 때, B의 농도 [B]는 다음 속도 방정식을 따른다.

$$\frac{d[B]}{dt} = k_1[A]_0 e^{-k_1 t} - k_2[B]$$

여기서 $[A]_0$은 A의 초기 농도를 나타낸다. B의 농도를 시간의 함수로 표현하는 적분 속도식을 구하시오.

[풀이]

먼저, 방정식 (7-9)의 형태로 속도 방정식을 쓰자.

$$\frac{d[B]}{dt} + k_2[B] = k_1[A]_0 e^{-k_1 t}$$

이 경우 적분 인자는 $e^{\int k_2 dt} = e^{k_2 t}$이다. 이 적분 인자를 전체식에 곱하면,

$$e^{k_2 t}\frac{d[B]}{dt} + k_2[B]e^{k_2 t} = k_1[A]_0 e^{k_2 t} e^{-k_1 t}$$

을 얻고, 이 식의 좌변은 $e^{k_2 t}[B]$로 적분된다. 우변은 지수 함수를 통합하여 쉽게 적분할 수 있다. 즉,

$$e^{k_2 t}[B] = k_1[A]_0 \int e^{(k_2 - k_1)t}\, dt$$

이므로

$$e^{k_2 t}[B] = \frac{k_1[A]_0}{(k_2 - k_1)} e^{(k_2 - k_1)t} + C$$

을 얻는다. 또, $t = 0$에서 $[B] = 0$임을 가정하여 적분 상수 C를 결정할 수 있다. 이 가정과 몇 가지 수식 정리를 거쳐 우변의 지수 함수를 둘로 나누어 쓴 후 양변을 $e^{k_2 t}$로 나누면, 다음의 최종 결과를 얻는다.

$$[B] = \frac{k_1[A]_0}{(k_2 - k_1)}(e^{-k_1 t} - e^{-k_2 t})$$

7.4 상수 계수의 2차 미분 방정식

화학뿐만 아니라 크게 보아 자연과학 전 분야에서 가장 중요한 선형 미분 방정식의 한 가지는 상수 계수를 가진 2차 선형 미분 방정식이다. 즉, 계수 A와 B가 상수일 때 이 방정식은 다음과 같은 일반적 형태를 가진다.

$$\frac{d^2y}{dx^2}+A\frac{dy}{dx}+By=R(x) \tag{7-13}$$

먼저 $R(x)=0$인 제차 미분 방정식을 고려해 보자.

$$\frac{d^2y}{dx^2}+A\frac{dy}{dx}+By=0 \tag{7-14}$$

이 방정식(사실 차수에 관계없이 모든 제차 방정식)의 자명한 해로는 $y=0$이 있음을 알 수 있다. 이제 자명하지 않은 해를 구해보자. 다음과 같이 m이 상수일 때 해[1]가

$$y=e^{mx}\neq 0 \tag{7-15}$$

라고 생각해 보자. 이 식의 1차, 2차 도함수를 구하면,

$$\frac{dy}{dx}=me^{mx} \quad \text{그리고} \quad \frac{d^2y}{dx^2}=m^2e^{mx}$$

이다. 이들을 방정식 (7-14)에 대입하면

1 미분 방정식을 풀 수 있는 한 가지 방법은 해를 추측(독일어로 Ansatz라고 함)하고 도함수를 미분 방정식에 대입하여 방정식을 만족하는지 확인하는 것이다.

$$m^2e^{mx} + Ame^{mx} + Be^{mx} = 0$$

을 얻는다. 그런데 $e^{mx} \neq 0$이므로, 전체식을 e^{mx}로 나누게 되면,

$$m^2 + Am + B = 0 \tag{7-16}$$

을 얻는다. 방정식 (7-16)은 보조 방정식(auxiliary equation)이라 부른다. 따라서, $y = e^{mx}$는 다음으로 주어지는 m이 존재할 때 방정식 (7-14)의 해가 된다.

$$m = \frac{-A \pm \sqrt{A^2 - 4B}}{2} \tag{7-17}$$

상수 A와 B의 부호 또는 크기 (또는 둘 다)에 따라 식 (7-17)의 근은 실근, 허근, 복소수 근으로 분류할 수 있다. 이제 각 경우의 미분 방정식 해를 고려해 보자.

실근

먼저 보조 방정식의 근이 실근, 즉 $m = \pm a$인 경우를 고려해 보자. 즉,

$$y = e^{ax} \quad \text{와} \quad y = e^{-ax}$$

는 방정식 (7-14)의 두 해이며, 이들은 특수 해(particular solutions)라고 불린다. 보조 방정식의 근이 실근일 때 방정식 (7-14)의 일반 해는 두 특수 해의 선형 결합, 즉

$$y = c_1e^{ax} + c_2e^{-ax} \tag{7-18}$$

으로 쓸 수 있고, 여기서 c_1과 c_2는 임의의 상수이다. 우리는 보조 방정식의 근이 실근일 때, 미분 방정식의 해가 실수 함수이며 이 실수 함수가 증가하는 지수 함수와 감쇠하는 지

수 함수의 결합이라는 것을 알 수 있다.

허근

그다음 방정식 (7-17)의 근이 허수 즉, $m = \pm ib$(여기서 $i = \sqrt{-1}$ 임)인 경우를 고려해 보자. 즉,

$$y = e^{ibx} \quad \text{와} \quad y = e^{-ibx}$$

는 미분 방정식의 두 특수 해이다. 또, 일반 해는 두 특수 해의 선형 결합

$$y = c_1 e^{ibx} + c_2 e^{-ibx} \tag{7-19}$$

으로 쓸 수 있다. 지수 함수 $e^{i\theta}$와 $e^{-i\theta}$는 오일러 관계식을 통해 $\sin$과 $\cos$함수와 관련지을 수 있다는 것을 상기하자(1장 참고). 그렇다면 보조 방정식의 근이 허근일 때, 방정식 (7-14)에 대한 일반적인 해의 다른 형태는

$$y = c_1{}' \sin bx + c_2{}' \cos bx \tag{7-20}$$

이 된다. 식 (7-19)가 (7-20)으로 변환된다는 것은 쉽게 보일 수 있다. 일반적으로 파동 방정식이라 불리는 방정식의 해는 허근으로 나온다. $\sin$과 $\cos$함수는 파동을 묘사하므로 해가 식 (7-19)와 (7-20)의 형태인 것은 놀라운 일이 아니다.

복소수근

이제 두 근이 복소수 즉 $m = a \pm ib$인 경우를 고려해 보자. 이 경우, 두 특수 해는

$$y_1 = e^{(a+ib)x} \quad \text{와} \quad y_2 = e^{(a-ib)x}$$

이고 일반 해는 다음과 같다.

$$y = c_1 e^{(a+ib)x} + c_2 e^{(a-ib)x}$$
$$= c_1 e^{ax} e^{ibx} + c_2 e^{ax} e^{-ibx}$$
$$= e^{ax}(c_1 e^{ibx} + c_2 e^{-ibx})$$

중근

이번에는 보조 방정식의 두 근이 실수이고 동일한 경우를 고려해 보자. 이 경우 일반 해는 다음으로 주어진다.

$$y = c_1 e^{ax} + c_2 x e^{ax} \tag{7-21}$$

예제 7.4

다음 미분 방정식의 해를 구하시오.

$$\frac{d^2y}{dx^2} - 4\frac{dy}{dx} + 4y = 0$$

[풀이]

보조 방정식을 구하기 위해 $y = e^{mx}$ 와 이것의 도함수들을 방정식에 대입한다. 그러면

$$m^2 - 4m + 4 = 0$$
$$(m-2)^2 = 0$$

을 얻으며, 이것은 실수인 중근, $m = 2$를 가진다. 따라서 방정식의 일반 해는 다음과 같다.

$$y = c_1 e^{2x} + c_2 x e^{2x}$$

예제 7.5

다음 미분 방정식의 해를 구하시오.

$$\frac{d^2y}{dx^2}+5y=0$$

[풀이]

$y=e^{mx}$ 그리고 이것의 도함수를 대입하면,

$$m^2+5=0$$

을 얻고, 이것은 허근 $m=\pm i\sqrt{5}$를 가진다. 따라서 이 미분 방정식의 일반 해는

$$y=c_1e^{+i\sqrt{5}x}+c_2e^{-i\sqrt{5}x}$$

이다. 또는 sin과 cos형태로 나타내어

$$y=c_1'\sin\sqrt{5}x+c_2'\cos\sqrt{5}x$$

으로 쓸 수도 있다.

예제 7.6

다음 슈뢰딩거(schrödinger) 미분 방정식을 푸시오. 단, 여기서 m, E, h는 상수이다.

$$\frac{d^2\psi}{dx^2}+\frac{8\pi^2mE}{h^2}\psi=0$$

[풀이]

$\psi=e^{kx}$ 로 가정하고, 이 함수와 이 함수의 도함수를 슈뢰딩거 방정식에 대입하면

$$k^2 + \frac{8\pi^2 mE}{h^2} = 0$$

을 얻고, 이것은 허근 $k = +i\sqrt{\frac{8\pi^2 mE}{h^2}}$ 와 $k = -i\sqrt{\frac{8\pi^2 mE}{h^2}}$ 를 가진다. 해를 sin과 cos형태로 나타내면,

$$\psi = A\sin\sqrt{\frac{8\pi^2 mE}{h^2}}x + B\cos\sqrt{\frac{8\pi^2 mE}{h^2}}x$$

를 얻으며, 여기서 A와 B는 상수이다.

7.5 미분 방정식의 일반적인 급수 풀이법

사실 우리에게 중요한 많은 미분 방정식은 7.4절에서 설명한 간단한 방법으로 풀리지 않는다. 이 때문에 우리는 미분 방정식 풀이를 위해 급수법이라는 또 다른 중요한 방법을 고려해야만 한다. 이 방법은 일반적으로 비제차 방정식 또는 계수가 상수가 아닌 방정식에 사용하게 된다. 급수법이 어떻게 작용하는지 그 원리를 살펴보기 위해, 이미 해를 알고 있는 아주 간단한 비제차 방정식에 이 방법을 적용해 보기로 하자. β가 상수일 때 다음 미분 방정식

$$\frac{d^2y}{dx^2} + \beta^2 y = 0 \qquad (7\text{-}22)$$

은 4절에서 설명한 방법으로 두 특수 해 $\sin\beta x$와 $\cos\beta x$를 가진다는 것을 쉽게 보일 수 있다. 이제 방정식 (7-22)의 해를 다음 형태의 멱급수(6장 참고)로 쓸 수 있다고 가정해 보자.

$$y = a_\kappa x^\kappa + a_{\kappa+1}x^{(\kappa+1)} + a_{\kappa+2}x^{(\kappa+2)} + \ldots = \sum_{n=0}^{\infty} a_{\kappa+n}x^{(\kappa+n)} \qquad (7\text{-}23)$$

여기서 κ는 멱급수에서 가장 낮은 x의 거듭제곱 항을 나타낸다. 이 식의 1차와 2차 도함수를 구하면

$$\frac{dy}{dx} = \sum_{n=0}^{\infty} (\kappa + n) a_{\kappa+n} x^{(\kappa+n-1)}$$

그리고

$$\frac{d^2y}{dx^2} = \sum_{n=0}^{\infty} (\kappa + n - 1)(\kappa + n) a_{\kappa+n} x^{(\kappa+n-2)}$$

을 얻는다. 2차 도함수와 y를 방정식 (7-22)에 대입하면

$$\sum_{n=0}^{\infty} (\kappa + n - 1)(\kappa + n) a_{\kappa+n} x^{(\kappa+n-2)} + \beta^2 \sum_{n=0}^{\infty} a_{\kappa+n} x^{(\kappa+n)} = 0 \tag{7-24}$$

을 얻는다. 식 (7-24)는 모든 x의 값에 대해 성립해야 하는 항등식인데, 이는 모든 x 거듭제곱 항의 계수가 정확히 0일 때만 가능하다. n의 값은 음수가 될 수 없기 때문에 (7-24)의 첫 번째 합에서 가장 낮은 x의 거듭제곱 항은 n이 0일 때 $x^{(\kappa-2)}$이다. 따라서 $n=0$을 대입하면 계수는

$$(\kappa - 1)\kappa a_{\kappa} = 0 \tag{7-25}$$

이며, 이 식을 지표 방정식(indicial equation)이라 부른다. 그런데 $a_{\kappa} \neq 0$이므로, $(\kappa-1)\kappa = 0$이며

$$\kappa = 0 \quad \text{또는} \quad 1$$

이다. 이제 우리가 식 (7-24)에서 첫 번째 합의 n을 $n+2$로 바꾸고 처음 두 개의 저차항을 제외한 후, 두 번째 합과 더하면

$$(\kappa-1)\kappa a_\kappa x^{\kappa-2}+\kappa(\kappa+1)a_{\kappa+1}x^{\kappa-1}+$$

$$\sum_{n=0}^{\infty}(\kappa+n+1)(\kappa+n+2)a_{\kappa+n+2}x^{(\kappa+n)}+\beta^2\sum_{n=0}^{\infty}a_{\kappa+n}x^{(\kappa+n)}=0$$

$$(\kappa-1)\kappa a_\kappa x^{\kappa-2}+\kappa(\kappa+1)a_{\kappa+1}x^{\kappa-1}+$$

$$\sum_{n=0}^{\infty}[(\kappa+n+1)(\kappa+n+2)a_{\kappa+n+2}+\beta^2 a_{\kappa+n}]x^{(\kappa+n)}=0$$

을 얻는다.

그런데 일반적으로 $x^{\kappa+n}\neq 0$이므로 항등식의 계수인 대괄호 안의 값은 0이 되어야 한다. 이에 따라

$$a_{\kappa+n+2}=\frac{-\beta^2 a_{\kappa+n}}{(\kappa+n+1)(\kappa+n+2)} \tag{7-26}$$

를 얻는다. 식 (7-26)은 점화식(recursion formula)으로 불리며 급수의 계수들을 서로 연결한다. 이 예에서 우리는 두 가지 급수 전개를 만난다. 하나는 $\kappa=0$일 때이고, 다른 하나는 $\kappa=1$일 때이다. 먼저 $\kappa=0$의 전개를 살펴보자. 이 경우 식 (7-26)은 다음의 식이 된다.

$$a_{n+2}=\frac{-\beta^2 a_n}{(n+1)(n+2)}$$

$$a_2=\frac{-\beta^2 a_0}{2},\ a_4=\frac{\beta^4 a_2}{24},\dots$$

하나 남아 있는 미지수 a_0를 편의상 1로 놓으면,

$$y=1-\frac{\beta^2}{2}x^2+\frac{\beta^4}{24}x^4-+\dots=1-\frac{(\beta x)^2}{2}+\frac{(\beta x)^4}{24}-+\dots$$

을 얻을 수 있고, 이 식이 바로 $\cos\beta x$의 급수 전개이며 방정식 (7-22)의 특수 해 중 하나이

다. 같은 방식으로 식 (7-26)에 $\kappa = 1$을 넣고 편의상 $a_1 = \beta$로 놓으면, 이때 얻게 되는 급수가 방정식 (7-22)의 또 다른 특수 해인 $\sin \beta x$의 급수 전개임을 쉽게 알 수 있다. 참고로 이 두 번째 급수 전개에서는 $a_2 = 0$이다.

7.6 특별한 미분 방정식의 다항식 해

에르미트 방정식 (Hermite's Equation)

$$\frac{d^2y}{dx^2} - 2x\frac{dy}{dx} + 2\alpha y = 0 \tag{7-27}$$

방정식 (7-27)은 에르미트 방정식으로 알려져 있으며, 여기서 α는 상수이다. 에르미트 방정식의 지표 방정식의 근은 앞선 7.5절의 예와 마찬가지로 $\kappa = 0, 1$이다. 이에 따라 점화식은 다음과 같으며,

$$a_{n+2} = \frac{2(\kappa+n) - 2\alpha}{(\kappa+n+2)(\kappa+n+1)} a_n$$

여기서 n은 음이 아닌 정수이다.

$\kappa = 0$인 경우 해는

$$y = a_0\left(1 - \frac{2\alpha}{2!}x^2 + \frac{2^2\alpha(\alpha-2)}{4!}x^4 - \frac{2^3\alpha(\alpha-2)(\alpha-4)}{6!}x^6 + - \ldots\right)$$

그리고 $\kappa = 1$인 경우 해는

$$y = a_1\left(1 - \frac{2(\alpha-1)}{3!}x^2 + \frac{2^2(\alpha-1)(\alpha-3)}{5!}x^4 - + \ldots\right)$$

이며, 방정식 (7-27)의 일반 해는 이 두 해의 선형 결합이다. 여기서 a_0를 다음과 같이 선택하고

$$a_0 = (-1)^{n/2}\frac{n!}{(n/2)!}$$

최고차 항부터 먼저 적으면, n의 값에 따라 다른 해

$$H_n(x) = (2x)^n - \frac{n(n-1)}{1!}(2x)^{n-2} + \frac{n(n-1)(n-2)(n-3)}{2!}(2x)^{n-4} - \ldots \quad (7\text{-}28)$$

가 이루는 해의 집합을 얻을 수 있다. $H_n(x)$는 에르미트 미분 방정식의 해로 n차 에르미트 다항식이라 불린다.

예제 7.7

1차원 조화 진동자를 표현하는 슈뢰딩거(schrödinger) 방정식은 다음과 같으며,

$$\frac{d^2\psi}{dx^2} + \frac{8\pi^2 m}{h^2}\left(E - \frac{1}{2}kx^2\right)\psi = 0 \quad (7\text{–}29)$$

여기서 $\pi,\ m,\ h,\ E,\ k$은 상수이다. 이 미분 방정식을 풀면 에르미트 다항식이 나타나는 것을 보이시오.

[풀이]

먼저 편의상 다음과 같이 상수 ε와 β^2를 정의하자.

$$\varepsilon = \frac{8\pi^2 mE}{h^2} \text{와 } \beta^2 = \frac{4\pi^2 mk}{h^2}$$

이 식을 방정식 (7-29)에 대입하면,

$$\frac{d^2\psi}{dx^2} + (\varepsilon - \beta^2 x^2)\psi = 0$$

을 얻는다. 그다음 $\xi = \sqrt{\beta}x$로 변수를 바꾸면, 함수는 $\psi(\xi)$가 되고

$$\frac{d^2\psi}{dx^2} = \beta\frac{d^2\psi}{d\xi^2}$$

으로

$$\frac{d^2\psi}{d\xi^2} + \left[1 - \xi^2 + \left(\frac{\varepsilon}{\beta} - 1\right)\right]\psi = 0 \tag{7–30}$$

을 얻는다. 이제 변위 ξ가 $\pm\infty$로 접근할 때 함수 $\psi(\xi)$가 0에 접근하는 것을 고려하여 $\psi(\xi) = e^{-\xi^2/2}y(\xi)$로 쓰고, 2차 도함수(4.2절 11(d) 참고)를 구해 대입하면,

$$\frac{d^2y}{d\xi^2} - 2\xi\frac{dy}{d\xi} + \left(\frac{\varepsilon}{\beta} - 1\right)y = 0$$

을 얻는다. 이 방정식은 사실 식 (7-27), 즉 에르미트 미분 방정식으로 그 해는 에르미트 다항식이 된다.

라게르 방정식(Laguerre's Equation)

$$x\frac{d^2y}{dx^2} + (1-x)\frac{dy}{dx} + \alpha y = 0 \tag{7-31}$$

식 (7-31)은 라게르 방정식으로 알려져 있으며, 여기서 α는 상수이다. 라게르 방정식의 지표 방정식의 근은 단 하나로 $\kappa = 0$이다. 이에 따라 점화식은 다음과 같으며

$$a_{n+1} = \frac{n-\alpha}{(n+1)^2} a_n \tag{7-32}$$

여기서 n은 음이 아닌 정수이다. 따라서 급수해는

$$y = a_0 \left(1 - \alpha x + \frac{\alpha(\alpha-1)}{(2!)^2} x^2 - \ldots \right) \tag{7-33}$$

이며, 이제 a_0를 다음과 같이 선택하고

$$a_0 = (-1)^{2n} n! = n!$$

다음과 같이 최고차항부터 먼저 적으면, n의 값에 따라 여러 해인

$$L_n(x) = (-1)^n \left(x^n - \frac{n^2}{1!} x^{n-1} + \frac{n^2(n-1)^2}{2!} x^{n-2} + \ldots + (-1)^n n! \right) \tag{7-34}$$

을 얻을 수 있다. $L_n(x)$은 라게르 미분 방정식의 해로 n차 라게르 다항식이라 불린다.

라게르 방정식과 밀접하게 관련된 미분 방정식으로는 다음과 같은 버금 라게르 방정식 (associated Laguerre's equation)

$$x \frac{d^2 y}{dx^2} + (k+1-x) \frac{dy}{dx} + (\alpha - k) y = 0 \tag{7-35}$$

이 있으며, 여기서 k는 0보다 크거나 같은 정수를 나타낸다. 이 방정식은 라게르 방정식 (7-31)을 k번 미분하여 얻을 수 있는데, 이에 따라 이 방정식의 해는 다음과 같이

$$y = \frac{d^k}{dx^k} L_n(x) \equiv L_n^k(x)$$

로 라게르 다항식을 k번 미분한 도함수가 된다. 그리고 이 해를 $(n-k)$차 버금 라게르 다항식(associated Laguerre polynomials)이라 한다.

라게르 방정식의 세 번째 형태는 수소 원자에서 전자의 반지름 방향 (즉, 방사형) 파동 함수의 해를 구할 때 중요한 방정식으로 다음 식으로 표현된다.

$$x\frac{d^2y}{dx^2}+2\frac{dy}{dx}+\left[n-\frac{k-1}{2}-\frac{x}{4}-\frac{k^2-1}{4x}\right]y=0 \tag{7-36}$$

이 방정식은 $y=e^{-x/2}x^{(k-1)/2}\nu(x)$와 그 도함수를 대입할 경우 다음과 같이 방정식 (7-35)와 동일한 형태로 변환된다.

$$x\frac{d^2\nu}{dx^2}+(k+1-x)\frac{d\nu}{dx}+(n-k)\nu=0 \tag{7-37}$$

따라서 $\nu=L_n^k$이 되며, 방정식 (7-36)의 해는

$$y=e^{-x/2}x^{(k-1)/2}L_n^k(x) \tag{7-38}$$

가 된다.

예제 7.7

수소 원자에서 전자의 반지름 방향 (즉, 방사형) 파동 함수의 해를 구하기 위해서는 슈뢰딩거 방정식을 변수 분리하여야 한다. 다음은 변수 분리하여 얻은 방사형 미분 방정식

$$\frac{1}{r^2}\frac{d}{dr}\left(r^2\frac{dR}{dr}\right)+\left[\frac{2\mu}{\hbar^2}\left(E+\frac{e^2}{4\pi\varepsilon_0 r}\right)-\frac{\ell(\ell+1)}{r^2}\right]R(r)=0$$

이며 여기서 π, μ, $\hbar$, ε_0, ℓ은 상수이다. 이 방정식이 식 (7-36)으로 변환될 수 있고 그 해가 버금 라게르 다항식임을 보이시오.

[풀이]

라게르 방정식과 유사한 형태로 방사형 방정식을 변환하기 위해 먼저 방정식을 전개하자.

$$\frac{1}{r^2}\frac{d}{dr}\left(r^2\frac{dR}{dr}\right)+\left[\frac{2\mu E}{\hbar^2}+\frac{2\mu e^2}{4\pi\varepsilon_0 r\hbar^2}-\frac{\ell(\ell+1)}{r^2}\right]R(r)=0$$

그다음 두 개의 새로운 상수를 정의한다.

$$\alpha^2=-\frac{2\mu E}{\hbar^2},\quad \beta=\frac{\mu e^2}{4\pi\varepsilon_0\alpha\hbar^2}$$

방정식에 이를 대입하면, 다음을 얻는다.

$$\frac{1}{r^2}\frac{d}{dr}\left(r^2\frac{dR}{dr}\right)+\left[-\alpha^2+\frac{2\beta\alpha}{r}-\frac{\ell(\ell+1)}{r^2}\right]R(r)=0 \tag{7–39}$$

그다음, $\rho=2\alpha r$로 변수를 전환하면 r에 대한 미분은 ρ에 대한 미분으로 쓸 수 있다.

$$\frac{dR}{dr}=\frac{d\rho}{dr}\cdot\frac{dR}{d\rho}=2\alpha\frac{dR}{d\rho},\ \text{즉}\ \frac{d}{dr}=2\alpha\frac{d}{d\rho}$$

이들을 방정식 (7-39)에 대입하면 다음을 얻는다.

$$\frac{4\alpha^2}{\rho^2}\frac{d}{d\rho}\left(\rho^2\frac{dR}{d\rho}\right)+\left[-\alpha^2+\frac{4\beta\alpha^2}{\rho}-(4\alpha^2)\frac{\ell(\ell+1)}{\rho^2}\right]R(\rho)=0$$

$4\alpha^2$로 나누면 다음 결과를 얻는다.

$$\frac{1}{\rho^2}\frac{d}{d\rho}\left(\rho^2\frac{dR}{d\rho}\right)+\left[-\frac{1}{4}+\frac{\beta}{\rho}-\frac{\ell(\ell+1)}{\rho^2}\right]R(\rho)=0$$

두 함수의 곱에 도함수 연산자 $d/d\rho$를 적용하여 전개하면 다음과 같고,

$$\frac{1}{\rho^2}\left(\rho^2\frac{d^2R}{d\rho^2}+2\rho\frac{dR}{d\rho}\right)+\left[-\frac{1}{4}+\frac{\beta}{\rho}-\frac{\ell(\ell+1)}{\rho^2}\right]R(\rho)=0$$

여기서 마지막으로 식 전체에 ρ를 곱하면,

$$\rho\frac{d^2R}{d\rho^2}+2\frac{dR}{d\rho}+\left[-\frac{1}{4}+\frac{\beta}{\rho}-\frac{\ell(\ell+1)}{\rho^2}\right]R(\rho)=0 \tag{7–40}$$

을 얻는다. 그런데 이것은 식 (7-36)과 정확히 동일한 형태를 가진다는 것을 알 수 있다. 그러므로 방정식 (7-40)의 해는

$$R(\rho)=\rho^{\ell}e^{-\rho/2}L^k(\rho),\quad k=2\ell+1$$

이며, 여기서 $L^k(\rho)$는 버금 라게르 다항식이다.

르장드르 방정식 (Legendre's Equation)

이제 다음 일반적 형태를 갖는 방정식을 고려해 보자.

$$(1-x^2)\frac{d^2y}{dx^2}-2x\frac{dy}{dx}+\ell(\ell+1)y=0 \tag{7-41}$$

이 방정식은 르장드르 방정식(Legendre's euqation)으로 알려져 있으며, 여기서 ℓ은 상수이다. 그리고 르장드르 방정식에 대한 지표 방정식의 근은 $\kappa=0,1$이다. 그리고 점화식은 다음과 같으며

$$a_{n+2}=\frac{(\kappa+n)(\kappa+n+1)-\ell(\ell+1)}{(\kappa+n+1)(\kappa+n+2)}a_n \tag{7-42}$$

에르미트 방정식과 마찬가지로 우함수 해와 기함수 해가 존재한다. $\kappa=0$일 때 르장드르 방정식의 급수 해는 다음과 같다.

$$y=\left[1-\frac{\ell(\ell+1)}{2!}x^2+\frac{\ell(\ell-1)(\ell+1)(\ell+3)}{4!}x^4+\dots\right]a_0 \qquad (7\text{-}43)$$

$\kappa=1$일 때 급수 해는 다음과 같다.

$$y=\left[x-\frac{(\ell-1)(\ell+2)}{3!}x^3+\frac{(\ell-1)(\ell-3)(\ell+2)(\ell+4)}{5!}x^5+\dots\right]a_1 \qquad (7\text{-}44)$$

앞에서 먼저 다루었던 특수 미분 방정식들의 해와 마찬가지로 이 미분 방정식의 급수 해는 급수가 어떤 유한한 다항식으로 수렴하게 될 때 특별히 중요하다. 사실 르장드르 방정식의 경우, 수렴 조건을 찾는 과정의 상세한 사항들은 까다롭고 이 책의 범위를 벗어난다. 이 과정에 관심이 있는 학생들은 책의 끝에 있는 문헌을 참고할 것을 권한다. 여기서 우리는 식 (7-43)과 식 (7-44)의 선형 결합으로 주어지는 일반 해가 ℓ이 음이 아닌 정수일 때만 어떤 유한한 다항식이 된다는 것을 말해주는 것으로 만족하도록 하자. 이러한 조건에서 얻게 되는 다항식 P_ℓ은 르장드르 다항식(Legendre's polynomials)이라 불리며 최고차항부터 썼을 때 다음 형태를 갖는다.

$$P_\ell(x)=\frac{(2\ell)!}{2^l(\ell!)^2}\left\{x^\ell-\frac{\ell(\ell-1)}{2(2\ell-1)}x^{\ell-2}+\frac{\ell(\ell-1)(\ell-2)(\ell-3)}{2\cdot 4(2\ell-1)(2\ell-3)}x^{\ell-4}-\dots\right\} \qquad (7\text{-}45)$$

르장드르 방정식과 밀접하게 관련된 방정식은 회전 운동 문제의 해를 구할 때 중요한 다음과 같은 방정식으로

$$(1-x^2)\frac{d^2y}{dx^2}-2x\frac{dy}{dx}+\left[\ell(\ell+1)-\frac{m^2}{1-x^2}\right]y=0 \qquad (7\text{-}46)$$

여기서 ℓ과 m은 정수이다. 이 방정식은 버금 르장드르 방정식(associated Legendre's equation)으로 알려져 있고 그 해는 다음과 같다.

$$y=(1-x^2)^{m/2}\frac{d^m}{dx^m}P_\ell(x) \tag{7.47}$$

이 해를 버금 르장드르 함수(associated Legendre functions)라 한다. 이 함수는 버금 구면 조화함수(associated spherical harmonics)라고도 불리는데, 이는 이 함수가 구의 표면상에 허락된 정상파를 표현하는 데 사용되기 때문이다.

예제 7.8

수소 원자에서 전자의 (반지름 방향에 수직한) 극각(polar angle) θ방향 파동 함수의 해를 구하기 위해서는 슈뢰딩거 방정식을 변수 분리하여야 한다. 다음은 변수 분리하여 얻은 극각 θ방향 미분 방정식

$$\frac{1}{\sin\theta}\frac{d}{d\theta}\left(\sin\theta\frac{d\Theta}{d\theta}\right)+\left[\ell(\ell+1)-\frac{m^2}{\sin^2\theta}\right]\Theta(\theta)=0$$

으로 여기서 ℓ과 m은 정수이다. 이 방정식의 해 $\Theta(\theta)$가 버금 르장드르 다항식임을 보이시오.

[풀이]

$x=\cos\theta$로 놓는다면 이 $\Theta(\theta)$의 방정식은 버금 르장드르 방정식 (7-46)의 형태가 된다. 한편, $\sin^2\theta=1-\cos^2\theta=1-x^2$이고

$$\frac{d\Theta}{d\theta}=\frac{dx}{d\theta}\cdot\frac{d\Theta}{dx}=-\sin\theta\frac{d\Theta}{dx} \text{와 } \frac{d}{d\theta}=-\sin\theta\frac{d}{dx}$$

이므로, 이들을 $\Theta(\theta)$의 방정식에 대입하면

$$\frac{d}{dx}\left((1-x^2)\frac{d\Theta}{dx}\right)+\left[\ell(\ell+1)-\frac{m^2}{1-x^2}\right]\Theta(x)=0$$

을 얻는다. 첫째 항 함수의 곱에 대한 미분을 수행하면 다음 식을 얻으며

$$(1-x^2)\frac{d^2\Theta}{dx^2}-2x\frac{d\Theta}{dx}+\left[\ell(\ell+1)-\frac{m^2}{1-x^2}\right]\Theta(x)=0$$

이는 바로 버금 르장드르 방정식이다.

7.7 완전 미분과 불완전 미분

식 $M(x,y)dx+N(x,y)dy$는 다음 조건을 만족하는 어떤 함수 $F(x,y)$가 존재할 때 완전 미분(exact differential)이라 불린다.

$$dF=\left(\frac{\partial F}{\partial x}\right)_y dx+\left(\frac{\partial F}{\partial y}\right)_x dy=M(x,y)dx+N(x,y)dy \tag{7.48}$$

만일 $F(x,y)$가 존재하지 않는다면, $M(x,y)dx+N(x,y)dy$는 불완전 미분(inexact differential)이라 불린다.

Euler의 완전 미분 판정법

만일 $M(x,y)dx+N(x,y)dy$이 완전 미분이라면,

$$\left(\frac{\partial F}{\partial x}\right)_y=M(x,y)\quad \text{그리고}\quad \left(\frac{\partial F}{\partial y}\right)_x=N(x,y)$$

로 간주할 수 있으며, 혼성 2차 도함수는

$$\left(\frac{\partial^2 F}{\partial y\partial x}\right)=\left(\frac{\partial M}{\partial y}\right)_x\ \text{그리고}\left(\frac{\partial^2 F}{\partial y\partial x}\right)=\left(\frac{\partial N}{\partial x}\right)_y$$

이다. 그런데

$$\left(\frac{\partial^2 F}{\partial y \partial x}\right) = \left(\frac{\partial^2 F}{\partial x \partial y}\right)$$

이므로, 이는

$$\left(\frac{\partial M}{\partial y}\right)_x = \left(\frac{\partial N}{\partial x}\right)_y \tag{7.49}$$

을 완전 미분에 대한 필요조건으로 만든다. 식 (7-49)를 완전 미분에 대한 Euler 판정법이라 부른다.

예제 7.9

다음 식이 완전 미분임을 보이시오.

$$dF = 3x^2y^3\,dx + 3y^2x^3\,dy$$

[풀이]

$M(x, y) = 3x^2y^3$이고 $N(x, y) = 3y^2x^3$이므로, 우리는 $\partial M/\partial y = 9x^2y^2$와 $\partial N/\partial x = 9x^2y^2$를 얻는다. 그러므로, $\partial M/\partial y = \partial N/\partial x$ 이며, Euler 판정법을 만족한다. 그러므로 이 미분식은 완전 미분이다.

식 $(\partial F/\partial x)_y = M(x, y)$는 다음의 더 일반적인 형

$$F(x,y) = \int M(x,y)\,dx + K(y)$$

로 쓸 수 있으며, 여기서 $K(y)$는 변수 x와 독립적인(관계없는) 값을 나타낸다. y에 대한

$F(x,y)$의 편도함수를 취하면

$$\left(\frac{\partial F}{\partial y}\right)_x = \frac{\partial}{\partial y}\int M(x,y)\,dx + \frac{\partial K}{\partial y} = N(x,y)$$

즉,

$$\frac{\partial K}{\partial y} = N(x,y) - \frac{\partial}{\partial y}\int M(x,y)\,dx \qquad (7\text{-}50)$$

을 얻는다. 식 (7-50)을 적분하면

$$K(y) = \int\left[N(x,y) - \frac{\partial}{\partial y}\int M(x,y)\,dx\right]dy$$

를 얻고, 이에 따라 최종적으로 다음을 얻는다.

$$F(x,y) = \int M(x,y)\,dx + \int\left[N(x,y) - \frac{\partial}{\partial y}\int M(x,y)\,dx\right]dy \qquad (7\text{-}51)$$

예제 7.10

다음 식이 완전 미분임을 보이고, $F(x,y)$를 구하시오.

$$dF = 3x^2y^2\,dx + 2x^3y\,dy$$

[풀이]

$$M(x,y) = 3x^2y^2 \text{과 } N(x,y) = 2x^3y$$

이므로

$$\frac{\partial M}{\partial y} = 6x^2y\text{와 } \frac{\partial N}{\partial x} = 6x^2y$$

를 얻는다.

이것은 Euler 판정법을 만족하므로, dF는 완전 미분이다. 이제

$$\int M(x,y)\,dx = \int 3x^2y^2\,dx = x^3y^2$$

이고,

$$\frac{\partial}{\partial y}\int M(x,y)\,dx = 2x^3y$$

이므로

$$\begin{aligned} K(y) &= \int \left[N(x,y) - \frac{\partial}{\partial y}\int M(x,y)\,dx\right]dy \\ &= \int (2x^3y - 2x^3y)\,dy = C \end{aligned}$$

을 얻으며, 이에 따라 최종적으로 $F(x,\,y)$에 대하여 다음 식을 얻는다.

$$F(x,y) = x^3y^2 + C$$

5장에서 우리는 x_1부터 x_2까지 어떤 함수 $f(x)$를 나타내는 곡선(경로) 아래의 면적을 나타내는 것으로 선 적분(line integral)의 개념을 소개하였다. 완전 또는 불완전 미분은 선 적분과 직접적으로 관련되어 있으며 화학 열역학 분야에서 중요한 의미를 가진다. 만약 u가 x와 y의 함수이고 du가 완전 미분이면, 선 적분 $\int_{L\,u_1}^{u_2} du$(이것은 u_1부터 u_2까지 u를 따라가며 지극히 작은 양 du를 합한 것을 의미함)은 적분의 양쪽 한계값에만 의존한다. 즉, du가 완전 미분이면

$$\int_{L\,u_1}^{u_2} du = u_2 - u_1 = \Delta u$$

이다. u가 어떤 계를 표현하는 물리량을 나타낼 때, 우리는 이 물리량을 상태 함수(state function)라 하는데, 이는 그 함수의 변화량이 계의 초기와 최종 상태에만 의존하고 상태 u_1에서 상태 u_2를 잇는 경로에는 무관하기 때문이다. 그러나 du가 불완전 미분이라면 $\int_{L\,u_1}^{u_2} du = u$는 u_1과 u_2를 잇는 특정 경로에 의존하는 양이 된다. 이 경우 u가 나타내는 물리량은 상태 함수가 아니므로, du의 종속 변수 x와 y사이의 함수 관계를 알지 못한다면 적분 $\int_{L\,u_1}^{u_2} du$ 의 값은 구할 수 없다.

예를 들어, 5장에서 외부 압력에 대항하여 기체의 팽창이 한 일은 기체에 작용하는 외부 압력(P_{ext}, 이것은 주위의 성질임)의 함수이면서 동시에 그 기체의 부피의 함수라는 것을 배웠는데, 이 관계를 다음의 전미분(total differential) 형태로 쓸 수 있다.

$$dw = M(P_{\text{ext}},\ V)dP_{\text{ext}} + N(P_{\text{ext}},\ V)dV = -P_{\text{ext}}dV$$

분명한 것은 dw는 완전 미분이 아니라는 점인데, 이는 $M(P_{\text{ext}}, V) = 0$, $N(P_{\text{ext}}, V) = -P_{\text{ext}}$, $(\partial M/\partial V) = 0$, $(\partial N/\partial P_{\text{ext}}) = -1$이므로 Euler 판정법을 만족하지 않기 때문이다. 결과적으로 기체의 팽창이 한 일인 적분 $\int dw = -\int P_{\text{ext}}dV$의 값은 외부 압력이 기체 부피에 어떻게 의존하는지 알지 못한다면 구할 수 없다. 그런데 중요한 점은 외부 압력과 기체 부피 사이에는 그 어떤 필연적인 관계도 존재하지 않는다는 것이다. 따라서 $P_1,\ V_1,\ T_1$의 상태에서 $P_2,\ V_2,\ T_2$의 상태를 잇는 경로는 사실상 무한히 많고, 각각의 경로에 수반되는 일은 저마다 다르게 된다.

완전 미분의 또 다른 중요한 성질은 하나의 닫힌 경로(a closed path)를 따라 완전 미분을 적분하면 그 값이 0이 된다는 것이다. 즉, 상태 함수인 내부 에너지의 미분 dU를 어떤 초기 상태 값 U_1에서 출발하여 한 바퀴(닫힌 순환) 돌아 다시 원래 값으로 돌아올 때까지 적분하면

$$\int_{L\ U_1}^{U_1} dU = \oint dU = U_1 - U_1 = 0 \tag{7-52}$$

이 된다. 이러한 적분을 순환 적분(cyclic integral)이라 부른다. 식 (7-52)는 함수가 상태 함수인지 확인하는 완전한 판정법으로 간주된다.

7.8 적분 인자

어떤 경우에는 불완전 미분을 적분 인자(integral factor)라 불리는 어떤 함수를 곱하여 완전 미분으로 만들 수 있다. 예를 들어, 다음 미분식

$$du = 2y^4\,dx + 4xy^3\,dy \tag{7-53}$$

는 불완전 미분이다. (Euler 판정법으로 확인해 볼 것) 그런데 식 (7-53)에 x를 곱하면, 우리는 다음 식

$$dF = 2xy^4\,dx + 4x^2y^3\,dy \tag{7-54}$$

을 얻는다. 그런데 이 식에 Euler 판정법을 적용하면 완전 미분임을 확인할 수 있다. 즉, 여기서 인자 x는 불완전 미분 du를 완전 미분 dF로 변환하기 때문에 적분 인자에 해당한다. 또, dF가 완전 미분이므로 식 (7-54)를 완전 미분 방정식이라 부르고 앞선 절에서 설명한 방법으로 $F(x, y)$를 구할 수 있다.

7.9 편미분 방정식

편미분 방정식은 둘 이상의 변수가 존재하는 미분 방정식으로 여기에는 편도함수가 등장한다. 편미분 방정식의 한 가지 예는 다음과 같다.

$$\frac{\partial^2 u}{\partial x^2}+\frac{\partial^2 u}{\partial y^2}+u(x,y)=0 \tag{7-55}$$

이며, 여기서 $u=u(x,y)$으로 구해야 할 함수이다. u는 두 변수 x와 y의 함수이므로, 이 편미분 방정식은 직접 적분하여 풀 수 없다. 해를 구하기에 앞서 먼저 변수 x와 y를 분리할 필요가 있는데, 물론 이것이 항상 가능한 것은 아니다. 변수 분리의 한 가지 방법은 해가 단일 변수 함수의 곱이라고 가정하는 것이다. 방정식 (7-55)에 대해 이러한 유형의 해를 가정해 보자. 즉,

$$u=u(x,y)=f(x)g(y) \tag{7-56}$$

라 하고, 식 (7-56)의 편도함수를 구하면,

$$\frac{\partial u}{\partial x}=g(y)\frac{\partial f}{\partial x} \quad \text{와} \quad \frac{\partial^2 u}{\partial x^2}=g(y)\frac{\partial^2 f}{\partial x^2}$$

$$\frac{\partial u}{\partial y}=f(x)\frac{\partial g}{\partial y} \quad \text{와} \quad \frac{\partial^2 u}{\partial y^2}=f(x)\frac{\partial^2 g}{\partial y^2}$$

를 얻는다. 이것을 식 (7-55)에 대입하면,

$$g(y)\frac{\partial^2 f}{\partial x^2}+f(x)\frac{\partial^2 g}{\partial y^2}+f(x)g(y)=0$$

을 얻고, 이 식을 $f(x)g(y)$로 나누면

$$\frac{1}{f(x)}\frac{\partial^2 f}{\partial x^2}+\frac{1}{g(y)}\frac{\partial^2 g}{\partial y^2}+1=0 \tag{7-57}$$

즉,

$$\frac{1}{f(x)}\frac{\partial^2 f}{\partial x^2}+\frac{1}{g(y)}\frac{\partial^2 g}{\partial y^2} = -1 \tag{7-58}$$

을 얻는다.

식 (7-58)의 첫 항은 오로지 x의 함수이고 둘째 항은 오로지 y의 함수임을 주목하자. 이것은 두 변수 x와 y가 완전히 분리되었음을 의미한다. 또 두 항

$$\frac{1}{f(x)}\frac{\partial^2 f}{\partial x^2} \quad \text{그리고} \quad \frac{1}{g(y)}\frac{\partial^2 g}{\partial y^2}$$

은 다음과 같은 이유로 각각 어떤 상수이어야 함을 주목하자. 만약 우리가 단일 변수 함수 $f(x)$를 변수 x에 대해 미분했다면, 그것은 x에만 의존하는 값이어야 한다. 따라서 다음 식의 좌변은 x에만 의존한다.

$$\frac{1}{f(x)}\frac{\partial^2 f}{\partial x^2} = -\frac{1}{g(y)}\frac{\partial^2 g}{\partial y^2}-1$$

하지만 우변은 y에만 의존하는 값과 상수로 구성되어 있다. 두 변수 x와 y는 서로 독립적으로 변하는 값이기 때문에 양변이 항상 같기 위해서는 $\frac{1}{f(x)}\frac{\partial^2 f}{\partial x^2}$는 상수(이를 k_1이라 하자)이어야 한다. 같은 논리로 $\frac{1}{g(y)}\frac{\partial^2 g}{\partial y^2}$도 상수(이를 k_2라 하자)이어야 한다. 즉,

$$\frac{1}{f(x)}\frac{d^2 f}{dx^2} = k_1 \quad \text{그리고} \quad \frac{1}{g(y)}\frac{d^2 g}{dy^2} = k_2$$

여기서 $k_1 + k_2 = -1$이고, 두 방정식

$$\frac{1}{f(x)}\frac{d^2f}{dx^2}-k_1=0 \quad 그리고 \quad \frac{1}{g(y)}\frac{d^2g}{dy^2}-k_2=0$$

은 앞선 절에서 설명한 방법으로 풀 수 있다. $f(x)$와 $g(y)$를 구하면, 방정식 (7-55)의 해는 $u(x,y)=f(x)g(y)$로 얻을 수 있다.

문제 7.1

수소 원자의 전자에 대한 슈뢰딩거 방정식을 변수 분리하여 $R(r)$, $\Theta(\theta)$, $\Phi(\phi)$에 대한 세 가지 방정식을 구하시오. 슈뢰딩거 방정식은

$$\frac{1}{r^2}\frac{\partial}{\partial r}\left(r^2\frac{\partial\psi}{\partial r}\right)+\frac{1}{r^2\sin\theta}\frac{\partial}{\partial\theta}\left(\sin\theta\frac{\partial\psi}{\partial\theta}\right)\frac{1}{r^2\sin^2\theta}\frac{\partial^2\psi}{\partial\phi^2}$$
$$+\frac{2\mu}{\hbar^2}\left(E+\frac{e^2}{4\pi\epsilon_0 r}\right)\psi(r,\theta,\phi)=0 \qquad (7\text{-}59)$$

이며, 여기서 $\pi,\epsilon_0,\hbar,\mu,e$는 상수이다.

(풀이)

슈뢰딩거 방정식의 해를 세 함수의 곱 $\psi=(r,\theta,\phi)=R(r)\Theta(\theta)\Phi(\phi)$으로 가정하자. 도함수를 구하면,

$$\frac{\partial\psi}{\partial r}=\Theta(\theta)\Phi(\phi)\frac{\partial R}{\partial r},\quad \frac{\partial\psi}{\partial\theta}=R(r)\Phi(\phi)\frac{\partial\Theta}{\partial\theta},\quad \frac{\partial^2\psi}{\partial\phi^2}=R(r)\Theta(\theta)\frac{\partial^2\Phi}{\partial\phi^2}$$

을 얻는다. 이것을 방정식 (7-59)에 대입하면

$$\frac{\Theta(\theta)\Phi(\phi)}{r^2}\frac{\partial}{\partial r}\left(r^2\frac{\partial R}{\partial r}\right)+\frac{R(r)\Phi(\phi)}{r^2\sin\theta}\frac{\partial}{\partial\theta}\left(\sin\theta\frac{\partial\Theta}{\partial\theta}\right)+\frac{R(r)\Theta(\theta)}{r^2\sin^2\theta}\frac{\partial^2\Phi}{\partial\phi^2}$$
$$+\frac{2\mu}{\hbar^2}\left(E+\frac{e^2}{4\pi\epsilon_0 r}\right)R(r)\Theta(\theta)\Phi(\phi)=0$$

을 얻는다. 전체식을 $\psi=(r,\theta,\phi)=R(r)\Theta(\theta)\Phi(\phi)$로 나누면

$$\frac{1}{R(r)}\frac{1}{r^2}\frac{\partial}{\partial r}\left(r^2\frac{\partial R}{\partial r}\right)+\frac{1}{\Theta(\theta)}\frac{1}{r^2\sin\theta}\frac{\partial}{\partial\theta}\left(\sin\theta\frac{\partial\Theta}{\partial\theta}\right)$$
$$+\frac{1}{\Phi(\phi)}\frac{1}{r^2\sin^2\theta}\frac{\partial^2\Phi}{\partial\phi^2}+\frac{2\mu}{\hbar^2}\left(E+\frac{e^2}{4\pi\epsilon_0 r}\right)=0 \qquad (7\text{-}60)$$

을 얻는다. 그다음 ϕ 의존 항을 분리하기 위해 식 (7-60)에 $r^2\sin^2\theta$를 곱한다.

$$\frac{\sin^2\theta}{R(r)}\frac{\partial}{\partial r}\left(r^2\frac{\partial R}{\partial r}\right)+\frac{\sin\theta}{\Theta(\theta)}\frac{\partial}{\partial\theta}\left(\sin\theta\frac{\partial\Theta}{\partial\theta}\right)+\frac{1}{\Phi(\phi)}\frac{\partial^2\Phi}{\partial\phi^2}$$
$$+\frac{2\mu r^2\sin^2\theta}{\hbar^2}\left(E+\frac{e^2}{4\pi\epsilon_0 r}\right)=0 \tag{7-61}$$

앞서 사용했던 논리를 다시 적용하면, $[1/\Phi(\phi)](\partial^2\Phi/\partial\phi^2)$는 어떤 상수와 같아야 한다. 이를 편의상 $-m^2$이라 하자.

$$\frac{1}{\Phi(\phi)}\frac{d^2\Phi}{d\phi^2}=-m^2$$

이 방정식에는 하나의 변수만 존재하므로 편도함수가 아닌 일반 도함수로 표기했음을 주목하자. 한편, 식 (7-61)의 나머지 부분은 당연히 $+m^2$이어야 한다.

$$\frac{\sin^2\theta}{R(r)}\frac{\partial}{\partial r}\left(r^2\frac{\partial R}{\partial r}\right)+\frac{\sin\theta}{\Theta(\theta)}\frac{\partial}{\partial\theta}\left(\sin\theta\frac{\partial\Theta}{\partial\theta}\right)$$
$$+\frac{2\mu r^2\sin^2\theta}{\hbar^2}\left(E+\frac{e^2}{4\pi\epsilon_0 r}\right)=+m^2$$

이제 이 식 전체를 $\sin^2\theta$로 나누어 r 의존 항과 θ 의존 항을 분리하자.

$$\frac{1}{R(r)}\frac{\partial}{\partial r}\left(r^2\frac{\partial R}{\partial r}\right)+\frac{1}{\Theta(\theta)}\frac{1}{\sin\theta}\frac{\partial}{\partial\theta}\left(\sin\theta\frac{\partial\Theta}{\partial\theta}\right)$$
$$+\frac{2\mu r^2}{\hbar^2}\left(E+\frac{e^2}{4\pi\epsilon_0 r}\right)-\frac{m^2}{\sin^2\theta}=0$$

첫 번째와 세 번째 r에 관련된 두 항의 합은 상수이어야 한다. 이를 편의상 $\ell(\ell+1)$라 하자. 그러면 두 번째와 네 번째 θ에 관련된 두 항의 합은 $-\ell(\ell+1)$이어야 한다.

$$\frac{1}{R(r)}\frac{d}{dr}\left(r^2\frac{dR}{dr}\right)+\frac{2\mu r^2}{\hbar^2}\left(E+\frac{e^2}{4\pi\epsilon_0 r}\right)=\ell(\ell+1)$$

우리는 위 식을 버금 라게르 방정식, 그리고 다음 식을 버금 르장드르 방정식으로 쓸 수 있음을 6절의 예제에서 보았다.

$$\frac{1}{\Theta(\theta)}\frac{1}{\sin\theta}\frac{d}{d\theta}\left(\sin\theta\frac{d\Theta}{d\theta}\right)-\frac{m^2}{\sin^2\theta}=-\ell(\ell+1)$$

CHAPTER

07 연습문제

1 다음 선형 미분 방정식의 해를 구하시오.

(a) $\dfrac{dy}{dx} + 3y = 0$

(b) $\dfrac{dy}{dx} - 3y = 0$

(c) $\dfrac{d^2y}{dx^2} + 2\dfrac{dy}{dx} + y = 0$

(d) $\dfrac{d^2y}{dx^2} - 6\dfrac{dy}{dx} + 9y = 0$

(e) $\dfrac{d^2y}{dx^2} - 9y = 0$

(f) $\dfrac{d^2y}{dx^2} + 4y = 0$

(g) $\dfrac{dx}{dt} = k_1(a-x) - k_2x$; k_1, k_2, a는 상수

(h) $\dfrac{d\phi}{dr} = -a\phi$; a는 상수

(i) $\dfrac{d[\mathrm{A}]}{[\mathrm{A}]} = -k\,dt$; k는 상수

(j) $\dfrac{1}{\Phi(\phi)}\dfrac{d^2\Phi}{d\phi^2} = -m^2$; m은 상수

(k) $m\dfrac{d^2y}{dt^2} = -ky$; m, k는 상수

(l) $\dfrac{d^2\psi}{dx^2} + \dfrac{8\pi^2 mE}{h^2}\psi = 0$; m, E, h, π는 상수

2 다음 식의 완전 미분 여부를 결정하시오.

(a) $dF = 2xy^2dx + 2yx^2dy$

(b) $dF = 8x\,dx$

(c) $dF = 12x^2y\,dx + 4x^3\,dy$

(d) $dF = 5\,dx$

(e) $dF = \frac{1}{y}dx - \frac{x}{y^2}dy$

(f) $dF = xy\,dx + x^3\,dy$

(g) $dP = \frac{nR}{V}dT - \frac{nRT}{V^2}dV$; n, R은 상수

(h) $dV = \pi r^2\,dh + 2\pi rh\,dr$

(i) $dq = nC_VdT + \frac{nRT}{V}dV$; n, C_V, R은 상수

(j) $d\rho = -\frac{PM}{RT^2}dT + \frac{M}{RT}dP$; M, R은 상수

(k) $dU = nC_VdT + \frac{n^2a}{V^2}dV$; n, C_V, a는 상수

3 n, C_V, R이 상수일 때, 불완전 미분 $dq = nC_VdT + (nRT/V)\,dV$는 적분 인자 $1/T$를 곱함으로써 완전 미분으로 전환될 수 있음을 보이시오. 이 완전 미분을 dS로 표시하며 미소 엔트로피 변화(differential entropy change)라 부른다.

4 $\cos 4x$과 $\sin 4x$가 각각 다음 미분 방정식의 해라면, 두 해의 선형 결합 역시 이 방정식의 해임을 보이시오.

$$\frac{d^2y}{dx^2} + 16y = 0$$

5 베셀 방정식(Bessel's equation)은 일반적으로 $x^2\frac{d^2y}{dx^2} + x\frac{dy}{dx} + (x^2 - c^2)y = 0$의 형태를 가지는 매우 중요한 미분 방정식이다. (단, 여기서 c는 상수) 이 방정식을 급수법으로 풀기 위한 첫 번째 단계는 지표 방정식(indicial equation)을 구하는 것이다. 지표 방정식을 구하시오.

6 1차원 조화 진동의 진동자는 고전 역학적으로 미분 방정식 $\frac{d^2y}{dt^2} + 4\pi^2\nu^2 y = 0$으로 나타낸다. 1차원 조화 진동자의 해가 $y = A\sin 2\pi\nu t$ (여기서 A, π, ν는 상수)임을 보이시오.

7 1차원 파동의 공간 움직임을 나타내는 미분 방정식은 $\frac{d^2f}{dx^2} + \frac{4\pi^2}{\lambda^2}f(x) = 0$ (여기서 λ는 파장)이다. 이 방정식의 일반 해를 구하시오.

8 경계 조건(boundary conditions)은 미분 방정식의 해에 부여되는 특정 제한을 의미한다. $x = 0$와 $x = L$ 양 끝이 묶인 끈을 튕겨 얻은 1차원 파동은 문제 7번으로 표현될 수 있으며, 경계 조건은 $f(0) = 0$과 $f(L) = 0$이 된다. 경계 조건이 문제 7번의 방정식 해에 어떠한 영향을 주는지 보이시오.

9 $x = \cos\theta$인 경우, 버금 르장드르 방정식의 해(식 (7-47))는 $\ell = 1, m = 0$일 때 $y = \cos\theta$이고 $\ell = 1, m = 1$일 때 $y = \sin\theta$임을 보이시오.

10 $x = \cos\theta$인 경우, 버금 르장드르 방정식의 해(식 (7-47))는 $\ell = 2, m = 0$일 때 $y = \frac{1}{2}(3\cos^2\theta - 1)$임을 보이시오.

11 3차원 상자 안 입자에 대한 슈뢰딩거 방정식은

$$\frac{\partial^2\psi}{\partial x^2} + \frac{\partial^2\psi}{\partial y^2} + \frac{\partial^2\psi}{\partial z^2} + \frac{8\pi^2 mE}{h^2}\psi = 0$$

이며, 여기서 $E,\ m,\ h$는 상수이고, 해는 $\psi = f(x, y, z)$로 표현된다.

$\psi(x, y, z) = f(x)g(y)h(z)$로 가정하고 이 방정식을 x에 대한 방정식, y에 대한 방정식, z에 대한 방정식으로 분리하시오.

CHAPTER

08

스칼라와 벡터

8.1 도입

스칼라(scalar)는 크기(magnitude)는 갖지만 공간상의 방향(direction)은 갖지 않는 물리량이다. 스칼라는 하나의 숫자로 명시할 수 있다. 스칼라의 예로는 길이, 질량, 온도, 속력(speed) 등이 있다. 반면, 벡터(vector)는 크기와 방향을 동시에 갖는 물리량이다. 따라서, 벡터인 속도(velocity)는 크기(예를 들어, 속력 10 m/s)와 방향(예를 들어, x축의 양의 방향으로)을 갖는다. 벡터에 방향이 들어있다는 것은 쉽게 이해할 수 있다. 우리가 시간 당 20마일로 북쪽으로 가다가 시간 당 20마일로 서쪽으로 가려 한다면 자동차의 바퀴에 힘(즉, 가속도)을 가해야 한다. 가속도는 시간에 따른 속도의 변화이다. 가속도가 있기 때문에 속도는 변했다. 하지만 차의 속력은 일정하다. 통상적으로 벡터는 그림 상 화살표로 나타내지만, 수학적으로는 정돈된 실수의 집합 $\mathbf{A}=(a_x, a_y, a_z)$로 정의하는 것이 더 편리하다. 여기서 a_x, a_y, a_z는 직교좌표 공간에서 벡터의 성분이다.

8.2 벡터의 덧셈

벡터는 동시에 크기와 방향을 갖는 양이기 때문에 둘 이상 벡터의 합(이것 역시 벡터임)도 마찬가지로 크기와 방향을 가져야 한다. 공간에서 벡터를 더하는 한 가지 방법은 삼각형법이며 **그림 8.1(a)**은 이 방법을 2차원서 설명한다. 이 방법에서는 하나의 벡터 **A**의 머리에 다른 벡터 **B**의 꼬리를 놓아 삼각형을 만든다. 벡터의 합은 **A**의 꼬리에서 **B**의 머리까지 그린 화살표로 나타낸다. 다른 덧셈 방식으로는 평행사변형법이 있다. 이것은 삼각형법과 유사한 측면이 있으며 동일한 결과를 준다. **그림 8.1(b)**은 2차원에서 이 방법을 설명한다. 이 방법에서 두 벡터는 좌표계의 원점에서 출발한다. 평행사변형은 그림에서 보여주는 것처럼 두 벡터를 평행이동하여 (점선과 같이) 만들 수 있고 두 벡터의 합은 평행사변형의 대각선의 길이와 방향이다. 수학적으로 표현하면, 두 벡터 $\mathbf{A}=(a_x, a_y, a_z)$와 $\mathbf{B}=(b_x, b_y, b_z)$의 합은 다음과 같다.

$$\mathbf{A}+\mathbf{B} = (a_x + b_x, a_y + b_y, a_z + b_z) \tag{8-1}$$

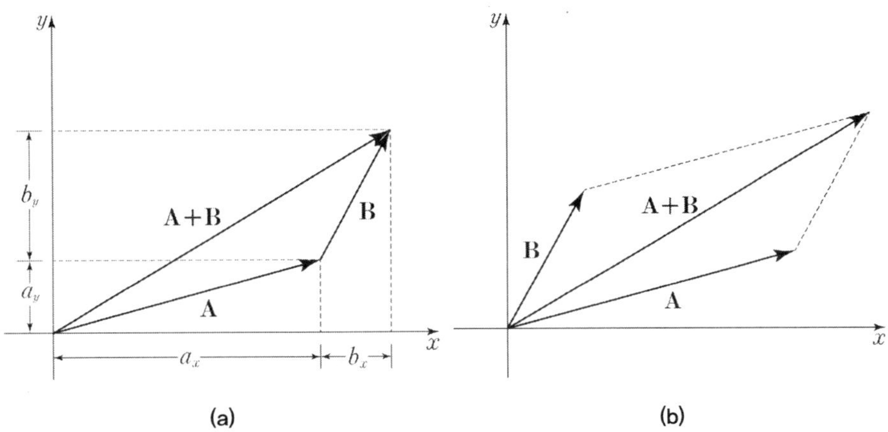

그림 8.1 벡터의 덧셈. (a) 삼각형법 (b) 평행사변형법

단위 벡터

한편 우리가 벡터를 어떤 좌표계에 놓을 때는 그 벡터를 좌표계의 여러 축을 따라 놓인 단위 벡터를 사용하여 나타내는 것이 유용하다. (하지만 모든 좌표계에서 단위 벡터들이 좌표축을 따라 놓이는 것은 아니다.) 이제 **i**, **j**, **k**를 3차원 직교좌표계의 x, y, z-축을 따라 놓인 크기가 1인 단위 벡터로 정의하자[1]. 덧셈 법칙을 사용하면, 임의의 벡터 **A**는 단위 길이를 가진 벡터 **i**, **j**, **k**를 각각에 어떤 수를 곱한 것의 합으로 나타낼 수 있다. 즉,

$$\mathbf{A} = a_x\mathbf{i}+ a_y\mathbf{j}+ a_z\mathbf{k} \tag{8-2}$$

여기서 a_x, a_y, a_z는 스칼라인 숫자이다. 벡터의 크기와 방향은 1장에서 배운 것과 동일한 방식으로 구할 수 있다. 즉, 어떤 벡터가 xy-평면에 놓여있다면 평면 극좌표 변환 식을 사

1 참고로 일부 교과서에서는 이 단위 벡터를 $\hat{\mathbf{i}}$, $\hat{\mathbf{j}}$, $\hat{\mathbf{k}}$로 표시하고 "*i* hat", "*j* hat", "*k* hat"로 발음한다.

용하고 3차원 공간에 놓여 있다면 구면 극좌표 변환 식을 사용하여 구한다. 3차원의 경우 변환 방정식은 다음과 같다.

$$|\mathbf{A}| = (a_x^2 + a_y^2 + a_z^2)^{1/2}$$

$$\theta = \cos^{-1}\left(\frac{a_z}{(a_x^2 + a_y^2 + a_z^2)^{1/2}}\right) \quad (z\text{-축으로부터 측정}) \tag{8-3}$$

$$\phi = \tan^{-1}\left(\frac{a_y}{a_x}\right) \quad (xz\text{-평면으로부터 측정})$$

예제 8.1

(a) **그림 8.2**에 그려진 벡터 $\mathbf{A} = (3, 4, 3) = 3\mathbf{i} + 4\mathbf{j} + 3\mathbf{k}$의 크기와 방향을 구하시오.

[풀이]

$$|\mathbf{A}| = \sqrt{3^2 + 4^2 + 3^2} = \sqrt{34}$$

$$\theta = \cos^{-1}\frac{3}{\sqrt{34}} = 59.04^\circ \ (z\text{-축으로부터 측정})$$

$$\phi = \tan^{-1}\frac{4}{3} = 53.13^\circ \ (xz\text{-평면으로부터 측정})$$

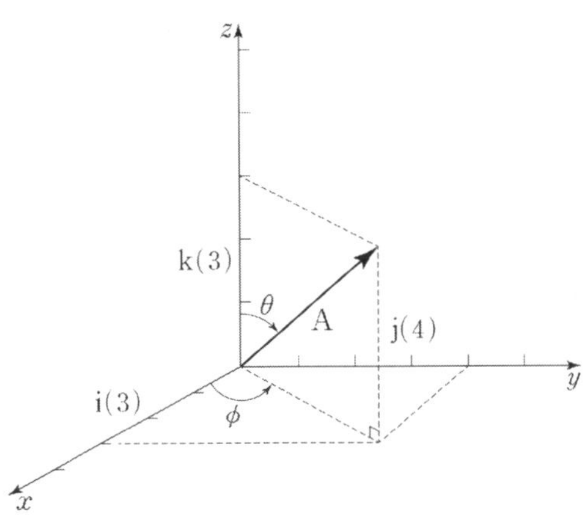

그림 8.2 벡터 $\mathbf{A} = (3, 4, 3) = 3\mathbf{i} + 4\mathbf{j} + 3\mathbf{k}$

(b) $\mathbf{A} = 2\mathbf{i} + 3\mathbf{j} + 5\mathbf{k}$, $\mathrm{B} = 4\mathbf{i} + (-2)\mathbf{j} + (-1)\mathbf{k}$일 때, 합 $\mathbf{C} = \mathbf{A} + \mathbf{B}$, 그리고 $\mathbf{C}$의 크기와 방향을 구하시오.

[풀이]

$\mathbf{A} = (a_x, a_y, a_z)$와 $\mathbf{B} = (b_x, b_y, b_z)$의 합은 다음과 같다.

$$\mathbf{A}+\mathbf{B} = (a_x + b_x, a_y + b_y, a_z + b_z)$$

$$\mathbf{C} = \mathbf{A}+\mathbf{B} = (a_x + b_x)\mathbf{i} + (a_y + b_y)\mathbf{j} + a_z + b_z\mathbf{k}$$

$$= (2+4)\mathbf{i} + (3-2)\mathbf{j} + (5-1)\mathbf{k} = (6)\mathbf{i} + (1)\mathbf{j} + (4)\mathbf{k}$$

$$|\mathbf{C}| = \sqrt{6^2 + 1^2 + 4^2} = \sqrt{53} = 7.28$$

$$\theta = \cos^{-1}\frac{4}{\sqrt{53}} = 56.67^\circ \ (z-\text{축으로부터 측정})$$

$$\phi = \tan^{-1}\frac{1}{6} = 9.46^\circ \ (xz-\text{평면으로부터 측정})$$

8.3 벡터의 곱셈

벡터를 곱하는 데는 적어도 두 가지 방법이 있다. 첫 번째 방법은 두 벡터 사이의 스칼라곱(scalar product = 점곱(dot product), 내적(inner product))을 구하는 것이다. 두 번째 방법은 두 벡터 사이의 벡터곱(vector product = 가위곱(cross product), 외적(outer product))을 구하는 것이다.

스칼라곱

θ_{AB}가 **A**와 **B** 사이의 각도($0^\circ \le \theta_{AB} \le 180^\circ$)일 때, 스칼라곱(= 점곱)은 다음 식으로 정의된다.

$$\mathbf{A} \cdot \mathbf{B} = |\mathbf{A}||\mathbf{B}|\cos\theta_{AB} \tag{8-4}$$

이 곱("**A** dot **B**"라고 읽는다)은 곱셈의 결과가 스칼라이기 때문에 스칼라곱(= 내적)이라 부른다. 이해를 돕기 위해 먼저, 단위 벡터 **i**, **j**, **k** 사이의 스칼라곱을 생각해 보자. 직교좌표계에서 두 단위 벡터 사이의 각도는 90°이고 단위 벡터들의 크기는 1이므로 다음과 같이 쓸 수 있다.

$$\begin{aligned} \mathbf{i} \cdot \mathbf{i} &= 1 & \mathbf{j} \cdot \mathbf{j} &= 1 \\ \mathbf{i} \cdot \mathbf{j} &= 0 & \mathbf{j} \cdot \mathbf{k} &= 0 \\ \mathbf{i} \cdot \mathbf{k} &= 0 & \mathbf{k} \cdot \mathbf{k} &= 1 \end{aligned} \tag{8-5}$$

식 (8-5)에 따르는 벡터들은 직교(直交, orthogonal)한다라고 말한다. 일반적으로, 두 벡터 $\mathbf{q}_i$와 $\mathbf{q}_j$가 직교하는 단위 벡터라면

$$\mathbf{q}_i \cdot \mathbf{q}_j = \delta_{ij} \text{ 여기서 } \delta_{ij} = \begin{cases} 1 & (i = j\text{인 경우}) \\ 0 & (i \neq j\text{인 경우}) \end{cases} \tag{8-6}$$

으로 쓸 수 있다. 여기서 δ_{ij}는 크로네커 델타(Kronecker delta)이다(6장 참고).

이제 두 벡터 $\mathbf{A} = a_x\mathbf{i} + a_y\mathbf{j} + a_z\mathbf{k}$와 $\mathbf{B} = b_x\mathbf{i} + b_y\mathbf{j} + b_z\mathbf{k}$ 사이의 스칼라곱을 고려해 보자.

$$\begin{aligned} \mathbf{A} \cdot \mathbf{B} &= (a_x\mathbf{i} + a_y\mathbf{j} + a_z\mathbf{k}) \cdot (b_x\mathbf{i} + b_y\mathbf{j} + b_z\mathbf{k}) \\ &= a_xb_x\mathbf{i} \cdot \mathbf{i} + a_xb_y\mathbf{i} \cdot \mathbf{j} + a_xb_z\mathbf{i} \cdot \mathbf{k} + a_yb_x\mathbf{j} \cdot \mathbf{i} + a_yb_y\mathbf{j} \cdot \mathbf{j} + a_zb_z\mathbf{j} \cdot \mathbf{k} \\ &\quad + a_zb_x\mathbf{k} \cdot \mathbf{i} + a_zb_y\mathbf{k} \cdot \mathbf{j} + a_zb_z\mathbf{k} \cdot \mathbf{k} \end{aligned}$$

식 (8-5)를 위 계산에 적용하면,

$$\mathbf{A} \cdot \mathbf{B} = a_xb_x + a_yb_y + a_zb_z \tag{8-7}$$

이며 이것은 확실히 스칼라이다.

예제 8.2

벡터 $\mathbf{A} = (1, 3, 2)$와 $\mathbf{B} = (4, -4, 1)$의 스칼라 곱을 구하시오.

[풀이]

$$\mathbf{A} \cdot \mathbf{B} = (1)(4) + (3)(-4) + (2)(1) = -6$$

벡터 곱

벡터곱, 즉 "가위"곱은 다음 식에 의해 정의된다.

$$\mathbf{A} \times \mathbf{B} = |\mathbf{A}||\mathbf{B}|\mathbf{C}\sin\theta_{AB} \tag{8-8}$$

여기서 θ_{AB}는 $\mathbf{A}$와 $\mathbf{B}$ 사이의 각도($0° \leq \theta_{AB} < 360°$)이고, $\mathbf{C}$는 $\mathbf{A}$와 $\mathbf{B}$에 의해 만들어지는 평면에 수직인 단위 벡터이다. 이 곱셈의 결과가 벡터이기 때문에 이 곱을 벡터곱이라 한다. $\mathbf{A} \times \mathbf{B}$의 방향("**A** cross **B**""로 읽음)을 구하려면 "오른손 규칙"을 사용할 수 있다. 이 규칙에 따르면, 오른손의 네 손가락을 **A**로부터 **B**로 회전시키면 **그림 8.3**에 보인 것처럼, 엄지 손가락은 가위곱 벡터의 방향을 가리키게 된다.

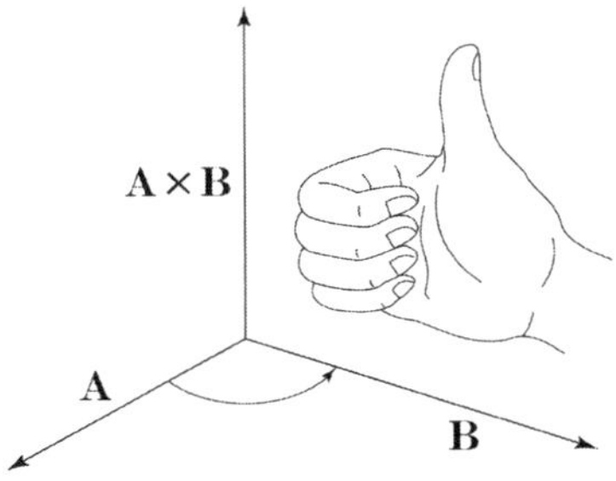

그림 8.3 오른손 규칙을 따르는 벡터곱 $\mathbf{A}\times\mathbf{B}$의 방향

이에 따라 단위 벡터 $\mathbf{i}, \mathbf{j}, \mathbf{k}$ 사이의 벡터곱을 다음과 같이 결정할 수 있다.

$$\mathbf{i} \times \mathbf{i} = 0 \quad \mathbf{i} \times \mathbf{j} = \mathbf{k} \quad \mathbf{j} \times \mathbf{j} = 0$$

$$\mathbf{j} \times \mathbf{k} = \mathbf{i} \quad \mathbf{k} \times \mathbf{k} = 0 \quad \mathbf{k} \times \mathbf{i} = \mathbf{j} \tag{8-9}$$

이들 식으로부터 일반적인 벡터 **A**와 **B**사이의 벡터곱에 대한 식을 얻을 수 있다.

$$\begin{aligned} \mathbf{A} \times \mathbf{B} &= (a_x\mathbf{i} + a_y\mathbf{j} + a_z\mathbf{k}) \cdot (b_x\mathbf{i} + b_y\mathbf{j} + b_z\mathbf{k}) \\ &= a_xb_x\mathbf{i} \times \mathbf{i} + a_xb_y\mathbf{i} \times \mathbf{j} + a_xb_z\mathbf{i} \times \mathbf{k} + a_yb_x\mathbf{j} \times \mathbf{i} + a_yb_y\mathbf{j} \times \mathbf{j} \\ &\quad + a_yb_z\mathbf{j} \times \mathbf{k} + a_zb_x\mathbf{k} \times \mathbf{i} + a_zb_y\mathbf{k} \times \mathbf{j} + a_zb_z\mathbf{k} \times \mathbf{k} \end{aligned}$$

식 (8-9)을 고려하면, 이 식은 다음과 같이 쓸 수 있다.

$$\mathbf{A} \times \mathbf{B} = (a_yb_z - a_zb_y)\mathbf{i} + (a_zb_x - a_xb_z)\mathbf{j} + (a_xb_y - a_yb_x)\mathbf{k} \tag{8-10}$$

식 (8-10)의 $\mathbf{A} \times \mathbf{B}$ 결과를 기억하는 편리한 방법은 이를 행렬식의 형태로 표현하는 것이다(9장 참고).

$$\mathbf{A} \times \mathbf{B} = \begin{vmatrix} \mathbf{i} & \mathbf{j} & \mathbf{k} \\ a_x & a_y & a_z \\ b_x & b_y & b_z \end{vmatrix}$$

예제 8.3

벡터 $\mathbf{A} = (4, 3, 2)$와 $\mathbf{B} = (-1, 2, -3)$의 벡터곱을 구하시오.

[풀이]

$$\mathbf{A} \times \mathbf{B} = \begin{vmatrix} \mathbf{i} & \mathbf{j} & \mathbf{k} \\ 4 & 3 & 2 \\ -1 & 2 & -3 \end{vmatrix}$$

$$
\begin{aligned}
\mathbf{A}\times\mathbf{B} &= [(3)(-3)-(2)(2)]\mathbf{i}-[(4)(-3)-(-1)(2)]\mathbf{j}+[(4)(2)-(-1)(3)]\mathbf{k} \\
&= (-9-4)\mathbf{i}-(-12+2)\mathbf{j}+(8+3)\mathbf{k} \\
&= (-13)\mathbf{i}+(10)\mathbf{j}+(11)\mathbf{k}
\end{aligned}
$$

벡터곱의 매우 중요한 대수적 성질 중 하나는 교환법칙(commutative law)이 성립하지 않는다는 것이다. 즉 수학적으로 $\mathbf{A}\times\mathbf{B}\neq\mathbf{B}\times\mathbf{A}$이다. 그리고 벡터곱이 반교환법칙(anticommutative law)을 따른다는 것을 보여주는 것도 어렵지 않다. 즉, $\mathbf{A}\times\mathbf{B}=-\mathbf{B}\times\mathbf{A}$이다. 따라서 벡터곱을 수행할 때는 곱하는 벡터의 순서를 주의해야 한다.

8.4 벡터의 응용

이번 절에서는 화학적으로 관심 있는 계에 벡터 분석이 적용되는 예를 고려할 것이다. 벡터 연산자에 대한 상세한 논의는 10장에서 다시 다룬다.

1. 핵의 자기 모멘트 $\boldsymbol{\mu}$와 외부 자기장 $\mathbf{H}$ 사이의 상호작용은 다음의 식으로 주어진다.

$$E=-\boldsymbol{\mu}\cdot\mathbf{H}$$

이제 상호작용 에너지의 x, y, z-축 방향 크기를 결정해 보자.

$$\boldsymbol{\mu}=\mu_x\mathbf{i}+\mu_y\mathbf{j}+\mu_z\mathbf{k}$$

$$\mathbf{H}=H_x\mathbf{i}+H_x\mathbf{j}+H_x\mathbf{k}$$

이므로

$$\boldsymbol{\mu}\cdot\mathbf{H}=\mu_xH_x+\mu_yH_y+\mu_zH_z$$

이다. 그런데

$$E = E_x + E_y + E_z$$

로 해석한다면,

$$E_x = -\mu_x H_x,\ \ E_y = -\mu_y H_{y,}\ \ E_z = -\mu_z H_z$$

이다. 여기서 $\boldsymbol{\mu}$와 **H**는 둘 다 벡터이지만 에너지는 스칼라임을 주목하자.

2. 외부 자기장 **H**에 놓인 자기 모멘트 $\boldsymbol{\mu}$를 갖는 원자의 핵에 작용하는 토크(torque)는

$$\mathbf{T} = -\boldsymbol{\mu} \cdot \mathbf{H}$$

이다. 그런데 토크는 각운동량 **L**의 변화율, 즉 $d\mathbf{L}/dt$이다.

각 운동량을 다음과 같이 쓰면,

$$\mathbf{L} = L_x\mathbf{i} + L_y\mathbf{j} + L_z\mathbf{k}$$

변화율은

$$\frac{d\mathbf{L}}{dt} = \frac{dL_x}{dt}\mathbf{i} + \frac{dL_y}{dt}\mathbf{j} + \frac{dL_z}{dt}\mathbf{k}$$

이고, 이에 따라 다음과 같이 원자 핵에 작용하는 토크의 x, y, z-축 방향 성분을 결정할 수 있다.

$$\frac{d\mathbf{L}}{dt} = -\boldsymbol{\mu} \times \mathbf{H}$$

이고, 여기서

$$\boldsymbol{\mu} \times \mathrm{H} = \begin{vmatrix} \mathbf{i} & \mathbf{j} & \mathbf{k} \\ \mu_x & \mu_y & \mu_z \\ H_x & H_y & H_z \end{vmatrix}$$

즉

$$\begin{aligned} \boldsymbol{\mu} \cdot \mathbf{H} &= [\mu_y H_z - \mu_z H_y]\mathbf{i} - [\mu_x H_z - \mu_z H_x]\mathbf{j} + [\mu_x H_y - \mu_y H_x]\mathbf{k} \\ &= [\mu_y H_z - \mu_z H_y]\mathbf{i} + [\mu_z H_x - \mu_x H_z]\mathbf{j} + [\mu_x H_y - \mu_y H_x]\mathbf{k} \\ -\boldsymbol{\mu} \cdot \mathbf{H} &= [\mu_z H_y - \mu_y H_z]\mathbf{i} + [\mu_x H_z - \mu_z H_x]\mathbf{j} + [\mu_y H_x - \mu_x H_y]\mathbf{k} \end{aligned}$$

이므로

$$\frac{dL_x}{dt} = \mu_z H_y - \mu_y H_z,\ \frac{dL_y}{dt} = \mu_x H_z - \mu_z H_x,\ \frac{dL_z}{dt} = \mu_y H_x - \mu_x H_y$$

를 얻는다.

CHAPTER

08 연습문제

1 다음 벡터의 크기와 방향을 구하시오.

(a) $\mathbf{A}=(1,3)$

(b) $\mathbf{A}=(2,2)$

(c) $\mathbf{A}=(3,-4)$

(d) $\mathbf{A}=(-2,0)$

(e) $\mathbf{A}=(-1,-6)$

(f) $\mathbf{A}=(1,1,3)$

(g) $\mathbf{A}=(2,3,4)$

(h) $\mathbf{A}=(-1,2,-1)$

(i) $\mathbf{A}=(-1,-1,-3)$

(j) $\mathbf{A}=(1,0,-1)$

2 다음 벡터 합의 결과로 얻는 벡터의 크기와 방향을 구하시오.

(a) $\mathbf{A}(1,3)+\mathbf{B}(3,1)$

(b) $\mathbf{A}(-1,2)+\mathbf{B}(2,2)$

(c) $\mathbf{A}(3,-1)+\mathbf{B}(0,4)$

(d) $\mathbf{A}(1,1,1)+\mathbf{B}(2,3,4)$

(e) $\mathbf{A}(-2,3,4)+\mathbf{B}(-1,-4,-6)$

(f) $\mathbf{A}(2,0,3)+\mathbf{B}(-3,6,-9)$

3 다음 스칼라곱의 값을 구하시오.

(a) $\mathbf{A}(1,3)\cdot\mathbf{B}(3,1)$

(b) $\mathbf{A}(-1,2)\cdot\mathbf{B}(2,2)$

(c) $\mathbf{A}(3,-1)\cdot\mathbf{B}(0,4)$

(d) $\mathbf{A}(1,1,1)\cdot\mathbf{B}(2,3,4)$

(e) $\mathbf{A}(-2,3,4)\cdot\mathbf{B}(-1,-4,-6)$

(f) $\mathbf{A}(2,0,3)\cdot\mathbf{B}(-3,6,-9)$

4 다음 벡터곱의 결과로 얻는 벡터의 크기와 방향을 구하시오.

(a) $\mathbf{A}(1,3)\times\mathbf{B}(3,1)$

(b) $\mathbf{A}(-1,2)\times\mathbf{B}(2,2)$

(c) $\mathbf{A}(3,-1)\times\mathbf{B}(0,4)$

(d) $\mathbf{A}(1,1,1)\times\mathbf{B}(2,3,4)$

(e) $\mathbf{A}(-2,3,4)\times\mathbf{B}(-1,-4,-6)$

(f) $\mathbf{A}(2,0,3)\times\mathbf{B}(-3,6,-9)$

5 $\mathbf{A}+(\mathbf{B}+\mathbf{C})=(\mathbf{A}+\mathbf{B})+\mathbf{C}$임을 보이시오.

6 벡터의 스칼라곱은 교환 법칙이 성립되지만 벡터곱은 그렇지 않음을 보이시오. 즉, $\mathbf{A} \cdot \mathbf{B} = \mathbf{B} \cdot \mathbf{A}$ 이지만 $\mathbf{A} \times \mathbf{B} \neq \mathbf{B} \times \mathbf{A}$임을 보이시오.

7 $\mathbf{A} \cdot \mathbf{A} = |\mathbf{A}|^2$임을 보이시오.

8 각운동량은 방정식 $\mathbf{L} = \mathbf{r} \times \mathbf{p}$ 로 쓸 수 있으며, 여기서 $\mathbf{p} = p_x\mathbf{i} + p_y\mathbf{j} + p_z\mathbf{k}$ 는 움직이는 물체의 선형 운동량이고 $\mathbf{r} = x\mathbf{i} + y\mathbf{j} + z\mathbf{k}$은 운동 곡률의 반지름이다. 각운동량을 $\mathbf{L} = L_x\mathbf{i} + L_y\mathbf{j} + L_z\mathbf{k}$로 표현하였을 때, x, y, z 방향의 각운동량 성분을 구하시오.

9 4차원에서 네 개의 단위 벡터 $\mathbf{q}_1$, $\mathbf{q}_2$, $\mathbf{q}_3$, $\mathbf{q}_4$가 직교할 때, 벡터 $\mathbf{A} = \frac{1}{2}\mathbf{q}_1 + \frac{1}{2}\mathbf{q}_2 + \frac{1}{2}\mathbf{q}_3 + \frac{1}{2}\mathbf{q}_4$ 와 $\mathbf{B} = \frac{1}{2}\mathbf{q}_1 - \frac{1}{2}\mathbf{q}_2 + \frac{1}{2}\mathbf{q}_3 - \frac{1}{2}\mathbf{q}_4$가 직교함을 보이시오.

CHAPTER

09

행렬과 행렬식

9.1 도입

행렬(行列, matrix)은 여러 숫자를 2차원 배열로 나타낸 것으로 특정 유형의 화학 문제를 풀 때 유용하고 편리하다. 행렬은 수평축과 수직축에 동일한 개수의 숫자를 가진 정사각형 형태일 수도 있고 다른 개수를 가진 직사각형 형태일 수도 있다. 수평축의 숫자들은 행(行, row)이라 하며 수직축의 숫자들은 열(列, column)이라 부르며, m 행과 n 열을 가진 행렬은 다음 식

$$\mathbf{A}=\begin{pmatrix} a_{11} & a_{12} & a_{13} & \dots & a_{1n} \\ a_{21} & a_{22} & a_{23} & \dots & a_{2n} \\ \vdots & & & & \vdots \\ a_{m1} & a_{m2} & a_{m3} & \dots & a_{mn} \end{pmatrix}$$

으로 표현된다. 여기서 $a_{ij}=a_{11}, a_{12}, a_{13}, \dots$은 행렬의 원소라 하고, 이 행렬을 차수$(m, n)$의 행렬 또는 $m \times n$행렬이라 부른다. 그리고 가장 간단한 형태의 행렬은 행 행렬

$$\mathbf{B}=(b_1\ b_2\ b_3 \cdots b_n)$$

과 열 행렬

$$\mathbf{C}=\begin{pmatrix} c_1 \\ c_2 \\ \vdots \\ c_n \end{pmatrix}$$

이다. 행렬은 매우 유용한 성질을 가지고 있으며 특별한 대수 관계식을 만족시킨다. 그러나 이 대수 규칙의 주제에 들어가기 전에 특정 유형의 행렬인 정방 행렬(正方行列, square matrix)에 잠시 집중해 보자.

9.2 정방 행렬과 행렬식

앞서 언급했듯이 정방 행렬은 같은 수의 행과 열을 갖는 행렬이다. 정방 행렬 안에 있는 행 또는 열의 수는 행렬의 차수이다. 따라서 3차 정방 행렬은 3개의 행과 3개의 열을 갖는 행렬이다.

우리는 정방행렬에 대하여 행렬식(determinant)을 정의할 수 있으며, 그 값은 실수이다. 2차 행렬의 행렬식은

$$D = \begin{vmatrix} a & b \\ c & d \end{vmatrix} = ad - bc \tag{9-1}$$

이며, 여기서 a, b, c, d는 행렬의 원소이다. 주목해야 할 점은 행렬 자체는 어떤 하나의 수치를 나타내는 것이 아니라는 것이다. 행렬이 어떤 하나의 수치, 즉 특정 값 하나를 나타내야 한다면 그것은 행렬 그 자체가 아닌 그것의 행렬식이어야 한다. 식 (9-1)의 적용 사례를 다음의 예제에서 살펴보자.

예제 9.1

(a) 행렬식 $\begin{vmatrix} 3 & 1 \\ 4 & 2 \end{vmatrix}$의 값을 구하시오.

[풀이]

$$\begin{vmatrix} 3 & 1 \\ 4 & 2 \end{vmatrix} = (3)(2) - (4)(1) = 2$$

(b) 행렬식 $\begin{vmatrix} 5 & 6 \\ -1 & -4 \end{vmatrix}$의 값을 구하시오.

[풀이]

$$\begin{vmatrix} 5 & 6 \\ -1 & -4 \end{vmatrix} = (5)(-4) - (-1)(6) = -14$$

(c) 행렬식 $\begin{vmatrix} \sin\theta & \cos\theta \\ -\cos\theta & \sin\theta \end{vmatrix}$의 값을 구하시오.

[풀이]

$$\begin{vmatrix} \sin\theta & \cos\theta \\ -\cos\theta & \sin\theta \end{vmatrix} = \sin^2\theta + \cos^2\theta = 1$$

한편 3차 이상의 행렬식의 값을 구하기 위해서는 여인수(餘因數)의 방법(method of cofactors)을 사용해야 한다. 또, 3 × 3 행렬식의 값을 구하는 데는 특별히 쉬운 방법은 하나 있는데, 이것은 부록 V에 따로 제시해 두었다.

다음 행렬식에 여인수의 방법을 적용해 보자.

$$D = \begin{vmatrix} a_{11} & a_{12} & a_{13} \\ a_{21} & a_{22} & a_{23} \\ a_{31} & a_{32} & a_{33} \end{vmatrix}$$

원소 a_{ij}의 여인수는 원래 행렬식으로부터 i 번째 행과 j 번째 열이 제거함으로써 만들어지는 행렬식에 $(-1)^{i+j}$를 곱한 것과 같다. 그리고 일반적으로 행렬식은 어떤 특정 행(열)의 "원소와 그 여인수의 곱"들의 합으로 표현된다. 이를 여인수로 전개한다고 말한다. 예를 들어, 첫 번째 행이 그 특정 행이라면, 그 합은 다음과 같이 쓸 수 있다.

$$D = \begin{vmatrix} a_{11} & a_{12} & a_{13} \\ a_{21} & a_{22} & a_{23} \\ a_{31} & a_{32} & a_{33} \end{vmatrix} = a_{11}\begin{vmatrix} a_{22} & a_{23} \\ a_{32} & a_{33} \end{vmatrix} - a_{12}\begin{vmatrix} a_{21} & a_{23} \\ a_{31} & a_{33} \end{vmatrix} + a_{13}\begin{vmatrix} a_{21} & a_{22} \\ a_{31} & a_{32} \end{vmatrix}$$

두 번째 또는 세 번째 행의 원소와 여인수를 사용할 수도 있다. 이때 우리는 계산 과정에서 잠시 다른 숫자로 된 표현을 거치게 되겠지만, 최종적으로는 동일한 결과를 얻는다.

만약 여인수로 전개했을 때 생성되는 새로운 행렬식이 3차 이상이면, 행렬식이 2차가 될 때까지 전개 과정을 반복한다. 이 예에서는 생성된 행렬식이 이미 2차이므로, 간단히 다음과 같이 쓸 수 있다.

$$D = a_{11}(a_{22}a_{33} - a_{32}a_{23}) - a_{12}(a_{21}a_{33} - a_{31}a_{23}) + a_{13}(a_{21}a_{32} - a_{31}a_{22})$$

예제 9.2

행렬식 $\begin{vmatrix} 1 & 4 & 3 & 2 \\ 6 & 1 & 1 & 3 \\ -1 & 4 & 5 & -6 \\ 2 & 1 & 2 & -3 \end{vmatrix}$ 의 값을 구하시오.

[풀이]

여인수로 전개하면, 다음을 얻는다.

$$\begin{aligned}
\begin{vmatrix} 1 & 4 & 3 & 2 \\ 6 & 1 & 1 & 3 \\ -1 & 4 & 5 & -6 \\ 2 & 1 & 2 & -3 \end{vmatrix} &= (1)\begin{vmatrix} 1 & 1 & 3 \\ 4 & 5 & -6 \\ 1 & 2 & -3 \end{vmatrix} - (4)\begin{vmatrix} 6 & 1 & 3 \\ -1 & 5 & -6 \\ 2 & 2 & -3 \end{vmatrix} \\
&\quad + (3)\begin{vmatrix} 6 & 1 & 3 \\ -1 & 4 & -6 \\ 2 & 1 & -3 \end{vmatrix} - (2)\begin{vmatrix} 6 & 1 & 1 \\ -1 & 4 & 5 \\ 2 & 1 & 2 \end{vmatrix} \\
&= (1)(1)\begin{vmatrix} 5 & -6 \\ 2 & -3 \end{vmatrix} - (1)(1)\begin{vmatrix} 4 & -6 \\ 1 & -3 \end{vmatrix} \\
&\quad + (1)(3)\begin{vmatrix} 4 & 5 \\ 1 & 2 \end{vmatrix} - (4)(6)\begin{vmatrix} 5 & -6 \\ 2 & -3 \end{vmatrix} \\
&\quad + (4)(1)\begin{vmatrix} -1 & -6 \\ 2 & -3 \end{vmatrix} - (4)(3)\begin{vmatrix} -1 & 5 \\ 2 & 2 \end{vmatrix} \\
&\quad + (3)(6)\begin{vmatrix} 4 & -6 \\ 1 & -3 \end{vmatrix} - (3)(1)\begin{vmatrix} -1 & -6 \\ 2 & -3 \end{vmatrix} \\
&\quad + (3)(3)\begin{vmatrix} -1 & 4 \\ 2 & 1 \end{vmatrix} - (2)(6)\begin{vmatrix} 4 & 5 \\ 1 & 2 \end{vmatrix} \\
&\quad + (2)(1)\begin{vmatrix} -1 & 5 \\ 2 & 2 \end{vmatrix} - (2)(1)\begin{vmatrix} -1 & 4 \\ 2 & 1 \end{vmatrix} \\
&= (1)(-3) - (1)(-6) + (3)(3) - (24)(-3) \\
&\quad + (4)(15) - (12)(-12) + (18)(-6) \\
&\quad - (3)(15) + (9)(-9) - (12)(3) \\
&\quad + (2)(-12) - (2)(-9) = 12
\end{aligned}$$

9.3 행렬 대수

이제 행렬과 행렬식이 따르는 몇 가지 대수 규칙을 살펴보자. 이러한 규칙에 대한 증명은 참고 도서를 찾아보기 바라며, 여기서는 단순히 그 규칙을 설명하기로만 한다.

1. 정방 행렬의 행과 열을 바꿀 경우, 행렬의 행렬식 값은 변하지 않는다.

$$\begin{vmatrix} a_{11} & a_{12} & a_{13} \\ a_{21} & a_{22} & a_{23} \\ a_{31} & a_{32} & a_{33} \end{vmatrix} = \begin{vmatrix} a_{11} & a_{21} & a_{31} \\ a_{12} & a_{22} & a_{32} \\ a_{13} & a_{23} & a_{33} \end{vmatrix}$$

2. 정방 행렬의 임의의 두 행 또는 두 열을 교환할 경우, 행렬식의 부호가 바뀐다.

$$\begin{vmatrix} a_{11} & a_{12} & a_{13} \\ a_{21} & a_{22} & a_{23} \\ a_{31} & a_{32} & a_{33} \end{vmatrix} = - \begin{vmatrix} a_{11} & a_{13} & a_{12} \\ a_{21} & a_{23} & a_{22} \\ a_{31} & a_{33} & a_{32} \end{vmatrix}$$

3. 정방 행렬의 임의의 두 행 또는 두 열이 같으면 행렬식의 값은 0이다.

$$\begin{vmatrix} a_{11} & a_{11} & a_{13} \\ a_{21} & a_{21} & a_{23} \\ a_{31} & a_{31} & a_{33} \end{vmatrix} = 0$$

4. 정방 행렬 행렬식의 임의의 행 또는 열의 원소에 동일한 숫자 k를 곱하면, 그 행렬식의 값은 원래 행렬식에 k를 곱한 것과 같다.

$$\begin{vmatrix} a_{11} & a_{12} & a_{13} \\ ka_{21} & ka_{22} & ka_{23} \\ a_{31} & a_{32} & a_{33} \end{vmatrix} = k \begin{vmatrix} a_{11} & a_{12} & a_{13} \\ a_{21} & a_{22} & a_{23} \\ a_{31} & a_{32} & a_{33} \end{vmatrix}$$

5. 정방 행렬 행렬식의 임의의 행(또는 열)의 원소에 동일한 숫자 k를 곱하고 다른 행(또는 열)의 원소에 그 곱을 더하더라도, 행렬식의 값은 변경되지 않는다.

$$\begin{vmatrix} a_{11}+ka_{12} & a_{12} & a_{13} \\ a_{21}+ka_{22} & a_{22} & a_{23} \\ a_{31}+ka_{32} & a_{32} & a_{33} \end{vmatrix} = \begin{vmatrix} a_{11} & a_{12} & a_{13} \\ a_{21} & a_{22} & a_{23} \\ a_{31} & a_{32} & a_{33} \end{vmatrix}$$

6. 두 행렬은 각 행렬의 대응하는 원소를 더함으로써 그 덧셈이 수행된다. 행렬의 덧셈은 첫 번째 행렬의 행과 열 개수가 두 번째 행렬의 행과 열 개수와 각각 같은 경우에만 정의된다. 즉,

$$\begin{pmatrix} a_{11} & a_{12} & a_{13} \\ a_{21} & a_{22} & a_{23} \end{pmatrix} + \begin{pmatrix} b_{11} & b_{12} & b_{13} \\ b_{21} & b_{22} & b_{23} \end{pmatrix} = \begin{pmatrix} a_{11}+b_{11} & a_{12}+b_{12} & a_{13}+b_{13} \\ a_{21}+b_{21} & a_{22}+b_{22} & a_{23}+b_{23} \end{pmatrix}$$

7. 두 행렬의 곱은 다음 방식에 따른다.

$$\begin{pmatrix} a_{11} & a_{12} & a_{13} \\ a_{21} & a_{22} & a_{23} \\ a_{31} & a_{32} & a_{33} \end{pmatrix} \begin{pmatrix} b_{11} & b_{12} & b_{13} \\ b_{21} & b_{22} & b_{23} \\ b_{31} & b_{32} & b_{33} \end{pmatrix} =$$

$$\begin{pmatrix} a_{11}b_{11}+a_{12}b_{21}+a_{13}b_{31} & a_{11}b_{12}+a_{12}b_{22}+a_{13}b_{32} & a_{11}b_{13}+a_{12}b_{23}+a_{13}b_{33} \\ a_{21}b_{11}+a_{22}b_{21}+a_{23}b_{31} & a_{21}b_{12}+a_{22}b_{22}+a_{23}b_{32} & a_{21}b_{13}+a_{22}b_{23}+a_{23}b_{33} \\ a_{31}b_{11}+a_{32}b_{21}+a_{33}b_{31} & a_{31}b_{12}+a_{32}b_{22}+a_{33}b_{32} & a_{31}b_{13}+a_{32}b_{23}+a_{33}b_{33} \end{pmatrix}$$

우리는 첫 번째 행렬의 열의 개수가 두 번째 행렬의 행의 개수와 동일한 경우에만 행렬의 곱셈이 정의된다는 것을 알 수 있다.

또한, 만약 **A**가 원소 a_{ij}를 갖는 $m \times r$ 행렬이고 **B**가 원소 b_{ij}를 갖는 $r \times n$ 행렬이라면, 두 행렬의 곱 **C = AB**는 다음의 원소를 갖는 $m \times n$ 행렬이 될 것이다

$$c_{ij} = \sum_k a_{ik} b_{kj}$$

방금 설명한 일곱 가지 규칙 중에서 사실 마지막 일곱 번째 규칙이 행렬의 가장 기본적

인 성질로 알려져 있다. 행렬의 곱셈이 정의되는 방식이 이렇기 때문에 자연스럽게 행렬의 곱셈에는 교환법칙이 일반적으로 성립하지 않는다. 즉, **AB**와 **BA**는 일반적으로 같지 않다. Werner Heisenberg와 Max Born이 현재 우리가 하이젠베르크의 불확정성 원리라 부르는 것을 이끌어낸 것은 바로 이 기본 성질로부터 시작한 것이었다.

예제 9.3

(a) $\begin{pmatrix} 1 & 2 \\ 3 & 4 \end{pmatrix}\begin{pmatrix} 5 & 6 \\ 7 & 8 \end{pmatrix} = \begin{pmatrix} (1)(5)+(2)(7) & (1)(6)+(2)(8) \\ (3)(5)+(4)(7) & (3)(6)+(4)(8) \end{pmatrix}$

$$= \begin{pmatrix} 19 & 22 \\ 43 & 50 \end{pmatrix}$$

(b) $\begin{pmatrix} a_{11} & a_{12} \\ a_{21} & a_{22} \end{pmatrix}\begin{pmatrix} c_1 \\ c_2 \end{pmatrix} = \begin{pmatrix} a_{11}c_1 + a_{12}c_2 \\ a_{21}c_1 + a_{22}c_2 \end{pmatrix}$

(c) $(a_1 \ \ a_2)\begin{pmatrix} c_1 \\ c_2 \end{pmatrix} = (a_1c_1 + a_2c_2)$

특별한 유형의 행렬 곱셈은 행렬이 대각선을 따라 블록으로 0이 아닌 원소를 가질 때 생긴다. 예를 들어, 다음 행렬(블록 대각 행렬(block diagonal matrix))의 곱셈을 고려해 보자.

$$\left(\begin{array}{cc|c|cc} 1 & 2 & 0 & 0 & 0 \\ 3 & 4 & 0 & 0 & 0 \\ \hline 0 & 0 & 8 & 0 & 0 \\ \hline 0 & 0 & 0 & 1 & 4 \\ 0 & 0 & 0 & -5 & 6 \end{array}\right)\left(\begin{array}{cc|c|cc} -3 & -3 & 0 & 0 & 0 \\ 4 & 0 & 0 & 0 & 0 \\ \hline 0 & 0 & 2 & 0 & 0 \\ \hline 0 & 0 & 0 & 4 & -1 \\ 0 & 0 & 0 & -1 & 3 \end{array}\right)$$

이 경우 행렬의 곱셈은 각 블록 단위로 개별적으로 수행할 수 있다.

$$\begin{pmatrix} 1 & 2 \\ 3 & 4 \end{pmatrix}\begin{pmatrix} -3 & -3 \\ 4 & 0 \end{pmatrix} = \begin{pmatrix} 5 & -3 \\ 7 & -9 \end{pmatrix}$$

$$(8)(2) = (16)$$

$$\begin{pmatrix} 1 & 4 \\ -5 & 6 \end{pmatrix}\begin{pmatrix} 4 & -1 \\ -1 & 3 \end{pmatrix} = \begin{pmatrix} 0 & 11 \\ -26 & 23 \end{pmatrix}$$

따라서 답은 다음과 같다.

$$\begin{pmatrix} 5 & -3 & 0 & 0 & 0 \\ 7 & -9 & 0 & 0 & 0 \\ 0 & 0 & 16 & 0 & 0 \\ 0 & 0 & 0 & 0 & 11 \\ 0 & 0 & 0 & -26 & 23 \end{pmatrix}$$

그리고 0이 아닌 원소는 행렬의 대각선을 따라서만 존재하고 그 밖의 다른 모든 원소는 0인 행렬을 대각 행렬(diagonal matrix)이라 한다. 대각선에 존재하는 0이 아닌 원소가 모두 1인 경우 행렬은 단위 행렬(unit matrix)이라 한다. 따라서, 3 × 3 단위 행렬은 다음과 같다.

$$\mathbf{I} = \begin{pmatrix} 1 & 0 & 0 \\ 0 & 1 & 0 \\ 0 & 0 & 1 \end{pmatrix}$$

A가 임의의 행렬일 때 우리는 행렬 곱셈으로 다음 식을 쉽게 증명할 수 있다.

$$\mathbf{IA} = \mathbf{A}$$

만약 **A**가 정방 행렬이고 **A**의 행렬식이 0이 아니라면, **A**는 정칙(正則, regular) 또는 비특이(非特異, nonsingular) 행렬이라 한다[1]. 만약 **A**가 정칙 행렬이라면, 다음 식을 만족하는 역행렬 $\mathbf{A}^{-1}$(inverse matrix)가 존재한다.

$$\mathbf{A}^{-1}\mathbf{A} = \mathbf{AA}^{-1} = \mathbf{I}$$

행렬의 역행렬를 구하는 가장 편리한 방법은 방정식 $\mathbf{A}^{-1}\mathbf{A} = \mathbf{I}$ 를 컴퓨터 프로그램으로 푸는 것이다.

1 특이 행렬(singular)은 행렬식 값이 0인 행렬로 정의된다.

예제 9.4

정칙 행렬 $\begin{pmatrix} 0 & -1 \\ 1 & 0 \end{pmatrix}$의 역행렬을 구하시오.

[풀이]

먼저 다음 방정식을 푼다.

$$\begin{pmatrix} a & b \\ c & d \end{pmatrix}\begin{pmatrix} 0 & -1 \\ 1 & 0 \end{pmatrix} = \begin{pmatrix} 1 & 0 \\ 0 & 1 \end{pmatrix}$$

행렬 곱셈의 규칙을 사용하면, 다음을 얻는다.

$$0 + b = 1, \text{ 그러므로 } b = 1$$
$$-a + 0 = 0, \text{ 그러므로 } a = 0$$
$$0 + d = 0, \text{ 그러므로 } d = 0$$
$$-c + 0 = 1, \text{ 그러므로 } c = -1$$

그러므로 역행렬은 다음과 같다.

$$\begin{pmatrix} 0 & 1 \\ -1 & 0 \end{pmatrix}$$

9.4 선형 연립 방정식의 해

다음 선형 연립 방정식을 고려해 보자.

$$\begin{aligned} a_{11}x_1 + a_{12}x_2 + a_{13}x_3 + \dots + a_{1n}x_n &= c_1 \\ a_{21}x_1 + a_{22}x_2 + a_{23}x_3 + \dots + a_{2n}x_n &= c_2 \\ &\vdots \\ a_{n1}x_1 + a_{n2}x_2 + a_{n3}x_3 + \dots + a_{nn}x_n &= c_n \end{aligned} \tag{9-2}$$

우리는 식 (9-2)의 좌변을 두 행렬의 곱으로 우변을 하나의 행렬로 나타낼 수 있다.

$$\begin{pmatrix} a_{11} & a_{12} & a_{13} & \dots & a_{1n} \\ a_{21} & a_{22} & a_{23} & \dots & a_{2n} \\ \vdots & \vdots & \vdots & & \vdots \\ a_{n1} & a_{n2} & a_{n3} & \dots & a_{nn} \end{pmatrix} \begin{pmatrix} x_1 \\ x_2 \\ \vdots \\ x_n \end{pmatrix} = \begin{pmatrix} c_1 \\ c_2 \\ \vdots \\ c_n \end{pmatrix} \tag{9-3}$$

방정식의 계수들로 이루어진 행렬의 행렬식은

$$D = \begin{vmatrix} a_{11} & a_{12} & a_{13} & \dots & a_{1n} \\ a_{21} & a_{22} & a_{23} & \dots & a_{2n} \\ \vdots & \vdots & \vdots & & \vdots \\ a_{n1} & a_{n2} & a_{n3} & \dots & a_{nn} \end{vmatrix}$$

이며, 앞 절의 규칙 4에 의해 양변에 x_1을 곱하면 다음을 얻을 수 있다.

$$Dx_1 = \begin{vmatrix} a_{11}x_1 & a_{12} & a_{13} & \dots & a_{1n} \\ a_{21}x_1 & a_{22} & a_{23} & \dots & a_{2n} \\ \vdots & \vdots & \vdots & & \vdots \\ a_{n1}x_1 & a_{n2} & a_{n3} & \dots & a_{nn} \end{vmatrix}$$

이제 2번째 열의 각 원소에 x_2를, 3번째 열의 각 원소에 x_3을 곱하는 식으로 계속 진행한 후 1번째 열에 모두 더한다. 그런데 여기서 우리는 규칙 5에 의해 행렬식의 값이 변하지 않는다는 것을 안다. 즉,

$$Dx_1 = \begin{vmatrix} a_{11}x_1 + a_{12}x_2 + \dots + a_{1n}x_n & a_{12} & a_{13} & \dots & a_{1n} \\ a_{21}x_1 + a_{22}x_2 + \dots + a_{2n}x_n & a_{22} & a_{23} & \dots & a_{2n} \\ \vdots & \vdots & \vdots & & \vdots \\ a_{n1}x_1 + a_{n2}x_2 + \dots + a_{nn}x_n & a_{n2} & a_{n3} & \dots & a_{nn} \end{vmatrix}$$

첫 번째 열에 식 (9-2)을 대입하면, 다음을 얻는다.

$$Dx_1 = \begin{vmatrix} c_1 & a_{12} & a_{13} & \dots & a_{1n} \\ c_2 & a_{22} & a_{23} & \dots & a_{2n} \\ \vdots & \vdots & \vdots & & \vdots \\ c_n & a_{n2} & a_{n3} & \dots & a_{nn} \end{vmatrix} = D_1$$

같은 논리를 계속 적용하면, $Dx_2 = D_2, Dx_3 = D_3$ 등을 얻을 수 있다. 여기서 D_i는 행렬식 D의 i 번째 열 각 원소를 $c_1, c_2, c_3, \dots$등으로 바꾼 행렬식이다. 따라서, 만약 $D \neq 0$이라면, 주어진 연립 방정식의 해는 다음과 같다.

$$x_1 = \frac{D_1}{D},\ x_2 = \frac{D_2}{D},\ x_3 = \frac{D_3}{D} \quad \text{등등}$$

이 선형 연립 방정식의 풀이 방법을 우리는 크라머의 규칙(Cramer's rule)이라 한다.

예제 9.5

크라머의 규칙을 사용하여 다음 방정식의 해를 구하시오.

$$\begin{aligned} x+y+z &= 2 \\ 3x+y-2z &= -5 \\ 2x-y-3z &= -5 \end{aligned}$$

[풀이]

먼저 다음과 같이 행렬식을 계산한다.

$$D = \begin{vmatrix} 1 & 1 & 1 \\ 3 & 1 & -2 \\ 2 & -1 & -3 \end{vmatrix} = -5 \qquad D_1 = \begin{vmatrix} 2 & 1 & 1 \\ -5 & 1 & -2 \\ -5 & -1 & -3 \end{vmatrix} = -5$$

$$D_2 = \begin{vmatrix} 1 & 2 & 1 \\ 3 & -5 & -2 \\ 2 & -5 & -3 \end{vmatrix} = 10 \qquad D_3 = \begin{vmatrix} 1 & 1 & 2 \\ 3 & 1 & -5 \\ 2 & -1 & -5 \end{vmatrix} = -15$$

따라서 해는 다음과 같다.

$$x = \frac{-5}{-5} = 1,\ y = \frac{10}{-5} = -2,\ z = \frac{-15}{-5} = 3$$

이제 $c_1, c_2, c_3, \dots$값이 0인 특별한 경우의 선형방정식을 고려해 보자.

$$\begin{aligned} a_{11}x_1 + a_{12}x_2 + a_{13}x_3 + \dots + a_{1n}x_n &= 0 \\ a_{21}x_1 + a_{22}x_2 + a_{23}x_3 + \dots + a_{2n}x_n &= 0 \\ &\vdots \\ a_{n1}x_1 + a_{n2}x_2 + a_{n3}x_3 + \dots + a_{nn}x_n &= 0 \end{aligned} \tag{9-4}$$

이 방정식을 행렬 형태로 쓰면,

$$\begin{pmatrix} a_{11} & a_{12} & a_{13} & \dots & a_{1n} \\ a_{21} & a_{22} & a_{23} & \dots & a_{2n} \\ \vdots & \vdots & \vdots & & \vdots \\ a_{n1} & a_{n2} & a_{n3} & \dots & a_{nn} \end{pmatrix} \begin{pmatrix} x_1 \\ x_2 \\ \vdots \\ x_n \end{pmatrix} = 0$$

즉, 다음과 같다.

$$\mathbf{Ax} = 0$$

크라머의 규칙을 사용하여 이 방정식을 푼다면, 자명한(trivial) 해($x_1 = x_2 = x_3 = \dots = x_n = 0$)를 얻게 된다. 만약 자명하지 않은 해(0이 아닌 해)를 원한다면, A의 행렬식은 0이어야 한다. 즉, A는 특이 행렬(singular matrix)이어야 한다. 다음 절에서는 행렬의 특성 방정식을 살펴보고 이 개념에 대해 조금 더 배울 것이다.

9.5 행렬의 특성 방정식

앞 절의 끝에서 다룬 방정식과 같은 선형 방정식은 다음과 같은 행렬식으로도 쓸 수 있다.

$$\mathbf{Ac} = \lambda\mathbf{c} \tag{9-5}$$

여기서 λ는 행렬 **A**의 고윳값이라고 불리는 스칼라 상수이고, **c**는 행렬 **A**가 결정하는 열 행렬인데 이것은 고유 벡터(eigenvector)라 불리는 벡터이다. 이 행렬 방정식에 따르면, 열 행렬(벡터) **c**에 미치는 행렬 **A**의 영향은 **c**의 각 원소에 스칼라 상수 λ를 곱하는 것일 뿐이다. 그런데 상수 λ는 **c**의 길이를 변하게는 하지만 방향을 바꾸지는 않는다. (상수 λ가 음수이면 반대 방향을 향하는 벡터가 되지만 진정한 의미에서 다른 방향은 아니다.)

식 (9-5)는 다음과 같이 쓸 수 있다.

$$(\mathbf{A}-\lambda\mathbf{I})\mathbf{c}=0 \tag{9-6}$$

우리가 4절에서 보았듯이 식 (9-6)이 자명한 해 ($c_1 = c_2 = c_3 = ... = 0$) 이외의 해를 갖기 위해서는 행렬 ($\mathbf{A}-\lambda\mathbf{I}$)는 특이 행렬이어야 한다. 즉, $\det(\mathbf{A}-\lambda\mathbf{I}) = 0$ 이어야 한다. 행렬식 $\det(\mathbf{A}-\lambda\mathbf{I})$를 명시적 형태로 쓰면 다음과 같다.

$$\begin{vmatrix} a_{11}-\lambda_1 & a_{12} & \cdots & a_{1n} \\ a_{21} & a_{22}-\lambda_2 & \cdots & a_{2n} \\ \vdots & \vdots & & \vdots \\ a_{n1} & a_{n2} & \cdots & a_{nn}-\lambda_n \end{vmatrix} = 0 \tag{9-7}$$

식 (9-7)로 표현된 행렬식은 영년 행렬식(secular determinant), 결과로 얻는 선형 방정식은 영년 방정식(secular equation)이라 불린다. 우리는 여인수의 방법을 사용하여 이 $n\times n$행렬식을 풀 수 있는데, 이 영년 방정식은 다음과 같은 n차 다항식이다.

$$\lambda_i^n + a_1\lambda_i^{n-1} + a_2\lambda_i^{n-2} + ... + a_{n-1}\lambda_i + a_n = 0 \tag{9-8}$$

또한, 영년 방정식 (9-8)은 행렬 **A**의 특성 방정식(characteristic equation)이라고도 불린다. 방정식 (9-8)의 여러 근은 행렬 **A**의 고윳값 스펙트럼(eigenvalue spectrum)이라 불린다. 각 고윳값 λ_i에 대하여 우리는 대응하는 고유 벡터 $\mathbf{c}_i$를 찾을 수 있다. 즉, n개의 고윳값이 있다면 다음과 같이 n개의 고윳값 방정식이 존재한다.

$$\mathbf{Ac}_1 = \lambda_1\mathbf{c}_1$$

$$\mathbf{Ac}_2 = \lambda_2\mathbf{c}_2$$

$$\mathbf{Ac}_3 = \lambda_3\mathbf{c}_3$$

$$\vdots$$

$$\mathbf{Ac}_n = \lambda_n\mathbf{c}_n \tag{9-9}$$

여기서 각 벡터 $\mathbf{c}_i$는 열 행렬이다. 그리고 식 (9-9)는 다음의 행렬식 하나로 표현될 수 있다.

$$\mathbf{AC} = \mathbf{C\Lambda} \tag{9-10}$$

즉,

$$\begin{pmatrix} a_{11} & a_{12} & \dots & a_{1n} \\ a_{21} & a_{22} & \dots & a_{2n} \\ \vdots & \vdots & & \vdots \\ a_{n1} & a_{n2} & \dots & a_{nn} \end{pmatrix}\begin{pmatrix} c_{11} & c_{12} & \dots & c_{1n} \\ c_{21} & c_{22} & \dots & c_{2n} \\ \vdots & \vdots & & \vdots \\ c_{n1} & c_{n2} & \dots & c_{nn} \end{pmatrix}$$

$$= \begin{pmatrix} c_{11} & c_{12} & \dots & c_{1n} \\ c_{21} & c_{22} & \dots & c_{2n} \\ \vdots & \vdots & & \vdots \\ c_{n1} & c_{n2} & \dots & c_{nn} \end{pmatrix}\begin{pmatrix} \lambda_1 & 0 & \dots & 0 \\ 0 & \lambda_2 & \dots & 0 \\ \vdots & \vdots & & \vdots \\ 0 & 0 & \dots & \lambda_n \end{pmatrix}$$

만약 $\det \mathbf{C} \neq 0$(즉, $\mathbf{C}$가 비특이(정칙) 행렬이라면), 역행렬 $\mathbf{C}^{-1}$은 존재하고, 식 (9-10)의 양변에 역행렬 $\mathbf{C}^{-1}$을 곱하면 다음과 같은 식을 얻는다.

$$\mathbf{C}^{-1}\mathbf{AC} = \mathbf{C}^{-1}\mathbf{C\Lambda} = \mathbf{\Lambda} \tag{9-11}$$

그러므로 우리는 고유 벡터들이 하나의 행렬로 합해진 것, 즉 행렬 $\mathbf{C}$를 이용하여 행렬 $\mathbf{A}$를 대각화할 수 있다는 것을 알 수 있다. 어떤 행렬을 대각화하여 고윳값과 고유 벡터를 찾는 것은 화학에서 분자 궤도함수를 구할 때 등장하는 가장 중요한 유형의 문제이다. (고윳값과 연산자의 관계에 대해서는 10장에서 자세히 다룬다)

예제 9.6

간단한 휘켈(Hückel) 분자궤도 함수 이론의 문제에서는 영년 방정식과 관련된 행렬의 고윳값 방정식을 먼저 써야 한다. 다음 행렬 방정식은 그 예 중 하나이다.

$$\begin{pmatrix} \alpha-E & \beta & 0 \\ \beta & \alpha-E & \beta \\ 0 & \beta & \alpha-E \end{pmatrix}\begin{pmatrix} c_1 \\ c_2 \\ c_3 \end{pmatrix}=0$$

고윳값 E를 구하기 위해서는 이 행렬을 대각 행렬 형태로 놓아야 한다. 이것을 행렬 대각화라 한다. (참고로 우리는 여기에 간단한 형태의 행렬 방정식을 썼지만, 이 행렬의 특성 방정식이 3개의 고윳값, 그리고 각 고윳값에서 성분 c_1, c_2, c_3을 가진 고유 벡터가 존재함을 알고 있도록 하자.) 이 문제에서 α와 β는 적분값을 나타내는데, 각각 쿨롱 적분(coulomb integral)과 공명 적분(resonance integral)으로 불린다. 한편 일반적으로는 앞서 우리가 얘기했던 것과 조금 다른 경우도 발생할 수 있는데, 이때는 여러 고윳값 E 중의 일부가 같은 경우에 해당한다. 모든 고윳값이 서로 다르지 않을 때 행렬을 대각화하기 어려울 수도 있다. 또, 성분 c_1, c_2, c_3를 구하기 위한 식이 독립적이지 않고 서로 의존적이어서 고유 벡터를 구하는 데 어려움이 있을 수 있다. 이런 경우는 우리에게 약간 도전적인 특별한 문제(연습 문제 16번 참고)가 된다.
곧 알게 되겠지만 다행스럽게도 이 예제의 행렬 특성 방정식에서는 모든 고윳값이 서로 다르다. 자명한 해 (즉, $c_1=c_2=c_3=0$) 이외의 해를 얻기 위해서 이 정방 행렬은 특이 행렬이어야 한다. 즉,

$$\begin{vmatrix} \alpha-E & \beta & 0 \\ \beta & \alpha-E & \beta \\ 0 & \beta & \alpha-E \end{vmatrix}=0$$

좌변의 행렬식을 β^3으로 나누고 다시 β^3을 곱하면 좌변의 값은 그대로이다. 그리고 $x=(\alpha-E)/\beta$로 놓으면 이 행렬식은 더 쉽게 풀 수 있는 다음과 같은 모습이 된다.

$$\beta^3\begin{vmatrix} \dfrac{\alpha-E}{\beta} & 1 & 0 \\ 1 & \dfrac{\alpha-E}{\beta} & 1 \\ 0 & 1 & \dfrac{\alpha-E}{\beta} \end{vmatrix}=0=\begin{vmatrix} x & 1 & 0 \\ 1 & x & 1 \\ 0 & 1 & x \end{vmatrix}$$

여인수의 방법을 사용하여 행렬의 특성 방정식을 구하면 다음과 같다.

$$x^3 - 2x = 0$$

이로부터 세 개의 근 $x = 0, \pm 2$를 얻는다. 각 근은 특정 고윳값(이 경우는 궤도 함수의 에너지) $E_1 = \alpha + \sqrt{2}\beta$, $E_2 = \alpha$, $E_3 = \alpha - \sqrt{2}\beta$ 에 해당한다. 그리고 각각의 고윳값에 각기 다른 고유 벡터의 성분 c_i가 있다. 각 에너지에 해당하는 고유 벡터의 성분을 찾기 위해 우리는 에너지 값을 차례대로 원래 행렬 방정식에 대입하여 계수를 구한다. 예를 들어, 방정식에 $E_1 = \alpha + \sqrt{2}\beta$를 대입하면,

$$\begin{array}{ccccccc} (\alpha - E)c_1 & + & \beta c_2 & + & 0 & = & 0 \\ \beta c_1 & + & (\alpha - E)c_2 & + & \beta c_3 & = & 0 \\ 0 & + & \beta c_2 & + & (\alpha - E)c_3 & = & 0 \end{array}$$

$c_1 = (1/\sqrt{2})c_2$와 $c_1 = c_3$의 정보를 얻는다. 위의 세 방정식이 서로 독립적이지 않기 때문에 우리는 이들 성분 각각의 값을 구할 수는 없지만 이들의 비는 구할 수 있다. 즉, 우리는 세 개의 미지수에 두 개의 방정식만을 갖고 있다. 따라서 또 하나의 방정식이 있어야 하는데, 그것은 고유 벡터가 정규화되어 있다는 다음 조건으로 주어진다. 즉,

$$\sum c_i^2 = 1$$

따라서 이 예제에서는 $c_1^2 + c_2^2 + c_3^2 = 1$이다. 이 식에 위의 두 식을 대입하면 $c_1 = c_3 = 1/2$과 $c_2 = \sqrt{2}/2$의 결과를 얻는다. 다른 고윳값의 고유 벡터에 대한 성분도 같은 방식으로 얻을 수 있다.

CHAPTER

09 연습문제

1 다음 행렬식의 값을 구하시오.

(a) $\begin{vmatrix} 1 & 2 \\ 3 & 4 \end{vmatrix}$ (b) $\begin{vmatrix} 6 & 1 \\ -1 & -1 \end{vmatrix}$ (c) $\begin{vmatrix} 4 & -3 \\ 0 & 1 \end{vmatrix}$

(d) $\begin{vmatrix} 1 & 0 \\ 0 & 1 \end{vmatrix}$ (e) $\begin{vmatrix} x & 1 \\ 1 & x \end{vmatrix}$ (f) $\begin{vmatrix} \sec\theta & \tan\theta \\ \tan\theta & \sec\theta \end{vmatrix}$

(g) $\begin{vmatrix} 1 & 2 & 3 \\ 3 & 0 & 1 \\ -1 & 4 & 2 \end{vmatrix}$ (h) $\begin{vmatrix} 4 & 2 & 1 \\ -1 & 6 & 3 \\ -1 & 5 & -1 \end{vmatrix}$ (i) $\begin{vmatrix} x & 1 & 0 \\ 1 & x & 1 \\ 0 & 1 & x \end{vmatrix}$

(j) $\begin{vmatrix} 4 & 3 & 1 & -1 \\ 6 & 1 & 0 & -3 \\ 1 & 5 & 2 & -2 \\ 8 & 6 & -5 & 0 \end{vmatrix}$ (k) $\begin{vmatrix} x & b & 0 & 0 \\ b & x & b & 0 \\ 0 & b & x & b \\ 0 & 0 & b & x \end{vmatrix}$

2 다음 행렬식을 풀어 x를 구하시오.

(a) $\begin{vmatrix} x & 1 \\ 1 & x \end{vmatrix} = 0$ (b) $\begin{vmatrix} x & -2 \\ 1 & x \end{vmatrix} = 6$ (c) $\begin{vmatrix} 2x & 4 \\ 2 & x \end{vmatrix} = 2$

(d) $\begin{vmatrix} x & 1 & 1 \\ 1 & x & 1 \\ 1 & 1 & x \end{vmatrix} = 2$ (e) $\begin{vmatrix} x & 1 & 1 & 1 \\ 1 & x & 0 & 0 \\ 1 & 0 & x & 0 \\ 1 & 0 & 0 & x \end{vmatrix} = 0$

3 다음 두 행렬의 덧셈을 수행하시오.

$$\begin{pmatrix} 1 & 1 & 4 & 3 \\ -1 & 0 & 1 & 2 \\ -1 & 2 & 4 & -3 \\ 5 & 6 & 3 & 5 \end{pmatrix} + \begin{pmatrix} 4 & 0 & -4 & 3 \\ 6 & 3 & -7 & 5 \\ -1 & 1 & -1 & 0 \\ -5 & 2 & 6 & 7 \end{pmatrix}$$

4 다음 두 행렬의 곱셈을 수행하시오.

(a) $\begin{pmatrix} 1 & 4 \\ 3 & 2 \end{pmatrix}\begin{pmatrix} 6 & -3 \\ -3 & 1 \end{pmatrix}$ (b) $\begin{pmatrix} 1 & 0 \\ 0 & 1 \end{pmatrix}\begin{pmatrix} 4 & -1 \\ 2 & 3 \end{pmatrix}$

(c) $\begin{pmatrix} 3 & 0 & 3 \\ 4 & -1 & -1 \\ 1 & 2 & 5 \end{pmatrix}\begin{pmatrix} 1 & 1 & 1 \\ -2 & 1 & 6 \\ 3 & 4 & 5 \end{pmatrix}$ (d) $\begin{pmatrix} 1 & 4 & 1 \\ 0 & 1 & 2 \\ 2 & 4 & -3 \end{pmatrix}\begin{pmatrix} 0 & -4 & 3 \\ 6 & 3 & 7 \\ 2 & 6 & 7 \end{pmatrix}$

(e) $\begin{pmatrix} 1 & 8 & 4 \\ -2 & 3 & 0 \\ 5 & -1 & -1 \end{pmatrix}\begin{pmatrix} x \\ y \\ z \end{pmatrix}$

5 두 행렬 $\mathbf{A}=\begin{pmatrix} 1 & 1 & 4 \\ 2 & -6 & 10 \\ 4 & -1 & -1 \end{pmatrix}$와 $\mathbf{B}=\begin{pmatrix} 6 & 1 & 0 \\ 4 & 2 & -1 \\ 8 & -4 & 3 \end{pmatrix}$을 가지고, $\mathbf{AB} \neq \mathbf{BA}$임을 보이시오.

6 크라머의 규칙을 사용하여, 다음 연립 방정식의 해를 구하시오.

(a)
$$x+y=3$$
$$4x-3y=5$$

(b)
$$x+2y+3z=-5$$
$$-x-3y+z=-14$$
$$2x+y+z=1$$

(c)
$$x+2y-z+t=2$$
$$x-2y+z-3t=6$$
$$2x+y+2z+t=-4$$
$$3x+3y+z-2t=10$$

(d)
$$x\sin\theta+y\cos\theta=x'$$
$$-x\cos\theta+y\sin\theta=y'$$

7 다음 연립 방정식에 대하여는 오직 자명한(trivial) 해만이 존재함을 보이시오.

$$x+y=0$$
$$x-y=0$$

8 행렬 $\mathbf{E}=\begin{pmatrix} 1 & 0 & 0 \\ 0 & 1 & 0 \\ 0 & 0 & 1 \end{pmatrix}$가 벡터 $\begin{pmatrix} x \\ y \\ z \end{pmatrix}$를 그 자신 $\begin{pmatrix} x \\ y \\ z \end{pmatrix}$로 변환함을 보이시오.

9 행렬 $\mathbf{C}_2=\begin{pmatrix}-1 & 0 & 0\\ 0 & -1 & 0\\ 0 & 0 & 1\end{pmatrix}$가 벡터 $\begin{pmatrix}x\\ y\\ z\end{pmatrix}$를 $\begin{pmatrix}-x\\ -y\\ z\end{pmatrix}$로 변환함을 보이시오.

10 행렬 $\mathbf{C}_3=\begin{pmatrix}-\frac{1}{2} & \frac{\sqrt{3}}{2} & 0\\ -\frac{\sqrt{3}}{2} & -\frac{1}{2} & 0\\ 0 & 0 & 1\end{pmatrix}$의 역이 $\mathbf{C}_3^{-1}=\begin{pmatrix}-\frac{1}{2} & -\frac{\sqrt{3}}{2} & 0\\ \frac{\sqrt{3}}{2} & -\frac{1}{2} & 0\\ 0 & 0 & 1\end{pmatrix}$임을 증명하시오.

11 다음 행렬의 역을 구하시오.

$$\begin{pmatrix}1 & 0 & -1\\ 3 & 2 & 4\\ -2 & 1 & 0\end{pmatrix}$$

12 다음 행렬을 대각 형렬 형태로 변화하시오. 즉, 대각화하시오.

$$\mathbf{A}=\begin{pmatrix}1 & \sqrt{6}\\ \sqrt{6} & 2\end{pmatrix}$$

13 다음 고유 벡터 행렬 $\mathbf{C}=\begin{pmatrix}\frac{\sqrt{6}}{\sqrt{15}} & \frac{\sqrt{6}}{\sqrt{10}}\\ \frac{3}{\sqrt{15}} & \frac{-2}{\sqrt{10}}\end{pmatrix}$가 12번 문제의 행렬 $\mathbf{A}$를 대각화한다는 것을 보이시오. 즉, 행렬 곱 $\mathbf{C}^{-1}\mathbf{AC}=\mathbf{\Lambda}$을 수행하여 $\mathbf{\Lambda}$가 $\mathbf{A}$의 대각 변환임을 보이시오.

14 λ가 스칼라일 때, $\mathbf{c}$와 $\lambda\mathbf{c}$가 공간에서 평행하는 벡터임을 보이시오.

15 다음 행렬 $\mathbf{C}$와 역행혈 $\mathbf{C}^{-1}$

$$\mathbf{C}=\begin{pmatrix} \frac{1}{2} & \frac{\sqrt{2}}{2} & \frac{1}{2} \\ \frac{\sqrt{2}}{2} & 0 & -\frac{\sqrt{2}}{2} \\ \frac{1}{2} & -\frac{\sqrt{2}}{2} & \frac{1}{2} \end{pmatrix}, \mathbf{C}^{-1}=\begin{pmatrix} \frac{1}{2} & \frac{\sqrt{2}}{2} & \frac{1}{2} \\ \frac{\sqrt{2}}{2} & 0 & -\frac{\sqrt{2}}{2} \\ \frac{1}{2} & -\frac{\sqrt{2}}{2} & \frac{1}{2} \end{pmatrix}$$

가 행렬

$$\begin{pmatrix} \alpha-E & \beta & 0 \\ \beta & \alpha-E & \beta \\ 0 & \beta & \alpha-E \end{pmatrix}$$

을 대각 행렬로 변환하며, 이 대각 행렬의 원소가 특성 방정식의 근임을 보이시오.

16 다음 영년 방정식을 풀어 E를 α와 β로 표현하시오.

$$\begin{aligned} (\alpha-E)c_1 + \beta c_2 + \beta c_3 &= 0 \\ \beta c_1 + (\alpha-E)c_2 + \beta c_3 &= 0 \\ \beta c_1 + \beta c_2 + (\alpha-E)c_3 &= 0 \end{aligned}$$

각 E 값에 대해 c_1, c_2, c_3의 관계식을 구하고, 고유 벡터는 정규화되어야 한다 ($\sum c_i^2 = 1$)는 사실을 이용하여 각 에너지 상태의 c_1, c_2, c_3의 값을 구하시오.

CHAPTER

10

연산자

10.1 도입

연산자(演算子, operator)는 하나의 함수를 다른 하나의 함수로 변환하는 과정을 나타내는 기호이다. 예를 들어, 함수 $f(x)$에 적용되는 연산자 $\widehat{\mathbf{D}} = \partial/\partial x$ 는 x에 대해 $f(x)$의 일차 도함수를 취한다는 것을 나타낸다. 다음은 몇몇 연산자의 예이다.

$$\Delta:\quad \Delta f(x) = f(x+h) - f(x)$$
$$\sum:\quad \sum f(x) = f_1(x) + f_2(x) + f_3(x) + \ldots$$
$$\prod:\quad \prod f(x) = f_1(x) \cdot f_2(x) \cdot f_3(x) \cdot \ldots$$

둘 이상의 연산자가 함수에 적용될 때는 함수에 가장 가까운 연산자가 함수에 먼저 적용되고 새 함수가 만들어진 후 그다음으로 가까운 연산자가 이 새 함수에 적용되어 또 다른 새 함수를 만드는 식으로 연산이 계속된다. 예를 들어, 연산자 $\widehat{\mathbf{D}}_x = \partial/\partial x$와 $\widehat{\mathbf{D}}_y = \partial/\partial y$를 $f(x,y) = x^3y^2$에 적용해 보자. 한 가지 방식은

$$\widehat{\mathbf{D}}_x \widehat{\mathbf{D}}_y (x^3y^2) = \widehat{\mathbf{D}}_x (2x^3y) = 6x^2y$$

이며, 다른 한 가지 방식은

$$\widehat{\mathbf{D}}_y \widehat{\mathbf{D}}_x (x^3y^2) = \widehat{\mathbf{D}}_y (3x^2y^2) = 6x^2y$$

이다. 이 예와 같이 연산의 결과가 두 연산자가 적용된 순서에 무관하다면(독립적이라면), 이 두 연산자는 서로 교환한다(commute)고 말한다. 즉,

$$\widehat{\mathbf{D}}_x \widehat{\mathbf{D}}_y f(x,y) = \widehat{\mathbf{D}}_y \widehat{\mathbf{D}}_x f(x,y)$$

또는

$$[\hat{\mathbf{D}}_x\hat{\mathbf{D}}_y - \hat{\mathbf{D}}_x\hat{\mathbf{D}}_y]f(x, y) = 0 \tag{10-1}$$

이라 쓴다. 여기서 대괄호 [ ]는 교환자 대괄호(commutator bracket)라고 부르며, 이 대괄호의 식(이 대괄호 자체가 하나의 연산자임)은 두 연산자의 교환자(commutator)라 한다. 한편, 함수 $f(x, y)$를 식 (10-1)의 좌변에서 제거하지 않았음을 주목하는 것은 매우 중요하다. (양변을 함수 $f(x, y)$로 나누어 그렇게 할 수 있을 것 같지만) 식 (10-1)은 연산자 방정식이고, 이것은 연산자 $[\hat{\mathbf{D}}\hat{\mathbf{D}}_y - \hat{\mathbf{D}}_x\hat{\mathbf{D}}_y]$가 임의의 함수 $f(x, y)$에 적용되었을 때, 그 값이 0임을 의미한다.

일반적으로 연산자 $\hat{\mathbf{A}}$과 $\hat{\mathbf{B}}$가

$$[\hat{\mathbf{A}}\hat{\mathbf{B}} - \hat{\mathbf{B}}\hat{\mathbf{A}}]f(x) = 0 \tag{10-2}$$

를 만족한다면[1] 두 연산자는 교환된다고 말한다. 그런데 교환자가 (임의의 함수에 적용되었을 때) 0이 아닌 경우, 연산자가 적용되는 순서가 결과에 영향을 미치므로 연산자의 순서를 항상 주의해야 한다.

미분 연산자와 같은 일부 연산자는 하나의 함수에 두 번 이상 적용될 수 있다. 예를 들어, 연산자 $\hat{\mathbf{D}}_x = \partial/\partial x$를 함수 $f(x, y)$에 두 번 적용하면 x에 대한 함수의 2차 도함수를 얻는다.

$$\hat{\mathbf{D}}_x\hat{\mathbf{D}}_x f(x) = \hat{\mathbf{D}}_x^2 f(x) = \frac{\partial}{dx}\left(\frac{\partial f}{\partial x}\right) = \frac{\partial^2 f}{\partial x^2}$$

만약 하나의 연산자가 두 개 이상의 항을 가지고 있다면, 이 연산자를 두 번 이상 적용할 때 특별한 주의가 필요하다. 예를 들어, 평면 극좌표계에서 연산자 $\partial/\partial x$를 고려해 보자.

1 식 (10-2)는 함수를 제외하고 더 짧은 형태인 $\hat{\mathbf{A}}\hat{\mathbf{B}} - \hat{\mathbf{B}}\hat{\mathbf{A}} = 0$으로도 쓰고, 심지어 $[\hat{\mathbf{A}}, \hat{\mathbf{B}}] = 0$으로도 쓰기도 한다. 그러나 이 짧고 극단적인 형태들이 의미하는 것이 정확히는 식 (10-2)임을 잊어서는 안 된다. 짧은 형태는 학생들에게 함수없이 연산자로만 연산할 수 있다는 오해를 불러일으킨다.

$$\hat{\mathbf{D}}_x = \frac{\partial}{\partial x} = \cos\theta\frac{\partial}{\partial r} - \frac{\sin\theta}{r}\frac{\partial}{\partial\theta}$$

연산 $\hat{\mathbf{D}}_x^2 f$ 는 연산자 $\hat{\mathbf{D}}_x$가 함수 f에 두 번 적용되는 것을 단순히 의미한다. 첫 번째 적용으로

$$\hat{\mathbf{D}}_x f(r,\theta) = \left(\cos\theta\frac{\partial f}{\partial r} - \frac{\sin\theta}{r}\frac{\partial f}{\partial\theta}\right)$$

를 얻는다. 두 번째 적용은 약간 까다로운데, 이는 첫 번째 적용에서 얻은 각 항을 함수의 곱으로 간주하고 미분해야 하기 때문이다. 두 번째 적용으로

$$\hat{\mathbf{D}}_x^2 f(r,\theta) = \left(\cos\theta\frac{\partial}{\partial r} - \frac{\sin\theta}{r}\frac{\partial}{\partial\theta}\right)\left(\cos\theta\frac{\partial f}{\partial r} - \frac{\sin\theta}{r}\frac{\partial f}{\partial\theta}\right)$$

을 쓸 수 있다. 그런데 우변에서 연산자 $\hat{\mathbf{D}}_x$의 각 항은 $\hat{\mathbf{D}}_x f(r,\theta)$의 두 항에 적용된다. 즉,

$$\begin{aligned}
\hat{\mathbf{D}}_x^2 f(r,\theta) &= \cos\theta\frac{\partial}{\partial r}\left(\cos\theta\frac{\partial f}{\partial r}\right) + \cos\theta\frac{\partial}{\partial r}\left(-\frac{\sin\theta}{t}\frac{\partial f}{\partial\theta}\right) \\
&\quad - \frac{\sin\theta}{r}\frac{\partial}{\partial\theta}\left(\cos\theta\frac{\partial f}{\partial r}\right) - \frac{\sin\theta}{r}\frac{\partial}{\partial\theta}\left(-\frac{\sin\theta}{r}\frac{\partial f}{\partial\theta}\right) \\
&= \cos^2\theta\frac{\partial}{\partial r}\left(\frac{\partial f}{\partial r}\right) - \sin\theta\cos\theta\frac{\partial}{\partial r}\left(\frac{1}{r}\frac{\partial f}{\partial\theta}\right) \\
&\quad - \frac{\sin\theta}{r}\frac{\partial}{\partial\theta}\left(\cos\theta\frac{\partial f}{\partial r}\right) + \frac{\sin\theta}{r^2}\frac{\partial}{\partial\theta}\left(\sin\theta\frac{\partial f}{\partial\theta}\right) \\
&= \cos^2\theta\frac{\partial^2 f}{\partial r^2} - \sin\theta\cos\theta\left(\frac{1}{r}\frac{\partial^2 f}{\partial r\,\partial\theta} - \frac{1}{r^2}\frac{\partial f}{\partial\theta}\right) \\
&\quad - \frac{\sin\theta}{r}\left(\cos\theta\frac{\partial^2 f}{\partial\theta\,\partial r} - \sin\theta\frac{\partial f}{\partial r}\right) + \frac{\sin\theta}{r^2}\left(\sin\theta\frac{\partial^2 f}{\partial\theta^2} + \cos\theta\frac{\partial f}{\partial\theta}\right)
\end{aligned}$$

위 식의 첫 번째 항에서 $\cos\theta$는 $\partial/\partial r$ 연산자를 통과해 나와 $\cos^2\theta(\partial f/\partial r^2)$로 쉽게 만들어지지만, $\partial/\partial r(1/r\,\partial f/\partial\theta)$와 같은 다른 항은 $1/r$과 $f(r,\theta)$가 모두 r에 대한 함수이기 때문에 반드시 함수의 곱으로 간주한 후 미분해야 한다. 혼합 2차 도함수의 교환 성질을 이해하고서 최종적으로 항들을 정리하면,

$$\widehat{\mathbf{D}}_x^2 f(r,\theta) = \cos^2\theta\frac{\partial^2 f}{\partial\theta^2} - \frac{2\sin\theta\cos\theta}{r}\frac{\partial^2 f}{\partial r\,\partial\theta} + \frac{2\sin\theta\cos\theta}{r^2}\frac{\partial f}{\partial\theta}$$

$$+\frac{\sin^2\theta}{r}\frac{\partial f}{\partial r} + \frac{\sin^2\theta}{r^2}\frac{\partial^2 f}{\partial\theta^2}$$

을 얻는다.

10.2 벡터 연산자

우리는 일반 물리학과 같은 기초 교과목에서 힘의 x, y, z 방향 성분, 즉 F_x, F_y, F_z가 퍼텐셜 에너지 $V(x,y,z)$와 다음 식으로 관련되어 있음을 배운 바 있다.

$$F_x = -\frac{\partial}{\partial x}V(x,y,z)$$

$$F_y = -\frac{\partial}{\partial y}V(x,y,z)$$

$$F_z = -\frac{\partial}{\partial z}V(x,y,z)$$

전체 힘은 벡터이므로

$$\mathbf{F} = F_x\mathbf{i} + F_y\mathbf{j} + F_z\mathbf{k}$$

이며, 따라서

$$\mathbf{F} = -\left(\frac{\partial V}{\partial x}\mathbf{i} + \frac{\partial V}{\partial y}\mathbf{j} + \frac{\partial V}{\partial z}\mathbf{k} \right) \tag{10-3}$$

이다. 그런데 식 (10-3)은 다음과 같이 연산자를 포함한 형태로 쓸 수 있다.

$$\mathbf{F} = \left(\frac{\partial}{\partial x}\mathbf{i} + \frac{\partial}{\partial y}\mathbf{j} + \frac{\partial}{\partial z}\mathbf{k} \right) V = -\nabla V$$

여기서 ∇V("del V"로 읽음)는 스칼라 함수 V의 기울기(gradient)이며,

$$\nabla = \frac{\partial}{\partial x}\mathbf{i} + \frac{\partial}{\partial y}\mathbf{j} + \frac{\partial}{\partial z}\mathbf{k} \tag{10-4}$$

연산자 ∇는 기울기 연산자(gradient operator)로 부른다. 이 예제의 V는 스칼라이지만 V에 ∇가 적용되면 벡터 ∇V가 만들어진다는 것을 주목하자. 그러므로 힘은 퍼텐셜 에너지의 음의 기울기이다.

한편, 연산자 ∇V는 임의의 벡터 함수 **A**와의 스칼라 곱을 할 수 있는데, $\nabla \cdot \mathbf{A}$와 같은 곱을 벡터 **A**의 발산(divergence)이라 한다. ϕ를 임의의 스칼라 함수라 하면 ϕ의 기울기의 발산은 직교 좌표계에서 다음과 같이 쓸 수 있다.

$$\nabla \cdot \nabla \phi = \nabla^2 \phi = \frac{\partial^2 \phi}{\partial x^2} + \frac{\partial^2 \phi}{\partial y^2} + \frac{\partial^2 \phi}{\partial z^2} \tag{10-5}$$

여기서 스칼라 연산자

$$\nabla^2 = \frac{\partial^2}{\partial x^2} + \frac{\partial^2}{\partial y^2} + \frac{\partial^2}{\partial z^2} \tag{10-6}$$

는 라플라스(Laplacian) 연산자로 부른다.

예제 10.1

어떤 계의 총 에너지를 운동량과 퍼텐셜 에너지로 표현하면

$$E = \frac{p^2}{2m} + V = \frac{1}{2m}(p_x^2 + p_y^2 + p_z^2) + V$$

이며, 여기서 p_q는 운동량, m은 질량, V는 계의 퍼텐셜 에너지이다. 고전 역학적으로 관측 가능한 물리량을 적절한 양자 역학적인 연산자, 즉, $p_q \to (h/2\pi i)(\partial/\partial q)$과 $V \to \hat{\mathrm{V}}$로 바꾸어 총 에너지 연산자 $\hat{\mathrm{H}}$를 쓰시오.

[풀이]

운동량 연산자 $p_q \to (h/2\pi i)(\partial/\partial q)$의 제곱은 2차 도함수 연산자 $p_q \to -(h^2/4\pi^2)(\partial^2/\partial q^2)$이다. 그러므로

$$\hat{\mathrm{H}} = \frac{-h^2}{8\pi^2 m}\left(\frac{\partial^2}{\partial x^2} + \frac{\partial^2}{\partial y^2} + \frac{\partial^2}{\partial z^2}\right) + \hat{\mathrm{V}} = -\frac{h^2}{8\pi^2 m}\nabla^2 + \hat{\mathrm{V}}$$

이며, $\hat{\mathrm{H}}$은 해밀턴(Hamiltonian) 연산자라 부른다.

10.3 고윳값 방정식 재방문

9장에서 우리는 선형 연립 방정식의 행렬 표현, 즉

$$\mathbf{Ac} = \lambda\mathbf{c}$$

를 다루었다. 여기서 λ는 행렬 **A**의 고윳값이며 **c**는 고유 벡터이다. 행렬 **A**가 **c**에 미치는 효과는 열 행렬인 **c**의 각 원소에 상수 λ를 곱하는 것이기 때문에 우리는 행렬 **A**를 연산자로 간주할 수 있다. 우리는 이러한 고윳값 방정식이 순수 행렬 수학 분야에 국한되지 않고 응용 수학의 많은 분야에서 일반적으로 많이 사용된다는 것을 안다. 사실 우리는 다음 일반 형태를 갖는 모든 연산자 방정식을 고윳값 방정식(eigenvalue equation)으로 정의할 수 있다.

$$\hat{\mathbf{A}}\phi = a\phi \tag{10-7}$$

여기서 연산자 $\hat{\mathbf{A}}$는 고유함수로 불리는 함수 ϕ에 적용되어 ϕ에 곱해지는 고윳값 a를 만드는 연산자이다. 예를 들어, 미분 방정식

$$\frac{d}{dx}(e^{mx}) = me^{mx}$$

은 고윳값 방정식이다.

연산자가 여러 개의 고유함수를 갖는 것도 가능한데, 예를 들어, 함수 $e^{mx}, e^{-mx}, e^{imx}, e^{-imx}$, $\sin mx, \cos mx$는 모두 연산자 $\hat{\mathbf{D}}_x^2 = \partial^2/\partial_x^2$의 고유함수이다. 그러나 여기서 일부 함수는 문제의 조건에 적절하지 않은 해일 수 있다. 이는 함수에 경계 조건(boundary conditions)이라는 제한이 부여되기 때문이다.

7장에서 배운 미분 방정식과 편미분 방정식의 풀이법으로 고유 방정식을 풀 수 있다. 다음 예제를 살펴보자.

예제 10.2

(a) 함수 $\phi(r) = e^{-ar}$이 연산자 $\hat{\mathbf{D}}^2 = \partial^2/\partial r^2$의 고유함수임을 보이시오. 고윳값이 존재한다면, 구하시오.

[풀이]

만약 $\phi(r) = e^{-ar}$이 $\hat{\mathbf{D}}^2$의 고유함수이면, 이 함수는 다음 고유방정식을 만족해야 한다.

$$\hat{\mathbf{D}}^2\phi = k\phi$$

여기서 상수 k는 고윳값이다. ϕ를 r에 대해 미분하면, 다음을 얻을 수 있다.

$$\hat{\mathbf{D}}\phi = -ae^{-ar}$$

$$\hat{\mathbf{D}}^2\phi = a^2e^{-ar} = a^2\phi$$

따라서 우리는 함수 $\phi(r) = e^{-ar}$이 고윳값 방정식을 만족하며 $k = a^2$이 고윳값임을 알 수 있다.

(b) 1차원 슈뢰딩거 방정식은

$$\frac{d^2\psi}{dx^2} + \frac{8\pi^2 m}{h^2}(E - V)\psi = 0$$

이며, 여기서 h, m, E는 상수이다. 슈뢰딩거 방정식이 고윳값 방정식임을 보이시오. 그리고 연산자를 확인하고 고윳값을 구하시오. (힌트: 이 방정식에서 d^2/dx^2과 V는 둘 다 연산자이다)

[풀이]

이 슈뢰딩거 방정식은 다음과 같이 고윳값 방정식 형태로 만들 수 있다.

$$\frac{d^2\psi}{dx^2} + \frac{8\pi^2 mE}{h^2}\psi - \frac{8\pi^2 mV}{h^2}\psi = 0$$

$$-\frac{h^2}{8\pi^2 m}\frac{d^2\psi}{dx^2} - E\psi + V\psi = 0$$

$$\left(-\frac{h^2}{8\pi^2 m}\frac{d^2}{dx^2} + V\right)\psi = E\psi$$

우리는 괄호 안의 연산자가 1차원의 해밀턴 연산자 $\hat{\mathbf{H}}$임을 알고 있다(2절 참고). 그리고 해밀턴 연산자의 고윳값은 에너지 E이다.

헤밀턴 연산자의 예로부터 우리는 한 가지 일반적인 연산자 성질을 이해할 수 있다. $\hat{\mathbf{D}}$를 둘 이상의 연산자와 합. 즉, $\hat{\mathbf{D}} = \hat{\mathbf{D}}_1 + \hat{\mathbf{D}}_2 + \hat{\mathbf{D}}_3 + \ldots$으로 간주하면 $\hat{\mathbf{D}}f(x) = (\hat{\mathbf{D}}_1 + \hat{\mathbf{D}}_2 + \hat{\mathbf{D}}_3 + \ldots)f(x) = \hat{\mathbf{D}}_1 f(x) + \hat{\mathbf{D}}_2 f(x) + \hat{\mathbf{D}}_3 f(x) + \ldots$이 된다.

10.4 에르미트 연산자

화학의 분자 궤도함수 이론을 비롯한 대부분의 양자 역학 문제에서 자주 만나게 되는 고윳값 방정식은 다음과 같은 일반 형태를 가진다.

$$L(u) + \lambda w u = 0 \tag{10-8}$$

일반적으로 연산자 L은 함수 u에 적용되는 2차 미분 연산자이고, 상수 λ는 고윳값, w는 가중 인자(weighting factor)이다. 그리고 다음 형태의 2차 미분식

$$\hat{\mathbf{L}}u = f\frac{d^2u}{dx^2} + g\frac{du}{dx} + hu$$

에서 f, g, h가 x의 함수이고 일반적으로 $g = df/dx$이면 우리는 이 미분식을 자기수반(自己隨伴, self-adjoint) 미분식이라 부른다. 만약 이 미분 연산자가 자기수반 연산자가 아니라면, 우리는 $\int((g-(df/dx))/f)dx$를 곱하여 자기수반 연산자로 만들 수 있다. 예를 들어, 7장의 르장드르(Legendre) 방정식은 이미 자기수반 미분식이다. 에르미트(Hermite) 방정식은 e^{-x^2}을 곱하여 자기수반으로 만들 수 있다. 그리고 자기 수반 연산자는 특별히 다음의 중요한 규칙을 따르는 것으로 알려져 있다.

$$\int_{\text{all space}} u^* \hat{\mathbf{P}} \nu d\tau = \int_{\text{all space}} \nu \hat{\mathbf{P}}^* u^* d\tau \tag{10-9}$$

즉, u와 ν가 τ의 일반적인 함수일 때, 연산자 $\hat{\mathbf{P}}$가 위의 조건을 만족한다면 이 연산자는 에르미트(Hermitian) 연산자라 한다. 여기서 기호 *는 켤레 복소수를 나타낸다.

예제 10.3

운동량 연산자 $\hat{\mathbf{p}}_q = (h/2\pi i)(\partial/\partial q)$가 에르미트 연산자임을 보이시오.

$$\int u^* \hat{\mathbf{p}}_q \nu dq = \frac{h}{2\pi i}\int u^* \frac{\partial \nu}{\partial q} dq$$

[풀이]

방정식의 우변을 부분 적분하면 다음 식을 얻는다.

$$\frac{h}{2\pi i}\int u^* \frac{\partial \nu}{\partial q} dq = \frac{h}{2\pi i}\left\{[u^*\nu]_{\text{endpoints}} - \int \nu \frac{\partial u^*}{\partial q} dq\right\}$$

여기서 우리는 적분의 끝점에서 함수 u와 ν의 값이 모두 0이라 가정한다. 따라서 우변의 각괄호 안의 표현은 0이 되고 우리는 다음을 얻는다.

$$\int u^* \hat{\mathbf{p}}_q \nu dq = -\frac{h}{2\pi i}\int \nu \frac{\partial u^*}{\partial q} dq = +\int \nu \hat{\mathbf{p}}_q{}^* u^* dq$$

그러므로 연산자 $\hat{\mathbf{p}}_q$는 에르미트 연산자이다.

에르미트 연산자가 가지는 매우 중요한 성질은 이 연산자의 고윳값이 항상 실수라는 것이다. 이것을 확인하기 위해 다음 고윳값 방정식

$$\hat{\mathbf{p}}\psi = p\psi \tag{10-10}$$

을 고려해 보자. 여기서 $\hat{\mathbf{p}}$는 에르미트 연산자이며, 양변에 켤레 복소수를 취하면,

$$\hat{\mathbf{p}}^* \psi^* = p^* \psi^* \tag{10-11}$$

이 되고 등식은 여전히 성립한다. 이제 식 (10-10)에 ψ^*를 곱하고 식 (10-11)에 ψ를 곱한 후, 각각을 전체 공간에서 적분한다. 즉,

$$\int \psi^* \hat{\mathbf{p}} \psi \, d\tau = p \int \psi^* \psi \, d\tau$$

$$\int \psi \hat{\mathbf{p}}^* \psi^* \, d\tau = p^* \int \psi^* \psi \, d\tau$$

그런데 에르미트 연산자의 정의

$$\int \psi^* \hat{\mathbf{p}} \psi \, d\tau = \int \psi \hat{\mathbf{p}}^* \psi^* \, d\tau$$

에 따라 위 두 식의 좌변은 같다. 그러므로 $p = p^*$이어야 하며, 이 조건을 만족하는 p는 실수이다.

10.5 회전 연산자

우리는 앞서 연산자가 행렬 형태를 가질 수 있음을 배웠다. 고윳값 문제에서 행렬 연산자는 벡터의 크기(즉, 길이)에 영향을 미치지만 방향에는 영향을 주지 않는다. 이제 벡터의 크기가 아니라 벡터의 방향을 바꾸는 또 다른 유형의 행렬 연산자를 고려해 보자. 이것은 회전 연산자(rotational operator)라고 불리는데, 이는 이것의 효과가 벡터를 좌표계의 원점에 대해 각 θ만큼 회전하는 것이기 때문이다. 곧 알게 되겠지만 이것은 좌표계를 반대 방

향으로 θ만큼 회전했을 때 나타나는 효과와 같다.

예를 들어, **그림 10.1(a)**와 같이 직교 좌표계의 원점으로부터 점 (x_1, y_1)에 이르는 벡터 r을 생각해 보자. 우리는 이 벡터를 각 θ만큼 회전하여 점 (x_1, y_1)을 다른 점 (x_2, y_2)로 이동하려 한다. 우리는 **그림 10.1(b)**와 같이 벡터 자체를 각 θ만큼 회전하거나 **그림 10.1(c)**와 같이 좌표계를 각 θ만큼 반대로 회전하여 목적을 달성할 수 있다.

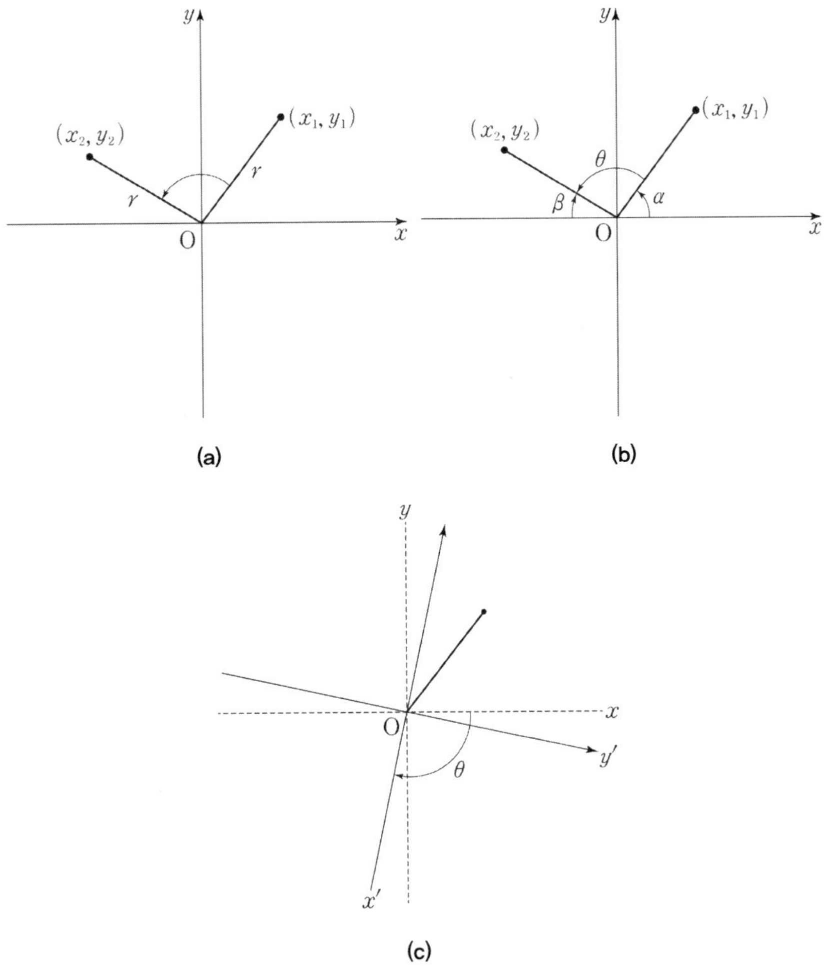

그림 10.1 벡터의 각 θ 회전

점 (x_1, y_1)과 점 (x_2, y_2)의 좌표는 간단한 삼각함수에 의해 관련지을 수 있다. 즉, **그림 10.1(b)**에 따라 우리는 다음 식을 얻을 수 있다.

$$\theta = 180^\circ - (\alpha + \beta) = 180^\circ - \alpha - \beta$$
$$x_1 = r\cos\alpha$$
$$y_1 = r\sin\alpha$$
$$x_2 = -r\cos\beta$$
$$y_2 = r\sin\beta$$
$$\beta = 180^\circ - (\theta + \alpha)$$

이제 여기서 다음의 삼각함수 항등식을 사용한다.

$$\begin{aligned} \sin(A+B) &= \sin A\cos B + \cos A\sin B \\ \sin(A-B) &= \sin A\cos B - \cos A\sin B \\ \cos(A+B) &= \cos A\cos B - \sin A\sin B \\ \cos(A-B) &= \cos A\cos B + \sin A\sin B \end{aligned} \tag{10-12}$$

따라서

$$\begin{aligned} \sin\beta &= \sin[180^\circ - (\theta+\alpha)] = \sin 180^\circ\cos(\theta+\alpha) - \cos 180^\circ\sin(\theta+\alpha) \\ &= \sin(\theta+\alpha) = \sin\theta\cos\alpha + \cos\theta\sin\alpha \end{aligned}$$

이다. 그러므로

$$y_2 = r\sin\beta = \sin\theta(r\cos\alpha) + \cos\theta(r\sin\alpha)$$

이고, 따라서 다음 식을 얻는다.

$$y_2 = x_1\sin\theta + y_1\cos\theta$$

같은 방법으로 다음 식을 얻을 수 있다.

$$x_2 = x_1 \cos\theta - y_1 \sin\theta$$

이 두 방정식은 행렬 형태로 다음과 같이 쓸 수 있다

$$\begin{pmatrix} x_2 \\ y_2 \end{pmatrix} = \begin{pmatrix} \cos\theta & -\sin\theta \\ \sin\theta & \cos\theta \end{pmatrix} \begin{pmatrix} x_1 \\ y_1 \end{pmatrix} \tag{10-13}$$

여기서 $\begin{pmatrix} x_1 \\ y_1 \end{pmatrix}$은 원래 벡터이고 $\begin{pmatrix} x_2 \\ y_2 \end{pmatrix}$는 회전하여 얻은 벡터이다.

행렬

$$\begin{pmatrix} \cos\theta & -\sin\theta \\ \sin\theta & \cos\theta \end{pmatrix}$$

는 2차원 공간에서 원점에 대하여 벡터를 회전하기 때문에 회전 연산자이다. 이 연산자는 또한 일종의 변환 연산자로도 생각될 수 있는데, 이는 이 연산자가 각 θ만큼 좌표축을 반대 방향으로 회전함으로써 점 (x_1, y_1)의 좌표를 점 (x_2, y_2)의 좌표로 변환하기 때문이다.

예제 10.4

(a) 벡터 $r = (3, 4)$을 각 $180°$만큼 회전하여 얻은 벡터의 방향을 구하시오.

[풀이]

$\sin 180° = 0$이고 $\cos 180° = -1$이기 때문에 회전 연산자는 다음과 같다.

$$\begin{pmatrix}\cos\theta & -\sin\theta \\ \sin\theta & \cos\theta\end{pmatrix} = \begin{pmatrix}-1 & 0 \\ 0 & -1\end{pmatrix}$$

이 연산자를 벡터 $r = (3, 4)$에 적용하면,

$$\begin{pmatrix}-1 & 0 \\ 0 & -1\end{pmatrix}\begin{pmatrix}3 \\ 4\end{pmatrix} = \begin{pmatrix}-3 \\ -4\end{pmatrix}$$

새로운 벡터 $r' = (-3, -4)$를 얻는다. $r = (3, 4)$와 $r' = (-3, -4)$의 방향이 180°다른 것은 쉽게 증명할 수 있다.

(b) 원점을 중심으로 점 $(3, 4)$를 90°회전하여 얻은 점의 좌표를 구하시오.

[풀이]

$\sin 90^\circ = 1$이고 $\cos 90^\circ = 0$이기 때문에 회전 연산자는 다음과 같다.

$$\begin{pmatrix}\cos\theta & -\sin\theta \\ \sin\theta & \cos\theta\end{pmatrix} = \begin{pmatrix}0 & -1 \\ 1 & 0\end{pmatrix}$$

이 연산자를 점 $(3, 4)$에 적용하면,

$$\begin{pmatrix}0 & -1 \\ 1 & 0\end{pmatrix}\begin{pmatrix}3 \\ 4\end{pmatrix} = \begin{pmatrix}-4 \\ 3\end{pmatrix}$$

회전하여 얻은 점의 좌표는 $(-4, 3)$이다.

회전 연산자는 분자의 대칭을 표현하는 데에 유용하다. Schoenflies(쇤플리스) 표기법으로는 특정 회전 연산자로 표기하기 위해 기호 $\mathbf{C}_n$ $(n = 360^\circ/\theta)$을 사용한다. 예를 들어, 90°로 분자를 회전하는 연산자는 $\mathbf{C}_4$ 연산자라 부른다. 분자가 연산자 $\mathbf{C}_4$의 연산 후 그 모습이 변하지 않는다면, 우리는 그 분자가 $\mathbf{C}_4$ 대칭을 가진다고 말한다. 그리고 다른 유형의 분자 대칭에 대해서도 비슷한 방식으로 행렬 연산자를 만드는 것이 가능하다.

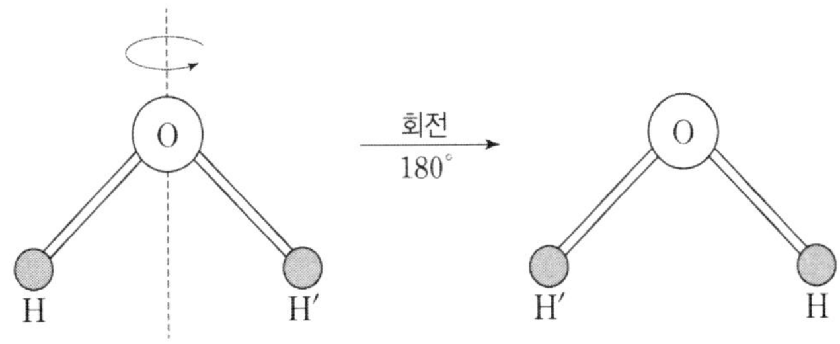

그림 10.2 물 분자의 180° 회전

그림 10.2에 표시된 물 분자를 고려해 보자. 우리가 물 분자에 $\mathbf{C}_2$ 회전 연산자를 적용하여 분자를 그림에 표시된 축(파선)을 중심으로 180°회전하면, 분자의 모양은 변하지 않는다. (두 수소 원자는 서로 구별할 수 없다고 가정한다.) 이때 우리는 물 분자가 $\mathbf{C}_2$ 회전축을 가지고 있다고 말한다.

10.6 평면 극좌표계의 ∇^2

고전 역학과 양자 역학에는 라플라스 연산자 ∇^2가 많이 등장한다. 이 연산자는 직교 좌표계에서 비교적 간단한 형태로 표현된다. 하지만 실제 문제에서는 다른 좌표계를 사용해야 할 때가 많다. 이 절에서 우리는 직교 좌표계의 ∇^2을 평면 극좌표계의 표현으로 변환할 것이다. 우리가 평면 극좌표계를 선택하는 이유는 이 좌표계로 변환할 때 변환에 필요한 모든 필수적인 요소를 배울 수 있고 그러면서도 변환될 표현에 이르는 과정이 구면 극좌표계에 비해 길지 않기 때문이다. (구면 극좌표계로 변환하는 주요 과정은 부록 III을 참고한다.)

직교 좌표계의 2차원 라플라스 연산자는 다음과 같다.

$$\nabla^2 = \frac{\partial^2}{\partial x^2} + \frac{\partial^2}{\partial y^2}$$

그리고 우리가 1장에서 다음과 같은 직교 좌표계와 평면 극좌표계 사이의 변환과 역변환의 식을 다루었던 것을 기억해 보자.

$$x = r\cos\theta \qquad r = (x^2 + y^2)^{1/2}$$
$$y = r\sin\theta \qquad \tan\phi = \left(\frac{y}{x}\right)$$

1차 도함수 연산자 $\partial/\partial x$와 $\partial/\partial y$의 변환은 사슬 법칙에 의해 다음으로 쓸 수 있다.

$$\frac{\partial}{\partial x} = \frac{\partial r}{\partial x}\frac{\partial}{\partial r} + \frac{\partial\theta}{\partial x}\frac{\partial}{\partial\theta}, \qquad \frac{\partial}{\partial y} = \frac{\partial r}{\partial y}\frac{\partial}{\partial r} + \frac{\partial\theta}{\partial y}\frac{\partial}{\partial\theta}$$

이제 역변환 공식으로부터 편도함수를 결정한다.

$$\frac{\partial r}{\partial x} = \frac{1}{2}(x^2 + y^2)^{-1/2}\,2x = \frac{x}{r} = \frac{r\cos\theta}{r} = \cos\theta$$

같은 방식으로 다음을 얻을 수 있다.

$$\frac{\partial r}{\partial y} = \sin\theta$$

$\partial\theta/\partial x$와 $\partial\theta/\partial y$를 구하는 과정은 좀 더 복잡하다. 역탄젠트 함수 $\theta = \tan^{-1}(y/x)$의 도함수는 직접 미분하기보다는 $\tan\theta$를 미분하고 식을 변환하는 간접적인 방법으로 구한다.

$$\frac{d}{dx}\tan\theta = \sec^2\theta\frac{d\theta}{dx} = -\frac{y}{x^2}$$
$$\frac{1}{\cos^2\theta}\frac{\partial\theta}{\partial x} = -\frac{r\sin\theta}{r^2\cos^2\theta}$$

$$\frac{\partial\theta}{\partial x} = -\frac{\sin\theta}{r}$$

같은 방식으로 다음을 얻을 수 있다.

$$\frac{\partial\theta}{\partial y} = \frac{\cos\theta}{r}$$

그러므로 1차 도함수는 다음과 같다.

$$\frac{\partial}{\partial x} = \cos\theta\frac{\partial}{\partial r} - \frac{\sin\theta}{r}\frac{\partial}{\partial\theta}, \qquad \frac{\partial}{\partial y} = \sin\theta\frac{\partial}{\partial r} + \frac{\cos\theta}{r}\frac{\partial}{\partial\theta}$$

2차 도함수 연산자를 구하기 위해 이제 임의의 함수 f에 이 연산자를 두 번 적용한다. 이때 어떤 항을 두 함수의 곱으로 보고 미분해야 하는지 특별한 주의가 필요하다. 2차 도함수 연산자 $\partial^2/\partial x^2$은 이미 1절에서 유도하였다. 같은 방법으로 다음과 같이 $\partial^2/\partial y^2$을 얻을 수 있다.

$$\frac{\partial^2 f}{\partial y^2} = \sin^2\theta\frac{\partial^2 f}{\partial r^2} + \frac{2\sin\theta\cos\theta}{r}\frac{\partial^2 f}{\partial r\,\partial\theta} - \frac{2\sin\theta\cos\theta}{r^2}\frac{\partial f}{\partial\theta}$$
$$+ \frac{\cos^2\theta}{r}\frac{\partial f}{\partial r} + \frac{\cos^2\theta}{r^2}\frac{\partial^2 f}{\partial\theta^2}$$

두 연산자를 더하면, 다음의 최종 결과를 얻는다.

$$\nabla^2 = \frac{\partial^2}{\partial x^2} + \frac{\partial^2}{\partial y^2} = \frac{\partial^2}{\partial r^2} + \frac{1}{r}\frac{\partial}{\partial r} + \frac{1}{r^2}\frac{\partial^2}{\partial\theta^2}$$

CHAPTER

10 연습문제

1 다음 연산을 수행하시오.

(a) $\sum_{n=0}^{5} x^n$

(b) $\sum_{n=0}^{5} (-1)^n x^n$

(c) ΔE

(d) $\widehat{\mathbf{D}}_x(x^3 y)$, $\widehat{\mathbf{D}}_x = \frac{\partial}{\partial x}$

(e) $\widehat{\mathbf{D}}_x^2(x^2 y^2)$

(f) $\widehat{\mathbf{D}}_y \widehat{\mathbf{D}}_x(x^4 y^3)$

(g) $\widehat{\mathbf{D}}_z \widehat{\mathbf{D}}_y \widehat{\mathbf{D}}_x(x^2 y^2 z^2)$

(h) $\widehat{\mathbf{D}}_x \sum_{n=0}^{5} x^n$

(i) $\prod_{n=0}^{4} x_n!$

(j) $\begin{pmatrix} -1 & 0 \\ 0 & -1 \end{pmatrix} \begin{pmatrix} a \\ b \end{pmatrix}$

2 다음 두 연산자의 교환자를 구하시오.

(a) $[\widehat{\mathbf{D}}_y, \widehat{\mathbf{D}}_z]$

(b) $[\widehat{\mathbf{D}}_x, \Sigma]$

(c) $[\widehat{\mathbf{D}}_x, \Delta]$

(d) $[\Sigma, \sqrt{\ }]$

3 $\nabla \cdot \nabla \phi = \frac{\partial^2 \phi}{\partial x^2} + \frac{\partial^2 \phi}{\partial y^2} + \frac{\partial^2 \phi}{\partial z^2}$임을 보이시오.

4 $\nabla(\psi\phi) = \psi \nabla \phi + \phi \nabla \psi$임을 보이시오.

5 하이젠버그 불확정성 원리(Heisenberg uncertainty principle)에 따르면, x-축 방향의 선형 운동량 연산자와 x-축 방향의 위치 연산자는 서로 교환되지 않는다.

$$\hat{\mathbf{p}}_x = \frac{h}{2\pi i} \frac{\partial}{\partial x} \text{와 } \hat{\mathbf{x}} = x$$

가 각각 x-축 방향의 선형 운동량 연산자와 위치 연산자이며, $i = \sqrt{-1}$ 이고 h는 플랑크 상수라 할 때, 다음 교환자의 식

$$\hat{\mathbf{p}}_x \hat{\mathbf{x}} - \hat{\mathbf{x}} \hat{\mathbf{p}}_x$$

을 정리하여 0이 아님을 보이시오. (힌트: 연산자 $\hat{\mathbf{x}}$와 $\hat{\mathbf{p}}_x$는 어떤 임의의 함수 $f(x)$에 적용해야 하고, $xf(x)$는 두 함수의 곱으로 간주하고 미분해야 한다)

6 $f(x) = \sin ax$는 연산자 d/dx의 고유 함수는 아니지만, 연산자 d^2/dx^2의 고유 함수임을 보이시오.

7 함수 $\Phi(\phi) = Ae^{im\phi}$가 z-방향 각운동량 연산자 $\hat{\mathbf{M}}_z$의 고유 함수임을 보이고 고윳값을 구하시오.

$$\hat{\mathbf{M}}_z = \frac{h}{2\pi i}\frac{\partial}{\partial\phi} \quad (\text{단}, \boldsymbol{i}, m, A\text{는 상수})$$

8 함수 $\psi = \sqrt{\frac{2}{a}}\sin\frac{n\pi x}{a}$가 퍼텐셜 에너지가 0인 1차원 해밀톤 연산자

$$\hat{\mathbf{H}} = -\frac{h^2}{8\pi^2 m}\frac{\partial^2}{\partial x^2} \quad (\text{단}, n, a, m, h\text{는 상수})$$

의 고유함수임을 보이고 고윳값을 구하시오.

9 함수 $f(x) = xe^{ax}$가 연산자

$$\hat{\mathbf{O}} = \frac{d^2}{dx^2} - \frac{2a}{x} \quad (\text{단}, a\text{는 상수})$$

의 고유함수임을 보이고 고윳값을 구하시오.

10 2차원 회전 연산자

$$\begin{pmatrix} \cos\theta & -\sin\theta \\ \sin\theta & \cos\theta \end{pmatrix}$$

를 사용하여, 다음의 점을 지시한 각만큼 회전하여 얻는 점의 좌표를 구하시오.

(a) $(2, 2), 30^\circ$

(b) $(4, 1), 45^\circ$

(c) $(-4, -3), 180^\circ$

(d) $(3, 2), 60^\circ$

(e) $(1, -3), 240^\circ$

11 BF_3은 평면 분자이며, 붕소 원자와 플루오린 원자는 각각 정삼각형의 중심과 꼭지점에 놓여 있다고 볼 수 있다. 2차원 직교 좌표에 붕소 원자를 원점에 두고 B-F 결합 하나를 y-축에 놓은 후, 각 원자의 좌표를 기록하자. 좌표 평면과 직각을 이루며 붕소 원자를 통과하는 축에 대하여 2차원 $\mathbf{C}_3$ 연산을 수행했을 때, 연산 전후의 분자 모양이 그대로임을 보이시오.

12 각운동량 연산자를 명시적으로 표현하면,

$$\widehat{\mathbf{M}} = \frac{h}{2\pi i}(\mathbf{r} \times \nabla)$$

이며, 여기서 h는 플랑크 상수, $\mathbf{r} = x\mathbf{i} + y\mathbf{j} + z\mathbf{k}$, 그리고

$$\nabla = \frac{\partial}{\partial x}\mathbf{i} + \frac{\partial}{\partial y}\mathbf{j} + \frac{\partial}{\partial z}\mathbf{k}$$

이다. $\widehat{\mathbf{M}} = \widehat{M}_x\mathbf{i} + \widehat{M}_y\mathbf{j} + \widehat{M}_z\mathbf{k}$로 할 때, $\widehat{\mathbf{M}}$의 성분 $\widehat{M}_x$, $\widehat{M}_y$, $\widehat{M}_z$을 구하시오.

13 문제 12에서 구한 각운동량의 성분 $\widehat{M}_x$, $\widehat{M}_y$, $\widehat{M}_z$를 구면 극좌표의 표현으로 변환하시오. (부록 III 참고)

14 문제 13에 구한 연산자를 사용하여 구형 극좌표의 총 제곱 각운동량 연산자

$$\widehat{\mathbf{M}}_x^2 = \widehat{M}_x^2 + \widehat{M}_y^2 + \widehat{M}_z^2$$

에 대한 식을 유도하시오. (1절과 부록 III 참고)

CHAPTER

11

수치적 방법과 컴퓨터 이용

11.1 도입

컴퓨터는 이미 화학 자료 처리를 위한 필수 도구가 되었고, 일반적인 우리 삶에도 실제로 중요한 역할을 담당하고 있다. 이 책의 두 번째 판에는 Macintosh 컴퓨터용 FutureBASIC II(일종의 BASIC)[1]를 사용하는 컴퓨터 프로그래밍 관련 장을 두었었다. 그러나 이제 과학적 자료의 계산은 컴파일된 프로그램을 사용하는 것에서 벗어나 Microsoft Excel®과 같은 스프레드시트를 사용하는 것으로 그 방향이 전환되었다. 간단한 스프레드시트는 컴파일된 프로그램만큼 큰 계산을 수행할 수는 없지만, 대학 학부 화학 수업에 관련된 대부분의 계산은 처리할 수 있다. 스프레드시트는 자료를 그래프로 보기 좋게 표현하기 손쉬운데, 이는 직접 컴파일하여 사용하는 컴퓨터 프로그램으로는 쉽게 구현할 수 없는 것이다. 여기에다 매크로(스프레드시트와 같은 프로그램 내에서 호출할 수 있는 컴퓨터 프로그램)를 스프레드시트와 함께 사용할 때, 스프레드시트는 정말 강력한 도구가 된다.

따라서 이번 장에서는 Microsoft의 Excel®(이하 엑셀)로 화학 계산에 스프레드시트를 적용하는 것을 주로 다룰 예정이다. 하지만 이번 장이 학생들에게 엑셀의 다양한 기능을 모두 습득하도록 가르치기 위함이 아님을 먼저 말해두고 싶다. 모든 기능을 습득시키기 위해서는 책 전체 분량이 다 필요할 것인데, 사실 엑셀 사용 방법에 대해서는 훌륭한 서적들이 많이 있다. 아무튼 시작을 위해 학생들이 엑셀 사용에 대한 최소한의 기본적인 이해는 있다고 가정하고자 한다. 하지만 컴퓨터 프로그래밍을 배우는 것과 마찬가지로 최고의 학습법은 직접 해보는 것이다. 따라서 이 장의 여러 절에서 설명된 예를 공부하고 그것들을 본인의 문제에 적용해 보는 것이 중요하다. 그리고 엑셀을 배우고 화학에 적용하는 데 더 많은 배경지식이 필요하다고 느끼는 학생들에게는 Robert de Levie[2]의 '*How to Use Excel® in Analytical Chemistry and in General Scientific Data Analysis*'를 추천한다. 이 장에서 제시된 많은 개념들은 이 책을 참고한 것이다.

먼저 엑셀에 들어 있는 일반적인 수학적 연산과 함수를 살펴보도록 하자. 첫 번째, 엑셀

1 FUTUREBASIC II는 Staz Software, Inc.의 등록 상표이다. 3 Leisure Time Drive, Diamondhead, MS 39525-3215.

2 New York: Cambridge University Press, 2001.

은 입력으로 문자, 숫자, 공식을 구별한다. 하나의 셀에 문자 입력은 왼쪽 정렬이고 숫자 입력은 오른쪽 정렬이며, 공식 입력은 등호(=) 기호로부터 시작해야 한다. 엑셀에서 가장 많이 사용되는 세 개의 자판 키는 ENTER, TAB, ESC이다. 문자나 숫자로 된 값 또는 공식을 활성화된 셀(활성화된 셀에는 두꺼운 경계가 있다)에 친 후 ENTER를 누르는 것은 그 셀 안에 정보를 넣고 나서 그 열의 바로 아래 (예를 들어, A1에서 A2로) 셀을 활성화한다는 의미이다. TAB을 누르는 것은 활성화된 셀에 정보를 넣고 나서 오른쪽 옆 열에 있는 (예를 들어, A1에서 B1으로) 셀을 활성화한다는 것이다. 셀에 정보를 넣은 후 ESC를 누르는 것은 해당 셀에 넣은 정보를 지우는 것이다.

엑셀에서 사용되는 일반적인 수학적 연산은 보통의 컴퓨터 프로그래밍 언어에서 사용되는 것과 유사하다.

연산자	정의
+	덧셈
-	뺄셈
*	곱셈
/	나눗셈
^	거듭제곱
pi()	π=3.14159...

화학 분야에서 자주 사용되는 일반적인 함수는 다음과 같다.

함수	반환값
AVERAGE($range$)	$range$(예, C3:C9)에 존재하는 숫자의 평균
COS(x)	라디안 단위를 가진 각 x의 코사인
EXP(x)	e^x
LN(x)	$\ln x$
LOG(x)	$\log_{10} x$
SIN(x)	라디안 단위를 가진 각 x의 사인
SQRT(x)	x의 제곱근
SUM($range$)	$range$(예, B1:B18)에 존재하는 숫자의 합
TAN(x)	라디안 단위를 가진 각 x의 탄젠트

컴퓨터를 계산기처럼 사용해서는 안 된다. $P = nRT/V$와 같은 간단한 계산을 하기 위하여 컴퓨터를 사용하는 것은 이치에 맞지 않는다. 당연히 계산기에 직접 자료를 쳐서 넣는 것이 컴퓨터가 이 계산을 수행하도록 설정하는 것보다 빠르기 때문이다. 하지만 다음의 반데르발스(van der Waals) 방정식

$$\left(P+\frac{n^2a}{V^2}\right)(V-nb)=nRT \tag{11-1}$$

에 연속적 근사법을 사용하여 V를 계산하거나, 파동의 푸리에 변환을 구하기 위해서는 당연히 컴퓨터를 사용하는 것이 옳은 일이다. 그 이유는 이와 같은 계산은 여러 번 반복이 요구되는 계산이기 때문이다. 이 계산 과정은 단순할지라도 계산기를 사용했을 때 시간이 매우 많이 소요된다. 그런데 컴퓨터는 이 반복 계산을 눈 깜박할 사이에 수행할 수 있다. 그래서 우리는 계산이 반복적인 과정을 포함하고 있을 때 컴퓨터를 사용한다. 그리고 출력값을 그래프로 표현하고자 할 때는 스프레드시트가 특별히 유용하다고 할 수 있다.

예제 11.1

앞서 소개한 것처럼 여기서는 연속적 근사법을 사용하여 반데르발스 방정식으로부터 V를 구해보도록 하자. (이 방법은 n 을 구하고자 할 때도 사용된다) 우리는 간단한 스프레드시트로 이 문제에 접근한다. 반데르발스 방정식은 해석적인 해 $V = f(T, P)$가 없는 3차 방정식이다. 연속적 근사법을 시작하기 위해 우리는 먼저 항 n^2a/V^2을 제거하고 V에 대해 방정식을 풀 수 있다. 이것은 다음과 같다.

$$V=\frac{nRT}{P}+nb \tag{11-2a}$$

식 (11-2a)으로부터 정확하지 않은 첫 번째 근사값의 부피를 구하면, 이 부피를 이용하여 n^2a/V^2을 구할 수 있다. 이 값을 다음 식

$$V = \frac{nRT}{\left(P + \frac{n^2 a}{V^2}\right)} + nb \tag{11-2b}$$

에 사용하면, 새로운 V를 얻게 된다. 이 새로운 부피 V를 식 (11-2b)의 n^2a/V^2 계산을 위해 사용하면 또 다른 새로운 부피를 얻는다. 그 과정은 새롭게 계산된 부피에 눈에 띄는 변화가 없을 때까지 반복된다. 예를 들어, n = 50.0 moles, P = 20.0 bars, T = 300 K, a = 1.408 L^2 bar mol^{-2}, b = 0.03913 L mol^{-1}, R = 0.08314 L bar mol^{-1} K^{-1}일 때 식 (11-2a)에서 V를 구하면 다음 값을 얻는다.

$$V = \frac{(50.0)(0.08314)(300)}{(20.0)} + (0.03913)(50.0) = 64.31\,\mathrm{L}$$

이제 스프레드시트를 시작해 보자.

1. 엑셀을 연다.
2. 셀 A1에 V를 적는다. **ENTER**을 누른다.
3. 셀 A3에 64.31을 적는다. **ENTER**을 누른다.
4. 앞의 자료를 사용하여 nRT 를 계산하고 셀 B1에 nRT = 1247.1을 적는다. **TAB**을 누른다.
5. 앞의 자료를 사용하여 n^2a를 계산하고 셀 C1에 n^2a = 3520을 적는다. **TAB**을 누른다.
6. 셀 D1에 P = 20.0을 적는다. **TAB**을 누른다.
7. 앞의 자료를 사용하여 nb를 계산하고 셀 E1에 nb = 1.957을 적는다.
8. 셀 B3에 = (1247.1/(20.0+(3520/(A3*A3)))) + 1.957을 적는다. **ENTER**을 누른다. 첫 번째 근사값이 셀 B3에 나타날 것이다. 이 공식을 적을 때 4개의 괄호가 모두 열린 후 닫혔는지 확인한다.
9. 셀 A4에, = B3을 적는다.
10. 이제 셀 B3을 클릭하고, 커서를 셀 B4까지 아래로 끌어서 하이라이트한다.
11. **홈–편집** 메뉴로 가서, **채우기**를 선택하고 **아래쪽**을 클릭한다. 두 번째 근사값이 셀 B4에 나타날 것이다.
12. 이제 셀 A4를 누른다. 마우스 버튼을 누른 상태에서 B4로 이동하여 셀 A4와 B4 둘 다 하이라이트하고, 그다음 (예를 들어, B12까지) 아래로 끌어 여러 개의 셀을 하이라이트한다. 엑셀 용어로 이 과정을 "A4:B12"를 하이라이트한다고 표현한다.
13. **홈–편집** 메뉴로 돌아가서, **채우기**를 선택하고 **아래쪽**을 클릭한다. 스프레드시트는 앞 행의 값을 사용하여, V를 다시 계산할 것이다. 몇 번의 반복 이후, 부피 값은 변하지 않을 것이다. 이 예에서 그 값은 V= 61.54 L이다.

소수점 두 번째 자릿수까지 변함없는 부피를 얻는데 약 6번의 반복이 걸렸다는 것을 주목하자. 만약 최종값이 본인이 원하는 정확도에 미치지 못하였다면 위 과정의 단계 12를

(예를 들어, B24까지) 다시 수행한다. **그림 11.1**은 이 계산에 대한 엑셀 작업표이다.

	A	B	C	D	E
1	V	nRT=1.247.1	n^2a=3520	P=20.0	nb=1.957
2					
3	64.31	61.7667658			
4	61.7667658	61.5622848			
5	61.5622848	61.5447999			
6	61.5447999	61.5432972			
7	61.5432972	61.543168			
8	61.543168	61.5431569			
9	61.5431569	61.5431559			
10	61.5431559	61.5431559			
11	61.5431559	61.5431559			
12	61.5431559	61.5431559			

그림 11.1 연속적인 근사법 계산을 수행하는 엑셀 작업표

11.2 그래프를 이용한 표현

스프레드시트의 가장 유용한 특징 중 하나는 자료를 그래프로 쉽게 나타낼 수 있는 능력이다. 이 특징을 이용해 sin 파를 그래프로 나타내고 설명해 보자.

예제 11.2

1. 엑셀을 연다.
2. 셀 A1에 t를 적고 **TAB**을 누른다.
3. 셀 B1에 f(t) = 3sin(πt/8)를 적고 **ENTER**를 누른다.
4. 셀 A2에 0을 적고 **ENTER**를 누른다.
5. 셀 A2를 클릭해 하이라이트한다. 셀의 둘레가 녹색이 될 것이다.
6. **홈–편집** 메뉴로 가서 **채우기**를 눌러 **계열**을 선택한다.
7. **계열**의 연속 데이터 창이 생성되면, 방향 **열**, 유형 **선형**, 단계값 **1**, 종료 값 **16**을 입력하고 확인을

누른다. 이것으로 하나의 열에 0부터 1씩 증가하며 16까지 적히게 된다. 이 정의구역의 값은 sin 파의 ($\pi t/8$ 값이 0부터 2π까지 되도록 하는) 한 주기에 해당한다.

8. 셀 B2에 = `3*sin(pi()*A2/8)`을 적고 **ENTER**을 누른다. 셀 B2에 3sin(0) 값이 나타난다.
9. 셀 B2를 클릭하고 마우스 버튼을 누른 채 B2에서 B18칸까지 하이라이트한다.
10. **홈–편집** 메뉴로 돌아가서, **채우기**를 선택하고 **아래쪽**을 클릭한다. (자주 사용되는 이 절차를 이제부터 간단히 **채우기–아래쪽**이라 부르도록 하자)
11. 스프레드시트는 각 t의 값에서 $f(t) = 3\sin(\pi t/8)$의 값을 보여줄 것이다.
12. 셀 A2를 클릭하고 셀 B2로 커서를 움직인 후, 자료가 담긴 모든 셀 (A2:B18)을 하이라이트한다.
13. **삽입–차트** 메뉴로 가서 **추천차트**를 클릭한다.
14. **추천차트** 창은 추천 차트와 모든 차트를 나열한다. 분산형 차트를 선택한다. 그래프가 두 열을 사용하여 그려졌는지 확인한다. 원점에서 시작하여 17개의 점으로만 표현되는 차트를 선택한다. 이제 그래프 차트 창이 생길 것이다.
15. 차트 창의 자료 점을 더블 클릭하여 오른쪽에 **데이터 계열 서식**이 나오면, 자료 점들을 완만한 곡선으로 연결할 수 있다. **선–실선**을 선택하고, 아래쪽 **완만한 선**도 선택한다. 그래프 차트 창에서는 **차트 요소** 추가로 제목과 축의 이름을 정할 수 있다. 제목은 "Sine Function", x-축에 "Time (seconds)", y-축에 "$3\sin(\pi t/8)$"를 적는다.

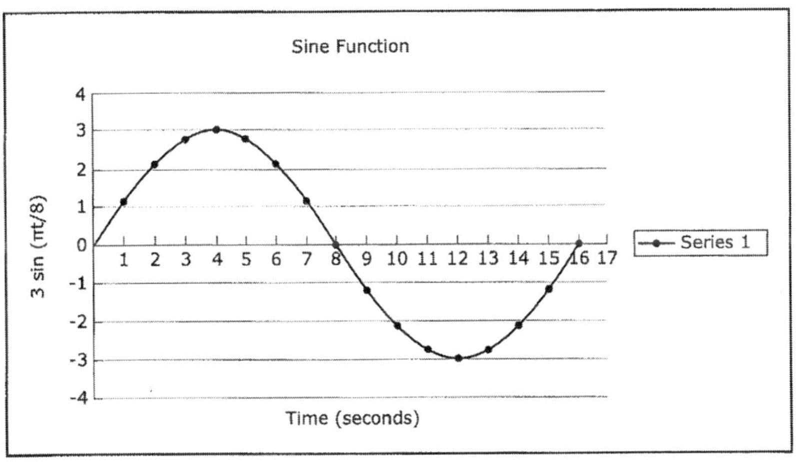

그림 11.2 3sin(π*t*/8)의 스프레드시트 그래프 표현

그래프가 완성된 후에는 추가로 많은 일들을 할 수 있다. 예를 들어 배경 색을 바꾸기 위해서는 **차트 영역 서식**에서 **단색 채우기** 등을 선택할 수 있다. 또한, 곡선 색을 비꾸려면 **데이터 계열 서식**에서 다른 색을 선택하면 된다. **축 서식–축 옵션**에서는 눈금 표시(tick marks)를 간격을 바꿀 수 있다. **단위–기본**에 1.0을 입력하면 가로축의 눈금이 1초 간격으로 만들어진다. 또, 차트를 다른 문서 편집기로 만든 문서에 삽입하기 위해서는 차트를 마우스로 선택해두고 **클립보드** 메뉴에 가서 **복사**를 누른다. 이제 문서에 가서 차트를 놓을 공간을 선택하고, 문서 편

집기의 **붙여넣기** 또는 **붙이기**를 누른다. 차트가 문서에 들어갈 것이다. **그림 11.2**는 $3\sin(\pi t/8)$를 t에 대해 그린 차트이다.

실험 자료의 방정식

실험 자료에서 곡선으로부터 과학적으로 의미가 있는 상수를 얻는 최선의 방법 중 하나는 최소제곱법(method of least squares)이다. (우리는 12장에서 선형 방정식의 실제 최소 제곱 값을 계산해 볼 것이다) 엑셀은 이 방법을 통해 실험으로 만들어지는 곡선으로부터 물리적 상수를 결정할 수 있도록 돕는다. 엑셀이 다룰 수 있는 실험 곡선에는 선형식, 로그식, 다항식, 멱급수식, 지수식, 이동평균이 있다. 이를 위해서는 엑셀은 **추세선**(trendline)이라 부르는 방법을 사용한다. 설명을 위해 두 가지 화학 실험의 예를 들어보자.

예제 11.3

1. 분몰 부피(partial molar volume)를 결정하는 실험은 대부분의 물리화학 실험 교육과정에 공통적으로 등장한다. 분몰 부피는 몰랄 농도(molality)에 대해 용액 중 용질의 겉보기 몰부피(apparent molar volume)를 작도함으로써 얻을 수 있다. 이 작도로 얻는 결과는 직선의 그래프이다. 학생들이 계산을 통해 얻어야 할 것 중 하나는 직선의 y-절편 값이다. **표 11.1**은 물에 NaCl을 녹인 5개의 수용액으로부터 얻은 자료를 나타낸 것이다. 용질 NaCl의 겉보기 몰부피는

$$V_m = \frac{1}{m}\left(\frac{1000+mM}{\rho} - \frac{1000}{\rho_0}\right)$$

으로 쓸 수 있으며, 여기서 m, M, ρ, ρ_0은 각각 용액 속 용질의 몰랄 농도, 용질의 몰 질량, 용액의 밀도, 순수한 물의 밀도이다. 이제 **표 11.1**의 자료를 사용하여 스프레드시트를 채워 보자.

1. 엑셀을 연다.
2. 셀 A1에 `m`을 입력하고 **TAB**을 누른다.
3. 셀 B1에 `m^1/2`를 입력하고 **ENTER**를 누른다.
4. 셀 C1에 `V(m)`을 입력하고 **ENTER**를 누른다.
5. 셀 A2:A6에 **표 11.1**의 m값을 적는다.
6. 셀 B2에 `=SQRT(A2)`를 적는다.
7. 셀 B2을 클릭하고 마우스를 누른 채 B2:B6을 하이라이트한다.
8. **홈–편집** 메뉴로 돌아가서, **채우기**를 선택하고 **아래쪽**을 클릭한다. 몰랄 농도의 제곱근을 계산해줄 것이다.
9. 셀 C2:C6에 **표 11.1**의 V_m값을 적는다.

표 11.1 몰랄 농도와 겉보기 몰 부피의 실험 자료

m	V_m(mL)
3.2080	23.226
1.5625	21.195
0.7632	19.609
0.3816	18.793
0.1908	18.096

10. 셀 B2:C6를 하이라이트한다.
11. **삽입–차트** 메뉴로 가서 **추천차트**를 클릭한다.
12. **추천차트** 창은 추천 차트와 모든 차트를 나열한다. 분산형 차트를 선택한다. 그래프가 두 열을 사용하여 그려졌는지 확인한다. 5개의 점으로만 표현되는 차트를 선택한다. 이제 그래프 차트 창이 생길 것이다.
13. **차트 요소**에서 제목을 추가한다. 차트와 좌표축의 제목을 적고, 각각의 서식을 적절히 조정한다.
14. 그리고 다시 **차트 요소**로 이동하여 **추세선–선형**을 누른다. 자료의 점들을 지나는 선이 나타날 것이다.
15. **차트 요소–추세선–기타 옵션**을 선택한 후 "수식을 차트에 표시"를 선택한다. 직선의 식이 차트에 나타날 것이다.
16. 직선을 더블 클릭한다. 추세선 서식에서 적절한 선의 유형, 색, 너비 등을 선택한다.

완성된 차트는 **그림 11.3**과 같다. 직선의 기울기는 3.803이고 y-절편은 16.404임을 알 수 있다.

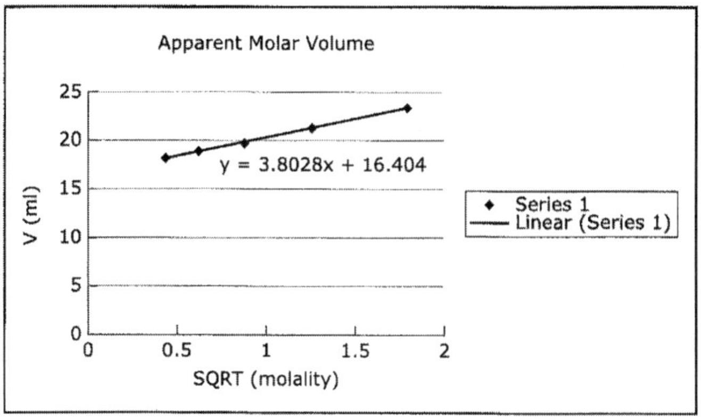

그림 11.3 엑셀로 만든 NaCl 용액의 $\sqrt{m}$에 대한 V_m의 그래프

지금 엑셀로 만든 **그림 11.3**의 차트는 필수 요소가 모두 포함되어 있지만 조금 거친 모습이다. 이제 화학 실험 보고서에 들어가기 위한 더 적합한 형태를 만들어 보자.

1. 먼저, 그래프 차트에 범례는 필요하지 않다. 범례가 존재한다면 **차트 요소**에 가서 **범례** 선택을 제거한다.
2. 그래프 영역의 세로축 주 눈금선 중 하나를 더블 클릭한다. **주 눈금선 서식**이 열리면 없음을 선택하거나 "색상—자동"을 선택하고 흰색으로 변경한다.
3. y-축(V-축)을 더블 클릭한다. **축 서식**이 열릴 것이다. **축 옵션–경계–최소값**에 15를 입력한다. 이것은 y-축의 눈금을 확장하여 자료의 점들이 그래프 영역을 더 보기 좋게 채울 수 있도록 한다.
4. y-절편은 이 실험의 중요한 정보이기 때문에, 직선을 $\sqrt{m}=0$까지 연장하는 것이 유용하다. 그래프의 가장 왼쪽 점에서 $\sqrt{m}=0.4368$ 이다. 추세선을 더블클릭한다. **추세선 서식**이 열리면 **추세선 옵션**의 **예측—뒤로**에 0.4368을 입력한다. 이제 그래프로 돌아오면 직선이 y-절편까지 연장되어 있을 것이다.
5. 직선의 식은 $y=f(x)$ 형식으로 표시되어 있다. 이것을 $V_m=f(\sqrt{m})$으로 변경하자. 직선에 대한 식을 클릭한다. y를 Vm으로, x를 m^1/2로 바꾼다.

우리는 과학적 사실을 발표하기 위해 그래프를 적합한 형태로 만드는 데 수많은 것들을 할 수 있다. 실험 보고서에 넣기에 더 적합한 그래프는 **그림 11.4**라 할 수 있다.

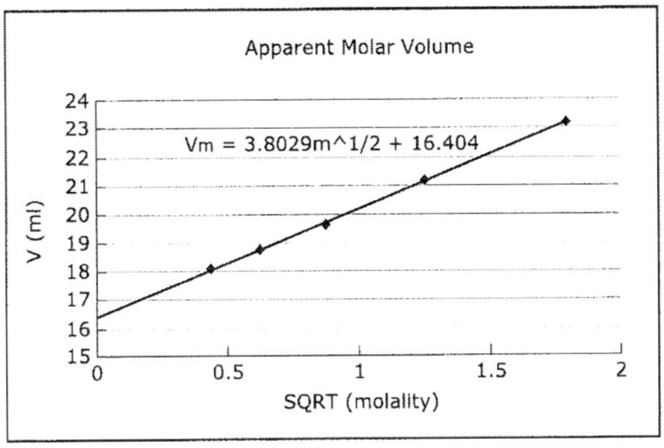

그림 11.4 엑셀로 만든 NaCl 용액의 $\sqrt{m}$에 대한 V_m의 그래프(수정본)

2. 열용량은 온도의 함수로 알려져 있다. 일반적으로 기체의 열용량은 다항식 $C_p = a + bT + cT^2$으로 표현된다. **표 11.2**는 300 K로부터 750 K까지 암모니아 기체의 열용량 자료를 나타낸 것이다. 이 자료로부터 다항식의 상수 a, b, c를 결정해 보자.

표 11.2 온도의 함수인 암모니아 열용량 자료

T(K)	C_P(J mol^{-1} K^{-1})	T(K)	C_P(J mol^{-1} K^{-1})
300	35.530	550	43.131
350	37.075	600	44.601
400	38.619	650	46.067
450	40.131	700	47.510
500	41.640	750	48.941

1. 엑셀을 연다.
2. 셀 A1에 T를 적는다.
3. 셀 B1에 C를 적는다.
4. 셀 A2:A11에 **표 11.2**의 온도 자료를 적는다.
5. 셀 B2:B11에 **표 11.2**의 C_p 자료를 넣는다.
6. 앞선 예의 절차에 따라 이 자료에 대한 분산형 그래프를 만든다. 점들이 거의 하나의 직선에 떨어지도록 나타난다.
7. **차트 요소–추세선–기타 옵션**을 누른다. **다항식** 그리고 **차수 2**를 입력한다.
8. 그리고 "수식을 차트에 표시"를 선택한다. 다항식의 식이 차트에 나타날 것이다.

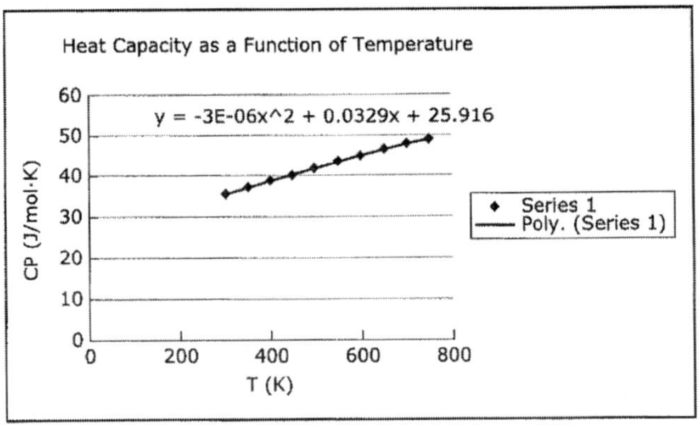

그림 11.5 엑셀로 만든 온도의 함수인 NH_3 기체의 열용량 그래프

이렇게 만든 차트는 **그림 11.5**과 같다. 이제 다시 실험 보고서에 더 적합한 형태의 그래프를 만들어 보자. 먼저, 자료 점은 열린 원으로 표시한다. **데이터 계열 서식–표식**에서 **표식 옵션**의 **형식**은 원, **채우기**는 채우기 없음으로 선택하면 된다. 기타 다른 수정은 앞선 예제와 같은 방법으로 수행한다. 완성된 그래프는 **그림 11.6**과 같다. 열용량 식의 a, b, c에 대한 값은 각각 $25.916, 0.0329, -3\times10^{-6}$이다. 이는 문헌의 값인 $25.90, 33.00\times10^{-3}, -30.4\times10^{-7}$과 잘 일치한다.

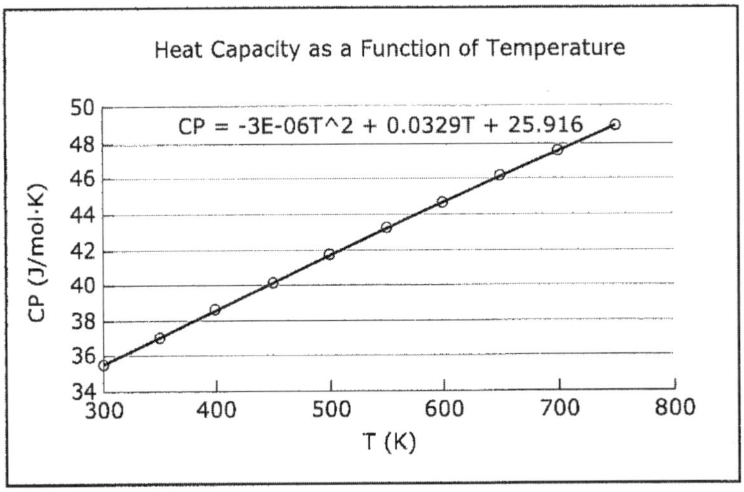

그림 11.6 엑셀로 만든 온도의 함수인 NH_3 기체의 열용량 그래프(수정본)

11.3 수치 적분

5장에서 정적분에 대한 기하학적 해석은 적분 한계 사이에서 곡선 아래 면적이었다. 해석 적분이 불가능한 상황은 적어도 두 가지 경우가 있다. 이 경우에도 곡선 아래의 면적을 아는 것은 중요하다. 첫 번째는 곡선의 방정식을 알 수 없는 경우이다. 이 경우 그래프를 이용한 어떤 형태의 적분(12장 참고)을 수행할 수 있다. 두 번째는 곡선의 방정식을 알고 있지만 함수 $e^{\pm ax^2}$와 같이 해석적으로 적분할 수 없는 경우이다. 이 경우 구적법(求積法, quadrature)이라고 하는 면적에 대한 일종의 수치 근사법을 사용할 수 있다. 그렇지만 우리는 사실 첫 번째 경우에도 수치 적분이 유용하다는 것을 보여줄 것이다. 수많은 수치 적분 방법이 개발되었으며, 그중에는 컴퓨터에 특별히 적합한 방법도 많다. 이 절에서는 스프레드시트에 적합한 두 가지를 중점적으로 살펴볼 것이다.

사다리꼴 방법에 의한 적분

가장 간단하고 간단한 적분 방법 중 하나는 적분 한계 사이의 간격을 여러 개의 동일한 하위 간격으로 나눈 후에 좌표계의 x-축으로부터 곡선까지 수직선으로 연결하는 것이다. 이러한 선들이 곡선과 만나는 점들을 직선으로 서로 연결하면 **그림 11.7**과 같이 일련의 사다리꼴이 만들어진다. 이 사다리꼴의 면적의 합은 곡선 아래의 면적을 아주 비슷하게 근사한다.

하나의 사다리꼴의 면적은 $A = \frac{1}{2}w(c+d)$이다. 여기서 w는 밑변의 너비이고 c와 d는 변의 길이다. $y = f(x)$가 곡선의 식이라 하면 사다리꼴 중 하나의 면적은 다음과 같다.

$$A = \frac{1}{2}\Delta x[f(x_1) + f(x_2)] \tag{11-3}$$

그리고 이웃하는 두 사다리꼴의 넓이의 합은 다음과 같다.

$$A = \Delta x\left[\frac{f(x_1)}{2} + \frac{f(x_2)}{2} + \frac{f(x_2)}{2} + \frac{f(x_3)}{2}\right]$$

$$= \Delta x\left[\frac{f(x_1)}{2} + f(x_2) + \frac{f(x_3)}{2}\right] \tag{11-4}$$

그러면 곡선을 n개의 간격으로 나누었을 때 a와 b사이 곡선 아래 총면적은 다음과 같다.

$$A = \Delta x\left[\frac{f(a)}{2} + f(x_1) + f(x_2) + \ldots + f(x_{n-1}) + \frac{f(b)}{2}\right] \tag{11-5}$$

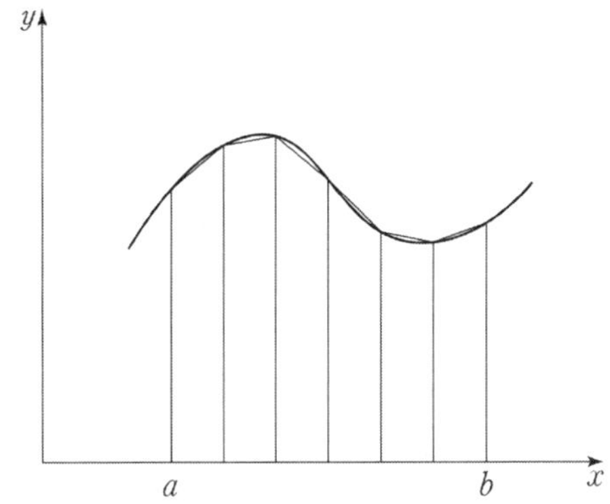

그림 11.7 사다리꼴 방법에 의한 적분

예제 11.3

이제 엑셀을 사용하여 사다리꼴 방법으로 곡선 아래의 면적을 결정해 보자. 해석적으로 적분할 수 있는 함수를 선택하여 우리의 답이 실제 면적(해석 적분의 값)과 같은지 비교할 수 있다. 사다리꼴 방법을 사용하여

$$y = \int_0^{\pi} \sin x \, dx$$

정적분의 값을 구해보자. 우리는 전체 면적을 100개의 간격으로 나눈다. 따라서 Δx는 0.0314159가 된다. 엑셀 작업 과정은 다음과 같다.

1. 엑셀을 연다.
2. 셀 A1에 `x`를 적는다.
3. 셀 B1에 `sin x`를 적는다.
4. 셀 A3에 `0`을 적는다.
5. 셀 A3를 하이라이트한다. **홈-편집** 메뉴로 가서 **채우기**를 눌러 **계열**을 선택한다. **계열**의 연속 데이터 창이 생성되면, 방향 **열**, 유형 **선형**, 단계값 0.0314159, 종료 값 3.1416을 입력하고 확인을 누른다.
6. 셀 B3에 `= sin(A3)/2`를 적는다.
7. 셀 B4에 `= sin(A4)`를 적는다.
8. 셀 B4를 클릭한 다음 B4:B102를 하이라이트한다. **홈-편집** 메뉴로 가서, **채우기**를 선택하고 **아래쪽**을 클릭한다.
9. 셀 B103에 `= sin(A103)/2`를 적는다.
10. 셀 B104에 `= SUM(B3:B103)*0.0314159`를 적는다.

셀 B104의 값은 답인 1.9998이며 실제 값인 2.0000에 매우 가깝다.

Newton-Cotes 구적법에 의한 적분

이 수치적 방법에서 적분 $\int_a^b f(x)dx$의 값은 다음의 합으로 대체된다.

$$\sum A_n y_n = A_0 y_0 + A_1 y_1 + \dots + A_n y_n$$

여기서 $n+1$개의 A_m의 값과 $n+1$개의 y_m의 값은 독립적, 즉 무관하다. A_m을 찾는 일반적인 알고리듬은 Newton-Cotes 식에 기반한다.

$$A_m = \frac{(-1)^{n-m}h}{m!(n-m)!}\int_0^n \frac{z(z-1)(z-2)\dots(z-n)}{(z-m)}dz \tag{11-6}$$

여기서 h는 이웃하는 x의 값들 사이의 간격이다. n의 값에 따라 달라지는 다양한 A_m의 값은 식 (11-6)으로 계산할 수 있으며, **표 11.3**은 그 일부를 보여준다.

표 11.3 차수 n의 값에 따른 다양한 Newton-Cotes 계수 A_m의 값

Order, n	Coefficients, A_m
1	$A_0 = A_1 = h/2$
2	$A_0 = A_2 = h/3;\ A_1 = 4h/3$
3	$A_0 = A_3 = 3h/8;\ A_1 = A_2 = 9h/8$
4	$A_0 = A_4 = 28h/90;\ A_1 = A_3 = 128h/90;\ A_2 = 48h/90$
5	$A_0 = A_5 = 95h/288;\ A_1 = A_4 = 375h/288;\ A_2 = A_3 = 250h/288$
6	$A_0 = A_6 = 246h/840;\ A_1 = A_5 = 1296h/840;\ A_2 = A_4 = 162h/840;\ A_3 = 1632h/840$

$n = 1$일 때 이 방법은 사다리꼴 방법이 되고, $n = 2$일 때 심슨의 규칙(Simpson's rule)이라 불리는 또 다른 유명한 방법이 됨을 주목하자. y의 x에 대한 함수적 의존성을 알지 못할 때나 a와 b 사이에 자료 점이 매우 적을 때, 높은 차수(order)의 Newton-Cotes 방법을 사용하는 이점이 명확히 커진다. 이 Newton-Cotes 방법에서 유일한 규정은 x-축을 따라 간격이 동일해야 한다는 것이다.

예제 11.3

1. **표 11.4**는 금속 은의 일정 압력 열용량을 20 K에서 100 K까지 온도에 대한 함수로 나타낸 것이다. Newton-Cotes 방법을 사용하여 이 온도 범위에서 다음 식으로 주어지는 금속 은의 엔탈피 변화를 구하시오.

$$\Delta H = \int_{20}^{100} C_p \, dT$$

표 11.4 20 K로부터 100 K까지 온도에서 금속 은의 일정 압력 열용량

T(K)	C_p(J mol^{-1} K^{-1})	T(K)	C_p(J mol^{-1} K^{-1})
20	1.672	70	16.29
30	4.768	80	17.91
40	8.414	90	19.09
50	11.65	100	20.17
60	14.35		

우리는 두 개의 4차($n = 4$, 즉 다섯 점으로 적분) Newton-Cotes 방법을 적용할 수 있다. 이때 두 적분은 각각 $T = 20, 30, 40, 50, 60$ 그리고 $T = 60, 70, 80, 90, 100$에 적용된다. 이 경우 간격 h는 10이

다. **표 11.3**의 $n = 4$ 계수들을 사용하면 된다. 엑셀을 이용하는 경우 다음의 과정을 따른다.

1. 엑셀을 연다.
2. 셀 A1에 T를 적는다.
3. 셀 B1에 Cp을 적는다.
4. 셀 A3:A11에 **표 11.4**의 온도 자료를 적는다.
5. 셀 B3:B11에 **표 11.4**의 Cp 자료를 적는다.
6. 셀 C7에 `= 10*(28*B3+128*B4+48*B5+128*B6+28*B7)/90` 을 적는다.
7. 셀 C7을 클릭해 C7:C11를 선택을 하이라이트한다. **홈–편집** 메뉴로 가서, **채우기**를 선택하고 **아래쪽**을 클릭한다.
8. 셀 C12에 `= C7+C11`을 적는다.

셀 C12에 답인 1034.3 J이 나타날 것이다.

2. 이제 적분 $y = \int_0^{\pi} \sin x \, dx$에 3차($n = 3$, 즉 네 점으로 적분) Newton-Cotes 방법을 적용해 보자. 0에서 π까지 간격은 9개로 나뉜다. 따라서 $h = 3.14159/9 = 0.349066$이다. **표 11.3**의 $n = 3$계수를 가지고 다음 과정을 따라가 보자.

1. 엑셀을 연다.
2. 셀 A1에 x를 적는다.
3. 셀 B1에 `sin x`를 적는다.
4. 셀 A3에 0를 적는다.
5. 셀 A3을 클릭해 하이라이트한다. **홈–편집** 메뉴로 가서 **채우기**를 눌러 **계열**을 선택한다. **계열**의 연속 데이터 창이 생성되면, 방향 **열**, 유형 **선형**, 단계 값 0.349066, 종료 값 3.1416을 입력하고 확인을 누른다.
6. 셀 B3에서 `=sin(A3)`을 적는다. 셀 B3:B12를 하이라이트한 후, **홈–편집** 메뉴로 가서, **채우기**를 선택하고 **아래쪽**을 클릭한다.
7. 셀 C6에 `= 0.349066*(3*B3+9*B4+9*B5+3*B6)/8`을 적는다.
8. 셀 C6:C12를 선택을 한 후, **홈–편집** 메뉴로 가서, **채우기**를 선택하고 **아래쪽**을 클릭한다.
9. 셀 C13에 `= C6+C9+C12`를 적는다.

셀 C13에 답인 2.0004가 나타날 것이다. 이 예는 겨우 9개의 균등하게 나누어진 하위 간격으로도 면적을 매우 정확하게 근사할 수 있음을 설명하고 있다.

11.4 방정식의 근

2장에서 우리는 그래프를 이용해 다항 방정식의 근을 찾아내는 방법을 언급했었다. 이번 절에서 우리는 엑셀의 '목표값 찾기(Goal Seek)'라는 연산을 이용해 방정식의 근을 찾는 방법에 대해 토의한다. 목표값을 찾기의 알고리듬은 Newton-Raphson 방법에 기초한다. 이 방법은 $y = f(x)$로 표현되는 곡선에 점 x_1에서 접하는 직선이 x-축과 점 x_2에서 만나고 이 점은 x_1보다 근에 더 가까운 값을 가진다는 전제에 근거한다. **그림 11.8**은 이러한 상황을 나타낸다. x_1에서 곡선에 접하는 직선의 기울기는 이 점에서 구한 도함수 $f'(x_1) = dy/dx|_{x=x_1}$이다. 그리고 이 그림으로부터 다음의 관계식을 얻을 수 있다.

$$y'(x_1) = \tan\theta = \frac{y_1}{(x_2 - x_1)}$$

즉,

$$x_2 = x_1 + \frac{y(x_1)}{y'(x_1)} \tag{11-7}$$

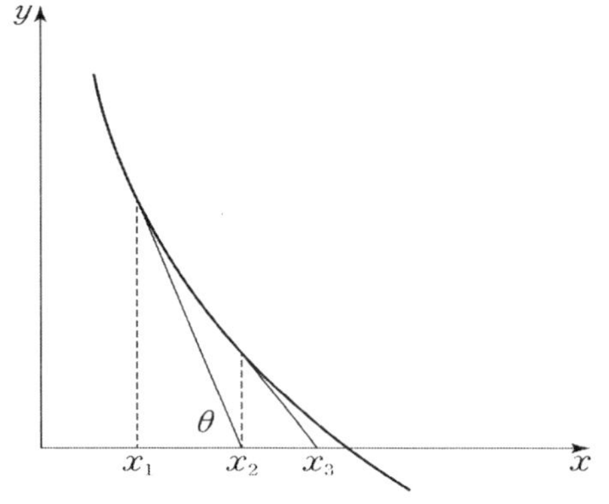

그림 11.8 Newton-Raphson 방법

Newton-Raphson 방법이 작용하기 위해서는 근에 수렴할 때까지 반복되는 횟수가 합리적인 수준이어야 한다. 그런데 초기 추정값이 실제 근에 충분히 가깝지 않으면, 이는 항상 가능한 것이 아니다. 다행스럽게도 엑셀은 방정식의 근에 대해 매우 가까운 좋은 초기 추정값을 제공한다.

예제 11.3

1. 이번 예제에서는 엑셀을 가지고 방정식 $x^2+1.114x-2.346=0$의 근을 결정한다. 목표값 찾기는 한 번에 하나의 근을 내놓기 때문에 먼저 각각의 근에 대해 초기 추정값을 정해야 한다. 우리는 완전 탐색(brute-force approach)이라 종종 불리기도 하는 별로 우아하지 못한 방법을 사용할 것이다.

   1. 엑셀을 연다.
   2. 셀 A1에 x을 적는다.
   3. 셀 B1에 f(x)을 적는다.
   4. 셀 A3에 -3을 적는다.
   5. **홈-편집** 메뉴로 가서 **채우기**를 눌러 **계열**을 선택한다. **계열**의 연속 데이터 창이 생성되면, 방향 **열**, 유형 **선형**, 단계 값 0.1, 종료 값 $+3$을 입력하고 확인을 누른다.
   5. 셀 B3에 =A3^2+1.114*A3-2.346을 적는다.
   7. 셀 B3:B63를 하이라이트한다. **홈-편집** 메뉴로 가서, **채우기**를 선택하고 **아래쪽**을 클릭한다.
   8. 이제 B열에서 그 안의 값의 부호가 변하기 직전의 셀들을 찾는다. 이러한 셀들의 값을 A행에 기록한다. 이 예에서는 $\mathrm{A}=-2.2$이고 $\mathrm{A}=1.0$이다. 이 값들이 $f(x)=0$을 만드는 데 가깝기 때문에 첫 번째 추정값이 된다.
   9. 새 시트를 연다.
   10. 셀 B1 안에 =A1^2+1.114*A1-2.346을 적는다.
   11. 셀 A1 안에 첫 번째 추측값 -2.2를 적는다. **ENTER**를 누른다. 이제 셀 B1을 하이라이트한다.
   12. **데이터-예측-가상분석**의 **목표값 찾기**로 간다. **목표값 찾기** 창이 나타날 것이다. **수식 셀**을 B1에 두고 **찾는 값**에 0을 넣고 **값을 바꿀 셀**을 A1로 한다. **목표값 찾기 상태** 창이 나타날 것이다. 확인을 클릭한다. 셀 A1의 바뀐 값이 첫 번째 근이다. 이 예에서는 $x=-2.187$이다.
   13. 셀 A2에 두 번째 추측값 1.0을 넣는다. 셀 B1으로 가서 셀 B1:B2를 하이라이트한다. **홈-편집** 메뉴로 가서, **채우기**를 선택하고 **아래쪽**을 클릭한다.

14. 셀 B2를 클릭해 하이라이트한다. **데이터–예측–가상분석**의 **목표값 찾기**로 간다. **목표값 찾기** 창이 나타날 것이다. **수식 셀**을 B2에 두고 **찾는 값**에 0을 넣고 **값을 바꿀 셀**을 A2로 한다. 두 번째 근 1.073이 A2에 나타날 것이다.

2. 뷰타디엔의 π-전자계 휘켈(Hückel) 분자궤도함수를 구하기 위해 영년 행렬식을 전개하면 특성 방정식 $x^4 - 3x^2 + 1 = 0$이 나타난다. 첫 번째 추정값을 얻은 후에 목표값 찾기를 사용하여 이 방정식의 근을 구한다. 이 근에 의해 휘켈 분자궤도함수의 에너지를 정할 수 있다.

1. 엑셀을 연다.
2. 셀 A1에 x를 적는다.
3. 셀 B1에 f(x)를 적는다.
4. 셀 A3에 -3을 넣고 **홈–편집** 메뉴로 가서 **채우기**를 눌러 **계열**을 선택한다. **계열**의 연속 데이터 창이 생성되면, 방향 **열**, 유형 **선형**, 단계 값 0.1, 종료 값 +3을 입력하고 확인을 누른다.
5. 셀 B3에 =A3^4-3*A3^2+1을 적는다. B열의 모든 x값에 대해 가진 방정식의 값을 구하기 위해 셀 B3:B63를 하이라이트한 후, **홈–편집**-메뉴로 가서, **채우기**를 선택하고 **아래쪽**을 클릭한다.
6. 방정식 값의 부호가 변하기 직전의 셀들을 찾고, 이 x값을 셀 D3:D6에 적는다. 이 예에서 x값은 $-1.7,\ -0.7,\ +0.6,\ +1.6$이다.
7. 셀 E3에 =D3^4-3*D3^2+1을 적는다. 이러한 x값의 방정식 값을 찾기 위해 셀 E3:E6를 하이라이트한 후, **홈–편집** 메뉴로 가서, **채우기**를 선택하고 **아래쪽**을 클릭한다.
8. 셀 E3을 클릭해 하이라이트한다. 셀 E3이 0으로 되는 D3값을 찾기 위해 **목표값 찾기**를 사용한다.
9. 셀 E4, E5, E6에 대해 단계 8을 반복한다.
10. 셀 D3, D4, D5, D6에 근이 나타날 것이다. 방정식의 근은 $x = -1.618,\ -0.618,\ +0.618,\ +1.618$이다.

이 방법을 사용할 때는 중근과 같은 다중근 그리고 허근을 조심해야 한다. 이와 같은 근이 존재할 경우는 그 근처에서 "완전 탐색"을 시도해도 방정식 값의 부호가 바뀌지 않을 것이다. 다중근이 실수인 경우라면, 방정식의 값은 그 점에서 0이 될 것이다. 만약 근이 허수라면, 방정식의 값은 절대 0(그래프로는 x-축)에 도달하지 못한다. 이 방법을 사용하기 위해서는 수학적인 직관이 꽤 필요하다.

11.5 푸리에 변환 재방문: 매크로

디지털 컴퓨터는 연속적인 데이터를 잘 다루지 못한다. 이러한 이유로, 컴퓨터로 계산하는 푸리에 변환에서는 함수의 이산(離散, discrete, 띄엄띄엄한) 표본 값들을 필요로 한다. 예를 들어, $\sin(2\pi\nu t)$나 $\cos(2\pi\nu t)$로 표현되는 sin파나 cos파와 같은 시간의 함수를 생각해보자. 함수가 주기적이기 때문에 우리는 오직 한 주기 τ_0에서 표본을 얻으면 된다. 물론 어떤 경우에는 그 이상의 시간 구역에서 표본을 추출해야 할 수도 있다. 함수의 이산 푸리에 변환(discrete Fourier transform, DFT)은 식

$$F(\nu)=\frac{1}{N}\sum_{k}f(k)e^{2\pi i\nu k} \tag{11-8}$$

으로 정의되며, 여기서 N은 주기 τ_0에서 추출한 표본의 수, k는 정수 $-t$로부터 0을 지나 $t-1$까지 진행한다. 그리고 푸리에 변환은 함수를 시간 영역에서 주파수 영역으로 변환한다고 말한다. 오일러 관계식 $e^{i\theta}=\cos\theta+i\sin\theta$를 이용하면 이 식은 다음과 같이 쓸 수 있다.

$$F(\nu)=\frac{1}{N}\sum_{k}f(k)(\cos 2\pi\nu k+i\sin 2\pi\nu k) \tag{11-9}$$

따라서 우리는 푸리에 변환을 실수부와 허수부로 분리할 수 있다. 이제 중요한 문제는 주기 τ_0 동안 몇 번 표본을 추출할지 결정하는 것이다. 명백한 것은 표본을 더 많이 추출할수록 이산 푸리에 변환이 연속 푸리에 변환을 더 잘 대체할 수 있다는 점이다. 하지만 표본이 많으면 계산량이 많아져 시간이 더 걸린다. 오늘날 우리는 컴퓨터가 고속 푸리에 변환(fast Fourier transform, FFT)이라 불리는 알고리듬(algorithm, 연산 방식)을 이용해 이산 푸리에 변환의 계산을 아주 빠르게 수행할 수 있다는 것을 안다. 그런데 이 알고리듬을 사용하

기 위해서는 추출된 표본의 수가 2의 거듭제곱으로 표현되어야 한다.

실제 DFT 변환에서는 식 (11-9)의 실수부와 허수부를 따로 계산하는 것이 편리하다. 즉 다음과 같이 실수부

$$\mathrm{Re}\,(\nu)=\frac{1}{N}\sum_k f(k)\cos 2\pi\nu k \tag{11-10}$$

와 i를 포함한 허수부

$$i\,\mathrm{Im}\,(\nu)=\frac{i}{N}\sum_k f(k)\sin 2\pi\nu k \tag{11-11}$$

를 정의한다. 복소 함수 $F(\nu)$의 절대값의 제곱은

$$|F(\nu)|^2=F^*(\nu)F(\nu)=(\mathrm{Re}\,(\nu))^2+(\mathrm{Im}\,(\nu))^2 \tag{11-12}$$

이다. 여기에서 $F^*(\nu)$는 $F(\nu)$의 켤레 복소수를 나타낸다. ν에 대한 $|F(\nu)|^2$의 그래프를 푸리에 변환의 파워 스펙트럼(power spectrum)이라 부른다.

이제 어떻게 이 식들을 사용하는지 보여주기 위하여 함수 $f(t)=4\sin(\pi t/8)$ 의 이산 푸리에 변환을 수행해 보자. 주기가 16초이므로 한 주기 동안 $N=16$, 16번 표본을 추출해 보자. 그러면 1초 간격으로 표본은 -8초부터 $+7$초까지에서 얻는다. 각 표본 추출 시간에 해당하는 표본 추툴 주파수는 $\nu_k=t_k/16$ 이다. 이산 푸리에 변환의 파워 스펙트럼을 찾기 위해서는 먼저 표본 추출 주파수에서 Re(ν)와 Im(ν)를 계산해야 한다. 예를 들어, $t_k=-8$초 $(\nu_k=-0.5)$에서 Re(ν)를 계산하기 위해서 우리는 식 (11-10)에 $\nu=-0.5$를 대입해야 한다. 그리고 $k=-8$로부터 $+7$까지 합을 구해야 한다. **표 11.5**는 관련 자료를 나타낸다. 이에 따라 우리는

$$\begin{aligned}\mathrm{Re}(\nu=-0.5)=\frac{1}{16}[&0\cdot\cos(2\pi(-0.5)(-8))-1.531\cdot\cos(2\pi(-0.5)(-7))\\&-2.828\cdot\cos(2\pi)(-0.5)(-6))+\ldots\\&+2.828\cdot\cos(2\pi)(-0.5)(+6))\\&+1.531\cdot\cos(2\pi)(-0.5)(+7))]=0\end{aligned}$$

을 얻는다. 이 계산을 각각의 추출된 표본 주파수에서 수행한다. **표 11.5**는 최종 결과도 보여준다. 푸리에 변환은 시간 함수인 사인파를 하나의 주파수 $\nu_0 = 0.0625\,\mathrm{Hz}$와 그 주파수에서의 진폭으로 변환시킨다는 것을 알 수 있다. 결과가 이러한 이유는 $2\pi v_0 t = \pi t/8$이고, 그러므로 ν_0가 $1/16 = 0.0625$이기 때문이다. 그런데 이 변환은 겨우 16개의 표본을 사용함에도 불구하고 길고 지루한 계산이 된다.

이제 이 계산을 컴퓨터에 맡길 수 있는지 살펴보자. 스프레드시트에 프로그램을 도입하고 그 프로그램이 우리가 원하는 계산을 수행하고 합리적인 결정을 하도록 하는 방법이 있다. 매크로(macro)로 알려진 이 프로그램은 스프레드시트 내부에서 불러 사용할 수 있다. 엑셀에서 매크로는 Visual BASIC for Applications이라 불리는 언어로 작성한다. 매크로를 만들기 위해서는 프로그래밍 언어 BASIC에 대한 이해가 일부 필요하기 때문에 이 절에서는 실제 작성하는 것은 다루지 않을 것이다. 그보다는 우리가 어떻게 엑셀 스프레드시트에 매크로를 넣는지 그 방법에 집중할 것이다. 왜냐하면 인터넷을 비롯한 다양한 공급원으로부터 많은 매크로를 구할 수 있기 때문이다.

표 11.5 $4\sin(\pi t/8)$의 이산 푸리에 변환 계산

Time(t_k)	$f(t_k)$	ν_k	Re(ν_k)	Im(ν_k)	$\lvert F(\nu_k)\rvert^2$
−8	0	−0.500	0	0	0
−7	−1.531	−0.438	0	0	0
−6	−2.828	−0.375	0	0	0
−5	−3.696	−0.313	0	0	0
−4	−4.000	−0.250	0	0	0
−3	−3.696	−0.188	0	0	0
−2	−2.828	−0.125	0	0	0

-1	-1.531	-0.0625	0	-2.000	4.000
0	0	0	0	0	0
1	1.531	0.0625	0	2.000	4.000
2	2.828	0.125	0	0	0
3	3.696	0.188	0	0	0
4	4.000	0.250	0	0	0
5	3.696	0.313	0	0	0
6	2.828	0.375	0	0	0
7	1.531	0.438	0	0	0

스프레드시트에 어떻게 매크로를 넣는지 보여주기 위해 4장에서 이미 언급했던 Robert de Levie의 저서 '*How to Use Excel in Analytical Chemistry and in General Scientific Data Anaylsis*'에 있는 다음의 예를 살펴보도록 하자.

```
'Macro to read a cell value
Sub read()
myValue = Selection.Value
MsgBox "The cell value is " & myValue
End Sub
```

매크로를 스프레드시트에 넣기 전에 매크로의 몇 가지 특징에 대해 먼저 살펴보자. 이 특징은 모든 매크로에서 찾아볼 수 있으며 지금 우리의 목적을 위해서도 중요하다.

아포스트로피로 시작하는 첫 번째 문장은 주석문(comment statement)으로 알려져 있다. 주석문은 사용자들의 편의를 위해 존재하는 것으로 컴퓨터는 이 주석문을 실행하지 않고 무시한다. 매크로 작성자는 각 행이 아포스트로피로 시작된다면 얼마든지 길게 주석문을 달 수 있다. 주석문은 보통 다른 문과 구분하기 위해 다른 색으로 표시된다. 두 번째 행은 매크로를 서브루틴(subroutine)으로 지정한다. 이 예에서 매크로의 이름은 "read"인데, 매크로의 이름은 항상 ( )로 끝난다. 다음 행에서 Selection.Value는 스프레드시트의 특정 셀이 선택될 것이고 스프레드시트가 그 셀 안의 수치를 변수 myValue에 저장하리라는 것을 나타낸다. "Selection"과 "Value" 사이에는 점(period)이 있어야 함을 잊지 말자. MsgBox는 메시지 박스(Message Box)를 뜻한다. 이것은 인용 부호 안에 있는 문자가 메시지 박스에 나타나도록 한다. "&" 기호는 메시지가 끝났다는 것을 컴퓨터에 알려준다.

이제 매크로를 스프레드시트에 넣어 보자.

1. 엑셀을 연다.
2. Macro를 작성하기 위해서는 "**개발 도구 탭**"이 보여야 한다. 만약 보이지 않는다면 **파일–옵션–리본 사용자 지정**에서 **개발 도구**를 선택한다.
3. **개발 도구–코드–매크로 보안**을 잠시 **모든 매크로 포함**으로 설정하고 확인을 누른다. (필요하다면, 매크로 작업이 끝난 후 원래 설정으로 되돌린다)
4. **개발 도구–코드–매크로 기록**을 누른다. 매크로 기록 창이 열리면, 이름 read, 바로 가기 키 Ctrl+r, 매크로 저장 위치 현재 통합 문서, 설명 read the current cell value.를 적는다.
5. **개발 도구–코드–Visual Basic Editor**를 눌러 매크로를 입력한다. 위의 "read" 매크로를 글자 그대로 정확하게 입력한다.
6. 스프레드시트로 돌아간다. **개발 도구–코드–기록 중지**를 눌러 입력을 마친다.
7. Macro 실행을 위해 자료를 준비한다. 셀 A3:A7에 1, 2, 3, 4, 5를 적는다. 셀 A7을 하이라이트한다.
8. **개발 도구–코드–매크로**를 눌러 read 매크로를 선택하고 실행한다.
9. **개발 도구–코드–매크로**를 눌러 매크로를 선택하고 실행한다. 셀 값이 5임을 알리는 메시지 박스가 나타날 것이다. **Ctrl**키와 **r**키를 동시에 눌러도 같은 결과를 줄 것이다.
10. 스프레드시트를 Excel 매크로 사용 통합 문서(*.xlsm) 형식으로 저장한다.

이제 어떻게 매크로를 사용하는지 알았으니 이산 푸리에 변환을 계산하기 위한 스프레드시트를 만들어 보자.

1. 엑셀을 연다.
2. **개발 도구–코드–매크로 기록**을 누른다. 매크로 기록 창이 열리면, 이름 Fourier, 바로 가기 키 Ctrl+f, 매크로 저장 위치 현재 통합 문서, 설명 perform discrete Fourier transform.를 적는다.
3. **개발 도구–코드–Visual Basic Editor**를 눌러 매크로를 입력한다. 다음의 "Fourier" 매크로를 글자 그대로 정확하게 입력하고 저장한다.

```
'Macro for calculating a discrete Fourier transform
Sub Fourier()
Dim dataArray As Variant, cn As Integer, cnMax As Integer,
  rn As Integer
Dim rnMax As Integer, i As Integer, j As Integer, nu(1000)
  As Double
Dim time(1000) As Double, fn(1000) As Double, Re(1000) As
  Double
```

```
Dim Im(1000) As Double, Pw(1000) As Double, A As Double, B
  As Double
dataArray = Selection.Value
rnMax = Selection.Rows.Count
cnMax = Selection.Columns.Count
For rn = 1 to rnMax
    nu(rn) = dataArray(rn, 3)
    fn(rn) = dataArray(rn, 2)
    time(rn) = dataArray(rn, 1)
Next rn
For j = 1 to rnMax
    A = 0
    B = 0
    For i = 1 to rnMax
        A = A + (fn(i) * cos(2 * 3.14159 * nu(j) * time(i)))
        B = B + (fn(i) * sin(2 * 3.14159 * nu(j) * time(i)))
    Next i
    Re(j) = A/rnMax
    Im(j) = B/rnMax
    Pw(j) = Re(j) * Re(j) + Im(j) * Im(j)
Next j
'Output data
For i = 1 to rnMax
    dataArray(i, 5) = Re(i)
    dataArray(i, 6) = Im(i)
    dataArray(i, 7) = Pw(i)
Next i
Selection.Value = dataArray
End Sub
```

스프레드시트를 푸리에 변환으로서 저장한다. A = A + (fn(i)...)의 행에서 fn과 time의 지는 i이지만 nu는 j임을 주목하자. B = B + (fn(i)...)의 행도 마찬가지이다. 매크로를 입력할 때 이 차이를 분명히 알아야 한다.

매크로를 사용하기 위해서는 스프레드시트를 특별한 방법으로 만들어야 한다. 몇 가지 예를 들어 설명하도록 하겠다.

예제 11.7

1. $4\sin(\pi t/8)$을 푸리에 변환하여 파워 스펙트럼을 계산하시오.

1. 푸리에 변환을 위한 스프레드시트를 연다.
2. 셀 A1에 time이라고 적는다.
3. 셀 B1에 f(t)라고 적는다.
4. 셀 C1에 nu라고 적는다.
5. 셀 E1에 Re라고 적는다.
6. 셀 F1에 Im을 적는다.
7. 셀 G1에 Pw을 적는다.
8. 셀 A3에 -8을 적는다. **홈–편집** 메뉴로 가서 **채우기**를 눌러 **계열**을 선택한다. 방향 **열**, 유형 **선형**, 단계값 1, 종료 값 7을 입력하고 확인을 누른다.
9. 셀 B3에 =4*sin(pi()*A3/8)을 적는다. 셀 B3을 클릭하고 셀 B3:B18을 하이라이트한다. **홈–편집** 메뉴로 가서, **채우기**를 선택하고 **아래쪽**을 클릭한다.
10. 이 예에서 주기는 16초이다. 그러므로 셀 C3에 =A3/16을 적는다. 셀 C3을 클릭하고 C3:C18을 하이라이트한다. **홈–편집** 메뉴로 가서, **채우기**를 선택하고 **아래쪽**을 클릭한다.
11. 이제 셀 A3을 클릭하고 (자료가 들어있거나 들어갈 모든) 셀 A3:G18을 하이라이트한다.
12. **개발 도구–코드–매크로**를 눌러 Fourier 매크로를 선택하고 실행한다. **Ctrl**키와 **f**키를 동시에 눌러도 같은 결과를 줄 것이다. E, F, G 열의 푸리에 변환 자료는 **표 11.5**에 나타낸 것과 일치해야 한다.
13. **개발 도구–코드–매크로**를 눌러 **옵션**을 선택하고, 바로가기 키 박스에 f를 배치한다.

파워 스펙트럼의 그래프를 그리기 위해서는 다음 과정을 따른다.

14. 셀 D3에 =G3을 입력합니다. 셀 D3을 클릭하고 셀 D3:D18을 하이라이트한다. **홈–편집** 메뉴로 가서, **채우기**를 선택하고 **아래쪽**을 클릭한다.
15. 이제 셀 C3:D18을 하이라이트한다. **삽입–차트** 메뉴로 가서 **추천차트**를 클릭한다. 분산형 차트를 선택한다. 그래프를 2절에 설명된 절차에 따라 그린다.

다음 두 예제에서는 푸리에 변환 계산이 어떻게 하나의 복잡한 파동 속에 존재하는 주파수들을 찾아낼 수 있는지 보여준다. 푸리에 변환 적외선 분광법(FT-IR)과 푸리에 변환 핵자기공명 분광법(FT-NMR))의 기초가 되는 것은 바로 이렇게 주파수를 끌어내는 푸리에 변환의 능력이다.

예제 11.8

1. 함수 $f(t) = 2\cos(\pi t/8) + 3\cos(4\pi t/8)$의 푸리에 변환을 구해보자. 그리고 $f(t)$와 그 푸리에 변환의 파워 스펙트럼에 대한 그래프를 모두 그려보자.
   1. 푸리에 변환을 연다.
   2. 셀 A3에 -8을 적는다.
   3. 셀 A3을 하이라이트하고 **홈–편집** 메뉴로 가서 **채우기**를 눌러 **계열**을 선택한다. 방향 **열**, 유형 **선형**, 단계값 0.5, 종료 값 7.5를 입력하고 확인을 누른다.
   4. 셀 B3 에 =2*cos(pi()*A3/8)+3*cos(4*pi()*A3/8)을 적는다.
   5. 셀 B3:B34을 하이라이트한다. **홈–편집** 메뉴로 가서, **채우기**를 선택하고 **아래쪽**을 클릭한다.
   6. 셀 C3에 =A3/16을 입력한다. 셀 C3:C34를 하이라이트하고 **홈–편집** 메뉴로 가서, **채우기**를 선택하고 **아래쪽**을 클릭한다.
   7. 셀 A3:G34을 하이라이트한다. Fourier 매크로를 실행한다.
   8. 셀 D3에 =G3을 적는다. 셀 G3:G34를 하이라이트하고 **홈–편집** 메뉴로 가서, **채우기**를 선택하고 **아래쪽**을 클릭한다.
   9. 셀 A3:B34로 그래프 하나, 그리고 셀 C3:D34로 또 하나의 그래프를 만든다.

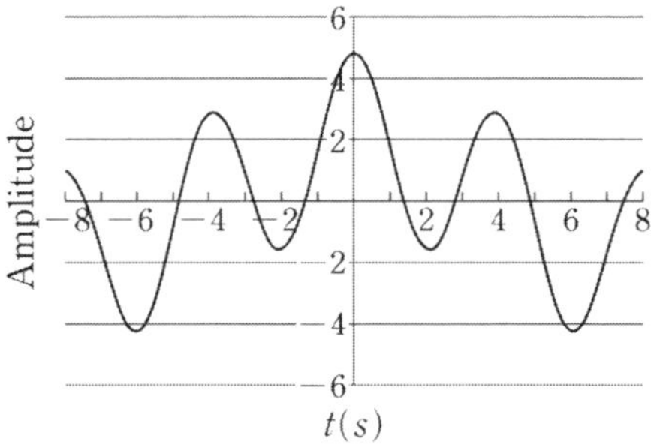

(a)

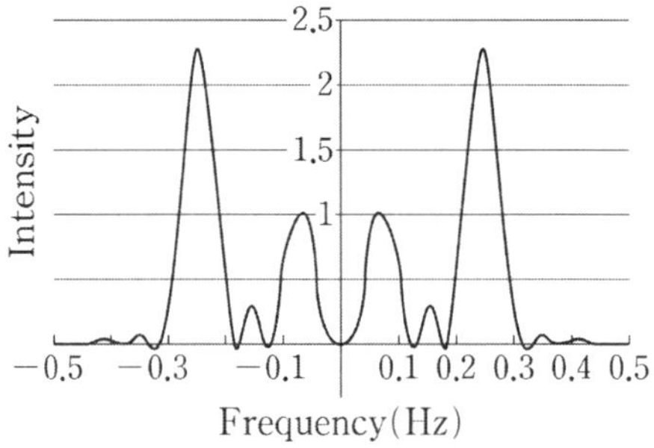

(b)

그림 11.9 **(a)** $f(t) = 2\cos(\pi t/8) + 3\cos(4\pi t/8)$의 그래프, **(b)** 푸리에 변환의 $f(t)$

이 푸리에 변환은 두 개의 주파수 $0.0625\,\text{Hz}$와 $0.250\,\text{Hz}$, 그리고 그 주파수 값에서 진폭을 제공한다. 여기서 Pw는 진폭의 절대값의 나타낸다. 또한 푸리에 변환의 진폭은 주파수의 양의 성분과 음의 성분에서 각각 나타난다. 그러므로 $0.0625\,\text{Hz}$에서 파동의 진폭은 $\sqrt{1.000} \times 2 = 2.000$ 이고 $0.250\,\text{Hz}$에서 파동의 진폭은 $\sqrt{2.25} \times 2 = 1.500 \times 2 = 3.000$이다. **그림 11.9**는 원함수인 파동과 그 푸리에 변환의 그래프이다.

2. 지금까지 설명한 바와 같이 푸리에 변환은 다양한 유형의 분광학에서 중요한 역할을 수행한다. **그림 11.10(a)**는 화합물 CH_3CH_2Cl의 핵자기공명 자유유도 감쇄 신호(free- induction decay(FID) signal, 연습 문제 13번 참고)를 보여준다. 이 신호의 푸리에 변환을 계산하면 **그림 11.10(b)**의 스펙트럼을 얻는다.

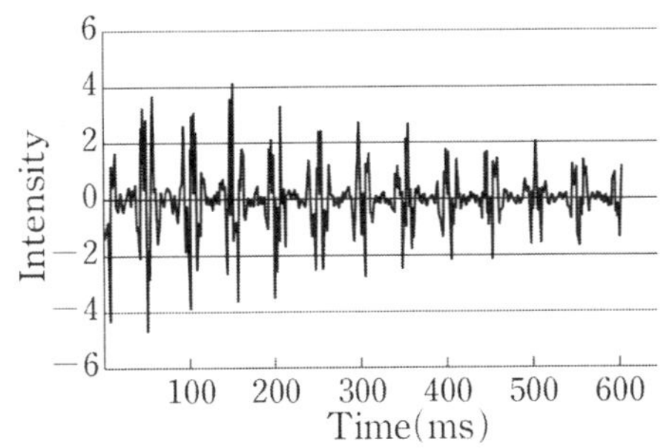

(a)

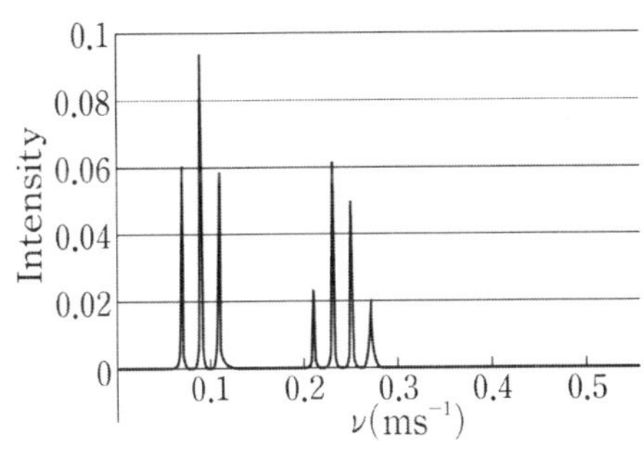

(b)

그림 11.10 **(a)** CH_3CH_2X의 자유유도 감쇄(FID) 신호, **(b)** FID 신호의 푸리에 변환

CHAPTER

11 연습문제

1 부피가 30.0 L인 어떤 단단한 용기에 압력 175.0 bar, 온도 27.0℃의 일산화 질소(NO) 기체가 들어 있다 한다. 반데르발스 방정식의 연속적 근사법(successive approximations)을 이용하여. 용기 안 일산화 질소의 질량을 g 단위로 구하시오. 이 기체의 반데르발스 계수는 $a = 1.358\ \mathrm{L^2\ bar\ mol^{-1}}$, $b = 0.02789\ \mathrm{L\ mol^{-1}}$이다.

2 몰랄농도 m에 따라 변하는 용액의 전체 부피는 다음 식으로 나타낼 수 있다.

$$V = a + bm + cm^2$$

여기서, a, b, c의 실험에 의해 결정되는 상수이다. 다음 자료는 1000 g의 물을 용매로 한 설탕물의 농도를 나타낸 것이다.

$m(\mathrm{mol\ kg^{-1}})$	$V(\mathrm{mL})$	$m(\mathrm{mol\ kg^{-1}})$	$V(\mathrm{mL})$
1.5000	1156.77	0.1875	1069.88
0.7500	1125.00	0.0938	1058.10
0.3750	1091.23		

엑셀의 추세선 기능을 사용하여 실험 곡선을 다항식으로 근사하고 계수 a, b, c의 값을 구하시오.

3 어떤 반응의 반응속도 상수는 다음의 아레니우스(Arrhenius) 식을 따른다고 한다.

$$\ln k = -\frac{E_a}{RT} + \ln A_0$$

다음 자료는 온도에 따른 1차 반응의 속도 상수를 나타낸 것이다. $\ln k$를 $1/T$에 대해 도시하고, 최소자승법을 이용하여 직선의 기울기로부터 활성화에너지 E_a를 구하시오.

T(K)	$k(s^{-1})$	T(K)	$k(s^{-1})$
288.2	1.780×10^{-4}	308.2	1.737×10^{-3}
298.2	5.777×10^{-4}	318.2	4.876×10^{-3}

4 사다리꼴 방법을 이용하여 다음 적분 값을 구하시오. 적어도 4개의 유효숫자로 답을 쓰시오.

(a) $\int_0^4 \sqrt{x+1}\, dx$ (b) $\int_1^4 \frac{1}{x}\, dx$

(c) $\int_0^{\pi/2} \cos x\, dx$ (d) $\int_1^2 e^{-x}\, dx$

5 다음은 30 K에서 110 K까지 온도 변화에 따른 $Al_2O_3(s)$의 몰 열용량을 나타낸 표이다.

T(K)	C_p (J mol^{-1}K^{-1})	T(K)	C_p (J mol^{-1}K^{-1})
30	0.263	80	6.895
40	0.691	90	9.69
50	1.492	100	12.84
60	2.779	110	16.32
70	4.582		

두 개의 4차($n=4$, 즉 다섯 점으로 적분) Newton-Cotes 방법과 다음 식을 이용하여, 30 K부터 110 K까지 $Al_2O_3(s)$의 엔탈피 변화를 구하시오.

$$\Delta H = \int_{30}^{110} C_p\, dT$$

6 다음은 5 K에서 30 K까지 온도 변화에 따른 백금(platinum)의 몰 열용량을 나타낸 표이다.

T(K)	C_p (J mol^{-1}K^{-1})	T(K)	C_p (J mol^{-1}K^{-1})
5	0.1014	20	1.444
10	0.2185	25	2.673
15	0.6438	30	4.136

하나의 5차($n=5$, 즉 여섯 점으로 적분) Newton-Cotes 방법과 다음 식을 이용하여, 5 K부터 30 K까지 백금의 엔트로피 변화를 구하시오. 이 값을 사다리꼴 방법을 이용하여 구한 값과 비교하시오.

$$\Delta S=\int_5^{30}\frac{C_p}{T}\,dT$$

7 J. O. Hutchins, A. G. Cole, J. W. Stout 의 논문 *J. Amer. Chem. Soc.*, 82, 4813 (1960)의 자료와 다음 식을 이용하여 298 K에서 l-alanine 결정의 S^0값을 사다리꼴 적분 방법으로 구하시오.

$$S^0=\int_0^{298}\frac{C_p}{T}\,dT$$

8 두 개의 3차($n=3$, 즉 네 점으로 적분) Newton-Cotes 방법을 이용하여 다음의 적분값을 구하시오.

$$\frac{2}{a}\int_0^a \sin^2\frac{\pi x}{a}\,dx$$

9 다음 방정식의 근을 구하시오.

(a) $x^3+1.591x^2-4.464x-1.631=0$

(b) $x^3-3x^2+4=0$

(c) $x^3-1.470x^2-0.654x+1.170=0$

(d) $x^4-1.329x^3-5.651x^2+11.289x-5.309=0$

10 염화 바이닐(CH_2CHCl)의 π-전자계에 Hückel 규칙을 적용하면, $x^3+2x^2-1.111x-2=0$의 특성 방정식이 나오는 영년 행렬식을 얻을 수 있다. 엑셀을 이용하여 이 방정식의 근을 구하시오. 답이 -3부터 $+3$까지의 범위에 있다고 가정하시오.

11 매크로 *Fourier*를 이용하여, 다음 함수의 이산 푸리에 변환(discrete Fourier transform)을 구하시오.

$$f(t)=\begin{cases} -1\ ; & -0.5 \le t < 0 \\ +1\ ; & 0 < t \le +0.5 \end{cases}$$

(힌트: t를 -0.50부터 0까지 0.015625씩 변하게 할 것. 다음으로 0 하나를 입력하고, 그다음 0부터 $+0.484375$까지 다시 0.015625씩 변하게 할 것. 이렇게 해서 총 $2^6=64$ 개의 균일한 표본을 얻음. $\nu=20t$로 놓음. $t=-0.5$와 $t=0$일 때 $f(t)=0$으로, $-0.5<t<0$에서 $f(t)=-1$으로, $0<t<+0.5$에서 $f(t)=+1$로 설정할 것)

이산 푸리에 변환의 허수부가 다음 여섯 항의 급수로 표현됨을 보이시오.

$$f(t)=2[0.6895\sin(2\pi t)+0.2001\sin(6\pi t)+0.1248\sin(10\pi t)$$
$$+0.08626\sin(14\pi t)+0.06811\sin(18\pi t)]$$

12 엑셀을 이용하여 문제 11의 급수를 $t = -0.50$부터 +0.50까지 0.01의 단계로 그리고, 이 급수의 그래프가 계단 함수에 근접함을 보이시오.

13 **그림 11.10(a)**에서 볼 수 있는 FID(free-induction decay) 신호는 다음의 식으로 표현할 수 있다.

$$\begin{aligned} f(t) = e^{-t/500}[&0.866\cos(2\pi(0.108)t) + 1.23\cos(2\pi(0.088)t) \\ &+ 0.866\cos(2\pi(0.068)t) + 0.5\cos(2\pi(0.270)t) \\ &+ 0.866\cos(2\pi(0.250)t) + 0.866\cos(2\pi(0.230)t) \\ &+ 0.5\cos(2\pi(0.210)t)] \end{aligned}$$

여기서 t는 ms(milliseconds) 단위로 표현된다. t를 0부터 512ms까지 1ms씩 변화시키고, ν를 0부터 0.512ms^{-1}까지 0.001ms^{-1}씩 변하게 하여, $f(t)$의 푸리에 변환의 파워 스펙트럼(power spectrum)을 구하시오.

CHAPTER

12

실험실에서 사용하는 수학적 방법

12.1 도입

화학 실험실에서 가장 많이 실행하는 과정은 측정이다. 하지만 대학 학부 수준의 실험과 대학원 연구 실험에는 근본적인 차이가 있다. 대학생들이 주로 하는 실험은 주로 결과가 알려진 것들이다. 일반적으로 이 실험들은 수많은 학생이 수년간 많은 시간 동안 해온 것들이다. 이에 반해 과학 연구원의 실험은 미지의 것들을 대상으로 한다. 즉, 연구원이 실험을 정확하게 수행했는지 확인하기 위해 실험 측정에 대한 정답을 제공해 줄 실험 조교나 교수가 없다. 따라서 언젠가 숙련된 연구원이 되기를 희망하는 화학 전공 학생들은 자신의 실험 자료의 신뢰성을 평가하는 방법을 배우는 것이 중요하다. 물론 그렇게 하기 위해 할 수 있는 한 가지 일반적인 방법은 실험을 두 번 이상 수행하는 것이다. 측정을 두 번 이상 수행하면 일반적으로 결과가 어떤 평균값 주위에 흩어져 있는 것을 발견할 수 있다.

이어지는 절에서는 이 실험적인 분포가 그 평균값이 "참"값일 확률을 추정하는 데 사용될 수 있다는 것을 배우게 될 것이다. 하지만 그 전에 간단한 확률 이론을 검토해 보도록 하자.

12.2 확률

특정 성질을 갖는 사건의 확률은 그 성질을 갖는 사건의 수를 모든 사건의 수로 나눈 값이다. 예를 들어, 하나의 통에 사과 50개가 들어 있다고 하자. 이때 사과 40개가 빨간색이고 10개가 녹색이라면, 통에서 사과를 하나 꺼냈을 때 사과가 녹색일 확률은(통 전체에 사과가 고르게 분포되어 있다고 가정하면) 다음과 같다.

$$p = \frac{10}{50} = 0.20,\ \text{즉 } 20\%$$

확률에 대한 이 정의를 가상의 측정 상황과 연관시켜 보자. 전자저울이 아닌 전통적인 저울을 사용하여 알루미늄 조각의 질량을 측정하는데 총 측정 횟수를 50회로 가정하자. 이 예에서 우리는 금속의 실제 질량이 변하지 않는다 가정한다. 즉, 금속 조각이 깨지지 않고 실험 과정 중 때가 묻지 않는다 가정한다. 또한 실험실에서 일반적으로 보게 되는 좋은 저울을 사용했을 때보다 측정값이 훨씬 더 넓은 범위에 걸쳐 퍼져 나온다 가정한다. **표 12.1**은 이러한 50개의 측정 결과를 나타낸다.

표 12.1 알루미늄 조각의 질량 측정 자료

측정값, m_i (g)	빈도, n_i	상대 빈도, n_i/N
8.81	2	0.04
8.82	2	0.04
8.83	11	0.22
8.84	17	0.34
8.85	14	0.28
8.86	3	0.06
8.87	1	0.02

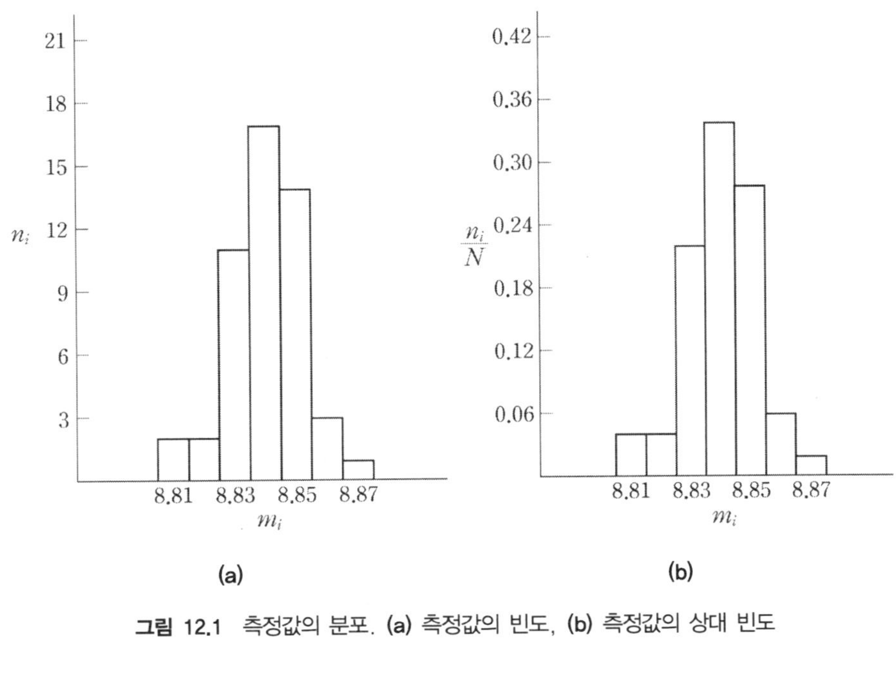

그림 12.1 측정값의 분포. (a) 측정값의 빈도, (b) 측정값의 상대 빈도

그리고 **그림 12.1**은 동일한 자료에 대한 막대그래프이다. 막대그래프의 전체적인 모양은 수평축 값 m_i에 대해 수직축 값을 n_i 나 n_i/N 둘 중 어느 것으로 표현해도 변하지 않는다. 그러나 측정값 사이 간격 Δm이 달라지면 그래프의 막대의 높이도 달라진다는 것을 알 수 있다. 예를 들어, 질량을 0.01 g 단위로 읽으면 50개의 측정값은 그림처럼 7개의 막대로 나타나지만 0.005 g까지 읽었다면 이 50개의 측정값은 13개의 막대로 나타나고 막대의 높이는 낮아졌을 것이다. 이는 자료가 0.005 단계로 8.810 ~ 8.870에 걸쳐 분포되기 때문이다.

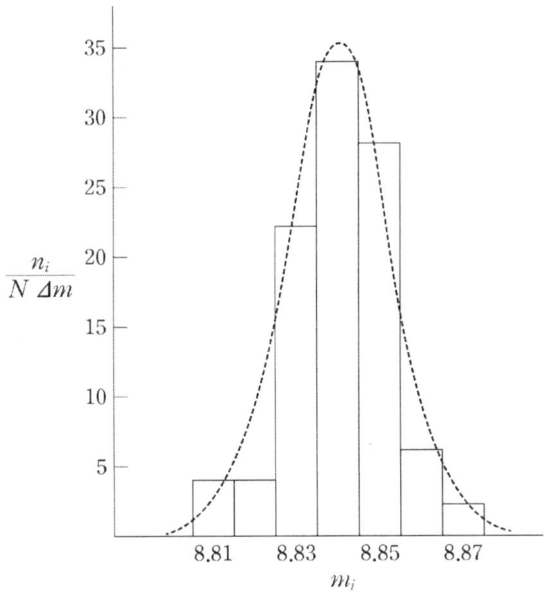

그림 12.2 확률 밀도 함수 $P(m)$을 나타내는 측정값의 분포

이러한 그래프를 더 잘 비교할 수 있도록 수직축을 n_i/N이 아닌 $n_i/(\Delta m \cdot N)$로 바꿔보자. **그림 12.2**는 이를 나타낸 그래프이다. 이제 그래프의 모양이 더는 Δm에 의존하지 않는다. Δm이 0에 접근하도록 그리고 측정 횟수 N을 무한히 증가시키면,

$$\lim_{\Delta m \to 0} \frac{1}{N} \frac{n_i}{\Delta m} = \frac{1}{N} \frac{dn_i}{dm} = P(m) \tag{12-1}$$

으로 쓸 수 있으며, 여기서 dn_i는 m_i와 $m_i + dm$ 사이 측정값의 개수이다. 함수 $P(m)$은 그림에서 파선으로 표시한 것이다. 확률의 정의에 따르면, 측정값이 m_i와 $m_i + dm$ 사이의 값을 가질 확률은 m_i와 $m_i + dm$ 사이의 범위에 있는 측정값의 수 dn_i를 모든 측정 수 N으로 나눈 값으로 다음과 같다.

$$\text{확률} = \frac{dn_i}{N} = \left(\frac{1}{N}\frac{dn_i}{dm}\right)dm = P(m)dm \tag{12-2}$$

함수 $P(m)$를 오차 확률 함수(error probability function)라 하며 측정된 값에 대한 확률 분포를 나타낸다. 이러한 분포를 분포 총합(distribution aggregate)이라 하고, 각 측정값은 이 분포 총합의 한 원소이다.

12.3 실험 오차

이제 앞 절에서 배운 내용을 실험의 오차와 관련시켜 보자. 앞서 말했듯이, 측정을 두 번 이상 하면 결과는 다음과 같이 정의할 수 있는 평균값(mean value) 근처에서 흩어져 나온다.

$$\overline{m} = \frac{1}{N}\sum m_i \tag{12-3}$$

이 실험적 흩어짐, 즉 산포도(散布度)는 크게 두 가지 오차로 인해 발생한다. 첫째는 무작위 오차(random error)로 이는 실험에 사용된 다양한 측정 기구의 정밀도(precision)[1]에 본질

1 단일 측정값의 정밀도(precision)는 그 측정값과 다른 유사한 측정값들 사이의 상대적인 오차를 말한다. 단, 이때 측정은 동일한 측정 기구로 해야 한다. 정확도(accuracy)는 정밀도와는 다른 개념인데, 이는 개별 측정값과 측정되는 물리량의 "참"값 사이의 상대 오차를 의미한다. 따라서 여러 번 측정한 값들이 매우 정밀하다 하더라도 이것이 반드시 측정값들이 정확하다는 것을 의미하는 것은 아니다. 예를 들어, 학생이 보정되지 않은 온도계를

적인 한계가 있기 때문이다. 그리고 이 오차는 특별한 방향성이 없다는 것이 특징이다. 두 번째 유형의 오차는 체계적 오차(systematic error)이며, 이것은 무작위 오차와 다르게 보통 평균값 주위에 대칭적으로 나타나지 않고 한쪽 방향으로 나타난다. 그리고 체계적 오차는 일반적으로 실험 설계와 관련이 있는 것으로 간주된다. 따라서 무작위 오차가 자료의 신뢰성에 도움이 될 수 있는 것에 반해, 제대로 설계되지 않은 실험을 여러 번 수행하여 발생한 체계적 오차는 "진정한" 답을 얻는 데 결코 도움이 되지 않는다고 할 수 있다.

측정과 관련된 무작위 오차에 대해 논의는 가능하지만, 이것이 실제 무엇인지 확인할 수는 없다. 그럼에도 불구하고 우리는 각각의 측정값이 평균값으로부터 얼마나 떨어져 있는지 수학적으로 고려할 수 있다. 우리는 측정값이 평균으로부터 떨어져 있는 편차를 잔차(殘差, residual)라 부르며 다음과 같이 정의한다.

특정 실험에서 발생한 오차가 무작위 오차일 뿐이고 많은 수의 측정을 수행했다면, 측정값들은 앞선 절에서 설명한 바와 같이 정규 분포 곡선을 그리게 된다. 이러한 조건에서 평균값이 그 어떤 단일 측정값보다 높은 정밀도를 가진 최선의 값이라는 것을 보일 것이다. 그런데 만약 발생한 오차가 체계적 오차라면 자료에 대하여 오차를 보완할 통계적 처리 방법은 없다. 오차가 완전히 무작위일 때 오차 확률 함수는 측정값 m을 대신하는 잔차 r의 함수로 표현되며 다음과 같은 형태가 된다.

$$P(r) = \frac{1}{\sigma\sqrt{2\pi}} e^{-r^2/2\sigma^2} \quad (12\text{-}5)$$

여기서 σ는 표준 오차(standard error) 또는 추정 표준 편차(estimated standard deviation)로 알려진 모수(parameter)이다. 이러한 유형의 분포를 가우스 분포라고 한다. 표준 오차를 잔차로 표현하면 다음과 같다.

$$\sigma = \sqrt{\frac{1}{N-1}\sum r_i^2} \quad (12\text{-}6)$$

사용하여 일정-온도 수조의 온도를 여러 번 측정한다면 결과는 꽤 정밀할 수 있겠지만 온도계가 보정되지 않았기 때문에 그 결과는 매우 부정확할 수 있다.

측정을 한 번 수행하였을 때 그 잔차, 즉 평균으로부터 편차가 r과 $r+dr$ 사이의 범위에 놓여 있을 확률은 $P(r)\,dr$이고 이것은 **그림 12.3**의 어둡게 표시한 가느다란 "직사각형"(그림에서는 dr이 너무 크기 때문에 사다리꼴처럼 보임)의 면적임을 주목하자. 확률 분포 곡선 아래의 전체 면적은 $-\infty$ 부터 ∞ 까지 범위에서 오차를 발견할 확률을 나타내므로 그 값은 1(100%)이 되어야만 한다. 따라서 다음과 같이 쓸 수 있다.

$$\int_{-\infty}^{+\infty} P(r)dr = 1 \tag{12-7}$$

식 (12-7)은 모든 확률의 합이 100%가 되는 것을 보장하기 때문에 정규화 방정식(normalization equation)이라 불린다. 하나의 개별 측정의 오차와 잔차가 본질적으로 동일하다고 가정할 경우, 측정값의 오차가 $\pm\sigma$를 넘지 아니할 확률은 확률 곡선 아래 전체 면적의 68.3%인 것으로 확인된다(**그림 12.3** 참고).

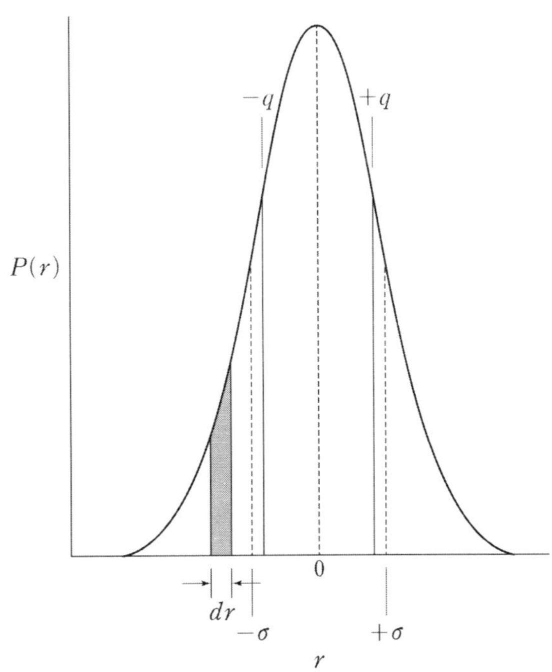

그림 12.3 표준 오차와 예상 오차를 보여주는 오차 확률 함수

무작위 오차로 인한 불확실성을 표현하는 데 사용되는 많은 유형의 모수 중 가장 널리 사용되는 것은 확률 오차(probable error) q이다. 확률 오차 q는 무작위로 선택한 단일 측정값의 오차가 $\pm q$를 넘을 확률이 넘지 않을 확률과 같게 되는 값을 말한다. 즉, 오차가 $-q$에서 $+q$ 사이의 범위에서 발생할 확률은 50%이다. 수학적으로 표현하면,

$$\int_{-q}^{+q} P(r)dr = \frac{1}{2} \tag{12-8}$$

이며, 이 적분에 따라 단일 측정의 확률 오차에 대해 다음과 같은 표현을 얻을 수 있다.

$$q = 0.675\sqrt{\frac{1}{N-1}\sum r_i^2} = 0.675\sigma \tag{12-9}$$

이제 **표 12.1**에 제시된 자료에 대한 표준 오차와 확률 오차를 계산해 보자. 50개의 측정값 평균은 8.84이다. 이 값을 사용하여 50개의 잔차를 구하면 $\sum r_i^2 = 0.0072$를 얻는다. 이로부터

$$\sigma = \sqrt{\frac{1}{N-1}\sum r_i^2} = \sqrt{\frac{1}{49}(0.0072)} = \pm 0.012$$

와

$$q = 0.675\sigma = \pm 0.008$$

를 얻는다. (여기서 오차는 일반적으로 유효숫자 한자리만을 갖는다.)

화학자들이 측정의 신뢰성을 가늠하기 위해 흔히 사용하는 또 다른 모수는 평균 오차(average error)이다.

$$\bar{r} = \frac{1}{N}\sum |r_i| \tag{12-10}$$

평균 오차의 장점은 표준 편차나 확률 오차보다 계산하기가 훨씬 쉽다는 것이다.

앞서 우리는 오차가 주로 무작위일 때 평균값이 그 어느 단일 측정값보다 더 높은 정밀도를 가진 최선의 값이라 말했다. 이것은 참값에서 벗어난 평균값의 오차 Q가 측정 횟수의 제곱근에 반비례한다는 것으로 표현할 수 있다.

$$Q = q/\sqrt{N} \tag{12-11}$$

따라서 평균의 확률 오차는

$$Q = 0.675\sqrt{\frac{1}{N(N-1)}\sum r_i^2} \tag{12-12}$$

이며, 여기에 **표 12.1**의 자료를 적용하면

$$Q = \frac{\pm 0.008}{\sqrt{50}} = \pm 0.001$$

을 얻는다. 그러므로 이는 50개의 연속된 측정에서 단일 측정값은 ± 0.008 g까지 신뢰할 수 있지만, 그 평균값은 다음과 같이 ± 0.001 g까지 신뢰할 수 있다는 의미이다.

$$\overline{m} = 8.480 \pm 0.001\text{g}$$

예제 12.1

다음과 같이 측정값이 주어질 때, 평균값, 표준 편차, 단일 측정값의 확률 오차, 평균값의 확률 오차를 구하시오.

측정값	빈도
2.334	2
2.335	5
2.336	14
2.337	34

2.338	21
2.339	11
2.340	3
2.341	1

[풀이]

(부록 VI에 Excel®로 이 계산을 수행할 수 있는 매크로가 있지만, 계산 과정이 어떠한지 확인하기 위해서는 스프레드시트를 사용하지 않고 이러한 계산을 시도해 보아야 한다.)

평균값은 2.3372860이다. (평균값의 확률 오차로 이 평균값을 소수점 이후 어느 자리까지 적어야 하는지 결정하게 된다.)

$$\sum r_i^2 = 1.526 \times 10^{-4}$$

$$\sigma = \sqrt{\frac{1}{N-1}\sum r_i^2} = \sqrt{\frac{1}{90}(1.526 \times 10^{-4})} = \pm 0.001302$$

$$q = 0.675\sigma = \pm 8.789 \times 10^{-4} = \pm 0.0009$$

$$Q = \frac{q}{\sqrt{N}} = \frac{0.0009}{\sqrt{91}} = 9.4 \times 10^{-5} = \pm 0.0001$$

그러므로 $\overline{m} = 2.3373 \pm 0.0001$이다.

12.4 오차의 전파

자연과학 분야의 실험은 알고 싶은 물리적 성질을 직접 측정하지 않는 경우가 상당히 많다. 예를 들어, 물체의 밀도를 결정하기 위하여 우리는 보통 물체의 질량과 부피를 측정하고 그 양들을 밀도와 연관시킨다. 사실, 우리는 물체의 부피를 직접 측정하지 않을 때도 많다. 아무튼 밀도 실험의 경우 측정 오차는 밀도가 아닌 질량과 부피에서 생긴다. 그러므로 질량과 부피에 대한 구체적인 오차가 주어질 때 그 오차가 밀도의 신뢰도에 끼치는 영향을 아는 것이 중요하다.

어떤 물리적 성질 P가 측정 가능한 여러 물리량 $x_1, x_2, x_3, x_4, \ldots$의 함수라 하자. 즉,

$$P = f(x_1, x_2, x_3, x_4, \ldots) \tag{12-13}$$

또한 이들 물리량의 평균값을 결정하기 위해 한 번 또는 여러 번 측정하였고, 각 물리량의 평균값에는 Q로 표시되는 오차가 있다고 하자. 즉, $Q_1, Q_2, \ldots$은 각각 $x_1, x_2, \ldots$의 확률 오차라고 가정하자. 우리는 4장으로부터 변수 $x_1, x_2, x_3, \ldots$의 작은 변화가 다음의 식에 의해 P의 변화를 일으킨다는 것을 안다.

$$dP = \left(\frac{\partial P}{\partial x_1}\right)_{x_2, x_3, \ldots} dx_1 + \left(\frac{\partial P}{\partial x_2}\right)_{x_1, x_3, \ldots} dx_2 + \ldots \tag{12-14}$$

이제 이들 물리량 변수의 작은 변화가 그 변수의 확률 오차라 가정해 보자. 그러면 P의 확률 오차는 다음과 같이 표현될 수 있다.

$$Q_P = \left|\frac{\partial P}{\partial x_1}\right| Q_1 + \left|\frac{\partial P}{\partial x_2}\right| Q_2 + \ldots \tag{12-15}$$

여기서 만일 각 변수 x가 두 번 이상 측정되었다면 편도함수의 값은 각 변수의 평균값에서 구한다.

그러나 식 (12-15)는 무작위 오차가 서로 상쇄하는 경향이 있다는 사실을 고려하지 않은 것이다. 식 (12-15)의 양변을 제곱하면, 우리는 다음 식을 얻는다.

$$Q_P^2 = \left(\frac{\partial P}{\partial x_1}\right)^2 Q_1^2 + \left(\frac{\partial P}{\partial x_2}\right)^2 Q_2^2 + \ldots + 2\left(\frac{\partial P}{\partial x_1}\right)\left(\frac{\partial P}{\partial x_2}\right) Q_1 Q_2 + \ldots \tag{12-16}$$

오차가 서로 상쇄하는 경향이 있기 때문에 식 (12-16)의 교차 항은 사라지고 식은 다음과 같이 된다.

$$Q_P^2 = \left(\frac{\partial P}{\partial x_1}\right)^2 Q_1^2 + \left(\frac{\partial P}{\partial x_2}\right)^2 Q_2^2 + \ldots$$

즉,

$$Q_P = \sqrt{\left(\frac{\partial P}{\partial x_1}\right)^2 Q_1^2 + \left(\frac{\partial P}{\partial x_2}\right)^2 Q_2^2 + \ldots} \tag{12–17}$$

여기서 만일 각 변수 x가 두 번 이상 측정되었다면 편도함수의 값은 각 변수의 평균값에서 구해야 한다. 식 (12-17)을 사용하면 변수에서 최종 결과에 이르는 방정식을 통해 오차의 전파를 계산할 수 있다.

식 (12-17)의 사용 예를 설명하기 위해 한 가지 실험을 고려해 보자. 뚜껑이 있는 저울병(stoppered weighing bottle)과 분석 저울을 사용하여 10 mL피펫에 의해 전달되는 액체의 질량을 측정한다고 가정하자. 이 저울로 측정한 질량의 확률 오차는 ±0.0005 g이라 가정하자. 저울병의 질량은 19.9314 ± 0.0005 g이고 저울병과 액체의 질량은 28.1038 ± 0.0005 g이라 하자. 그러면 액체의 질량은 다음과 같다.

$$m_l = m_{l+b} - m_b = 28.1038 - 19.9314 = 8.1724\,\mathrm{g}$$

액체의 질량은 직접 측정하지 않았기 때문에 식 (12-17)을 사용하여 확률 오차를 결정해야 한다.

$$Q_{m_l} = \sqrt{\left(\frac{\partial m_l}{\partial m_{l+b}}\right)^2 Q_{m_{l+b}}^2 + \left(\frac{\partial m_l}{\partial m_b}\right)^2 Q_{m_b}^2}$$

편도함수의 값을 구하면,

$$\left(\frac{\partial m_l}{\partial m_{l+b}}\right) = 1 \quad \text{그리고} \quad \left(\frac{\partial m_l}{\partial m_b}\right) = -1$$

이므로

$$Q_{m_l} = \sqrt{(1)^2(0.0005)^2 + (-1)^2(0.0005)^2} = \pm 0.0007$$

과

$$m_l = 8.1724 \pm 0.0007\,\text{g}$$

을 얻는다.

액체 질량의 오차 0.0007은 '액체와 병의 질량 합의 오차 0.0005'보다 크고 또한 '병 질량의 오차 0.0005'보다 크다는 점에 주목하자. 액체의 질량은 저울을 사용하여 두 번 측정을 수행함으로써 구했기 때문에 이 결과는 합리적이다. 그러나 액체 질량의 오차 0.0007은 '액체와 병의 질량 합의 오차'와 '병 질량의 오차'의 합 0.001보다 작다는 것에도 주의하자. 이는 오차가 완전히 더해지지 않고 서로를 상쇄시키는 경향이 있음을 분명히 보여준다.

이제 액체의 질량을 액체의 부피로 나누어 액체의 밀도를 결정할 수 있다. 10 mL피펫의 오차가 ±0.02 mL라고 가정해 보자. 그러면 액체의 밀도는

$$D = \frac{m}{V} = \frac{8.1724}{10.00} = 0.81724\ \text{g/mL}$$

이다. 하지만 밀도의 오차는 무엇일까? 우리가 밀도를 표현할 때는 몇 개의 유효숫자가 필요할까? 우리는 식 (12-17)을 다음 형태로 적용한다.

$$Q_D = \sqrt{\left(\frac{\partial D}{\partial m}\right)^2 Q_m^2 + \left(\frac{\partial D}{\partial V}\right)^2 Q_V^2}$$

편도함수의 값을 구하면,

$$\left(\frac{\partial D}{\partial m}\right) = \frac{1}{V} \quad \text{그리고} \quad \left(\frac{\partial D}{\partial V}\right) = \frac{-m}{V^2}$$

이므로

$$Q_D = \sqrt{\left(\frac{1}{10.00}\right)^2 (0.0007)^2 + \left(\frac{-8.1724}{(10.00)^2}\right)^2 (0.02)^2} = \pm 0.002$$

을 얻으며, 액체의 밀도는 다음과 같이 3개의 유효숫자로 표현될 수 있다.

$$D = 0.817 \pm 0.002 \text{ g/mL}$$

예제 12.2

(a) 액체의 밀도는 25.00 ℃의 일정-온도 수조와 비중병(pycnometer)을 사용하여 결정한다. 비중병은 모세관 작용으로 그 뚜껑까지 액체로 채울 수 있는 병으로, 그 부피는 밀도를 알고 있는 액체(보통, 순수한 물)를 채워 결정한다. 사용한 저울에 기인하는 질량의 오차가 ±0.0003 g라 할 때, 다음 자료를 이용하여 미지 액체의 밀도의 확률 오차를 구하시오.

공기 중, 비중병의 질량: 23.4621 g
공기 중, 비중병과 물의 질량: 48.7731 g
공기 중, 비중병과 미지 액체의 질량: 45.8800 g

단, 25.00 ℃에서 물의 밀도를 0.997044 g/mL로 하고, 물의 밀도 오차는 무시할 수 있다고 가정한다. 또한 이 예에서는 공기 부력의 효과는 무시한다.

[풀이]

먼저 액체 질량의 오차를 구하면,

$$m_l = m_{P+l} - m_p = 45.8800 - 23.4621 = 22.4179 \text{ g}$$

$$Q_{m_l} = \sqrt{\left(\frac{\partial m_l}{\partial m_{p+l}}\right)^2 Q_{m_{p+l}}^2 + \left(\frac{\partial m_l}{\partial m_p}\right)^2 Q_{m_p}^2}$$

$$= \sqrt{(1)^2(0.0003)^2 + (-1)^2(0.0003)^2} = \pm 0.0004 \text{ g}$$

이고, 액체의 부피와 부피의 오차를 계산한다. 그런데 액체의 부피는 다음과 같이 비중병의 부피(용량)이다.

$$V = \frac{m_{p+w} - m_p}{\rho_w} = \frac{48.7731 - 23.4621}{0.997044} = 25.38604 \text{ mL}$$

$$Q_V = \sqrt{\left(\frac{\partial V}{\partial m_{p+w}}\right)^2 Q_{m_{p+w}}^2 + \left(\frac{\partial V}{\partial m_p}\right)^2 Q_{m_p}^2}$$

$$= \sqrt{\left(\frac{1}{\rho_w}\right)^2 (0.0003)^2 + \left(-\frac{1}{\rho_w}\right)^2 (0.0003)^2}$$

$= \pm 0.0004$ mL. 그러므로 $V = 25.3860 \pm 0.0004$ mL

마지막으로 액체의 밀도와 오차를 계산한다.

$$D = \frac{m_l}{V} = \frac{22.4179}{25.3860} = 0.88308 \text{ g/mL}$$

$$Q_D = \sqrt{\left(\frac{\partial D}{\partial m_l}\right)^2 Q_{m_l}^2 + \left(\frac{\partial D}{\partial V}\right)^2 Q_V^2} = \sqrt{\left(\frac{1}{V}\right)^2 Q_{m_l}^2 + \left(-\frac{m_l}{V^2}\right)^2 Q_V^2}$$

$$= \sqrt{\left(\frac{1}{25.3860}\right)^2 (0.0004)^2 + \left(-\frac{22.4179}{(25.3860)^2}\right)^2 (0.0004)^2}$$

$$= \pm 0.00002 \text{ g/mL}$$

그러므로 액체의 밀도는 0.88308 ± 0.00002 g/mL이다.

(b) 직사각형 상자의 모서리의 길이가 $a = 10.123 \pm 0.003$ cm, $b = 4.677 \pm 0.003$ cm, $c = 6.987 \pm 0.003$ cm일 때, 상자 부피의 확률 오차를 구하시오.

[풀이]

상자 부피와 부피의 확률 오차는 다음과 같다.

$$V = abc; \quad Q_V = \sqrt{\left(\frac{\partial V}{\partial a}\right)^2 Q_a^2 + \left(\frac{\partial V}{\partial b}\right)^2 Q_b^2 + \left(\frac{\partial V}{\partial c}\right)^2 Q_c^2}$$

$$V = (10.123)(4.677)(6.987) = 330.8014 \text{ mL}$$

$$Q_V = \sqrt{(bc)^2 (0.003)^2 + (ac)^2 (0.003)^2 + (ab)^2 (0.003)^2}$$

$$= \sqrt{(32.6781)^2 (0.003)^2 + (70.7294)^2 (0.003)^2 + (47.3452)^2 (0.003)^2}$$

$$= \pm 0.3 \text{ mL}$$

그러므로 상자의 부피는 $V = 330.8 \pm 0.3$ mL이다.

12.5 그래프의 작성

2장에서 우리는 함수가 변수에 의존하는 것을 표현하는 가장 유용한 방법 중 하나가 그래프를 사용하는 것이라는 것을 설명하였다. 11장에서는 그래프의 작성을 위한 엑셀의 사용법을 다루었고, 학생들에게 스프레드시트의 차트 마법사(Chart Wizard) 기능을 사용해 그래프를 그릴 것을 권장하였다. 스프레드시트의 사용자는 과학을 모르는 사람들뿐만 아니라 과학자도 포함된다. 따라서 과학을 전공하는 학생들도 자신의 실험 그래프가 어떻게 그려져야 하는지 알아 둘 필요가 있다.

먼저, 적절한 좌표축들을 선택한다. 각 축을 따라 큰 경계를 뚜렷하게 표시하고 번호를 매기며 올바른 눈금을 선택하여 중요한 자료가 그래프를 벗어나지 않도록 해야 한다. 각 축에 표현할 물리량을 표시해두고, 그 물리량 뒤 괄호 안에 측정값의 단위를 쓴다. 예를 들면, $P(\mathrm{bar})$, $V(\mathrm{mL})$, $T(\mathrm{K})$ 등과 같이 쓴다. 또한 그래프의 제목으로는 표시할 자료(예, CO_2 기체의 압력 대 부피)나 표시할 곡선의 방정식(예, $\ln k = -E_a/RT + \ln A$)을 사용하는 것이 일반적이다. 엑셀에서는 자료를 표시하기 위한 다양한 기호를 제공하는데, 가장 흔히 사용하는 것은 원이다. 그리고 그래프는 *XY*-분산형으로 하는 것을 잊지 말자.

실험 자료는 일반적으로 연속적이다. 따라서 자료의 점들은 부드러운 곡선으로 연결되어야 한다. 자료 점들을 짧은 직선으로 연결하는 차트 마법사의 기능은 피해야 한다. 곡선의 방정식을 알고 있거나 자료의 점들이 선형 방정식과 같은 특정 유형의 방정식에 들어맞아야 하는 경우에는 "분산형" 차트를 사용하여 그래프를 표시하고, 추세선(Trendline) 서식으로 그래프를 그리도록 한다.

일부 화학 실험의 경우에는 엑셀을 사용하는 것이 편리하지 않을 수 있다. "옛 방식대로" 그래프를 그리는 경우는 다음 방법을 사용하는 것이 좋다. 좋은 등급의 모눈종이(그래프용지)를 선택한다. (칸이 쳐진 공책 종이는 허용되지 않는다!) 대부분의 화학 실험에서는 1 mm 간격의 모눈종이가 적합하다. 샤프펜슬이나 일반적인 핀을 사용하여 모눈종이에 자료의 점을 표시한다. 단단한 연필로 곡선을 연하게 스케치한다. 곡선을 본인 임의로 자유롭게 그리면 안 된다. 점들이 선형으로 배치되어 있어야 하는 경우 직선 자를 사용하여

선을 그린다. 점들의 집합이 곡선에 있어야 하는 경우 운형자(템플릿 역할을 할 수 있는 여러 개의 불규칙한 곡선을 포함하는 플라스틱 장치)를 사용하여 곡선을 그린다. 다시 말하지만 "점 따라가기" 방식으로 그리면 안 된다. 곡선이 모든 점을 통과할 필요는 없다. **그림 12.4**와 같이 곡선이 점들의 추세를 부드럽게 따라가는 것이 더 중요하다. 곡선이 만족스럽지 않다면, 그린 것을 지우는 것을 두려워하지 말자. 점을 통해 최적의 곡선을 그린 후 잉크로 곡선을 그리고(다시 직선 또는 운형자 사용) 남아 있는 연필 선은 부드러운 지우개로 지울 수 있다. 일부 실험 교재에서는 곡선이 종종 실험 자료의 점 위치를 흐리게 할 것이기 때문에 곡선이 원을 통과하지 않게 그리고 바깥쪽 가장자리까지만 살짝 만나게 할 것을 제안하고 있다.

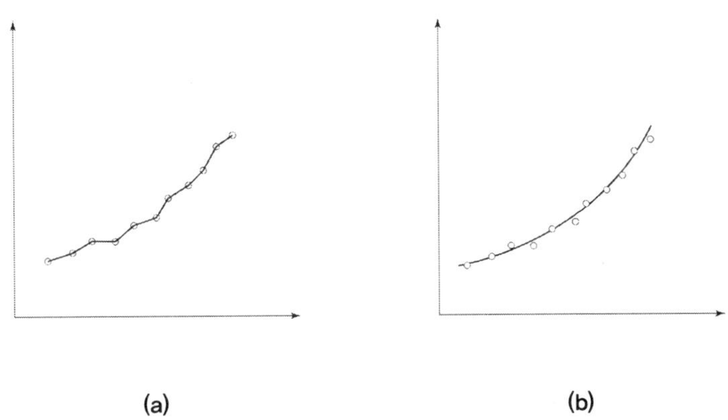

그림 12.4 전형적인 자료의 그래프 표현. (a) 점을 연결하는 잘못된 방법, (b) 모든 점에 걸쳐 부드러운 하나의 곡선을 그리는 올바른 방법.

12.6 선형 회귀

실험 자료로부터 물리적 의미를 갖는 값을 구하는 가장 좋은 방법 중 하나는 최소 제곱법(method of least squares)을 사용하는 것이다. 이 방법은 이론적으로 고차 방정식에도 사용할 수 있지만, 여기서는 1차, 즉 선형 방정식에 적용하는 것만을 보이도록 하겠다. 우리는 앞선 장에서 엑셀의 추세선 기능을 사용하여 선의 기울기와 y-절편을 결정할 수 있다는 것을 보았다. 이 방법은 매우 유용하고 가능하면 항상 사용되어야 하는데, 화학 전공 학생들은 이러한 선형 회귀(linear regression) 뒤에 존재하는 수학도 당연히 이해하고 있어야 한다.

2장에서 우리는 선형 방정식이 다음과 같은 형태를 가진다는 것을 배웠다.

$$y = mx + b$$

여기서 m은 직선의 기울기이고 b는 y-절편이다. 실험 자료의 각 점 (x_i, y_i)는 실험 오차로 인해 방정식의 엄격한 선형으로부터 벗어나 다음과 같은 편차를 보인다 가정하자.

$$s_i = y_i - m_i x_i - b$$

이 편차의 제곱은 다음과 같다.

$$\sigma_i = s_i^2 = y_i^2 - 2mx_iy_i - 2y_ib + m^2x_i^2 + 2mx_ib + b^2$$

자료의 모든 점에 대한 편차, 즉 총 제곱 편차는

$$\sigma = \sum\sigma_i = \sum y_i^2 - \sum 2mx_iy_i - \sum 2y_ib + \sum m^2x_i^2 + \sum 2mx_ib + \sum b^2 \qquad (12\text{-}18)$$

으로 제곱 편차의 합이다.

최소 제곱법에서 일련의 점을 지나는 최상의 직선은 총 제곱 편차 σ가 최소가 되는 직선이어야 한다. 그렇게 만드는 m과 b는 다음 조건을 만족하는 값이다. 즉,

$$\frac{\partial\sigma}{\partial m} = \frac{\partial\sigma}{\partial b} = 0$$

식 (12-18)을 대입해 편도함수 식을 다시 쓰면,

$$\frac{\partial \sigma}{\partial m} = -\sum 2x_i y_i + \sum 2m x_i^2 + \sum 2x_i b = 0 \tag{12-19}$$

$$\frac{\partial \sigma}{\partial b} = -\sum 2y_i + \sum 2m x_i + \sum 2b = 0 \tag{12-20}$$

를 얻는다. 방정식 (12-19)와 (12-20)은 Cramer 규칙을 사용하여 m과 b에 대하여 동시에 풀 수 있다. Cramer 규칙을 적용하기 위해 방정식을 다음과 같이 쓴다.

$$m\sum 2x_i^2 = b\sum 2x_i = \sum 2x_i y_i$$
$$m\sum 2x_i + b\sum 2 = \sum 2y_i$$

여기서 $\sum 2$는 자료의 개수만큼 2를 더한다는 의미이다. 이제 Cramer의 규칙을 적용하면,

$$D = \begin{vmatrix} \sum 2x_i^2 & \sum 2x_i \\ \sum 2x_i & \sum 2 \end{vmatrix}, D_1 = \begin{vmatrix} \sum 2x_i y_i & \sum 2x_i \\ \sum 2y_i & \sum 2 \end{vmatrix}, D_2 = \begin{vmatrix} \sum 2x_i^2 & \sum 2x_i y_i \\ \sum 2x_i & \sum 2y_i \end{vmatrix}$$

$$m = \frac{D_1}{D} \quad \text{그리고} \quad b = \frac{D_2}{D}$$

을 얻는다.

표 12.2 선형 회귀를 위한 자료

x_i	y_i	$2x_i$	$2x_i^2$	$2x_i y_i$	$2y_i$
1.7911	23.226	3.5822	6.4161	83.2001	46.452
1.2500	21.195	2.5000	3.1250	52.9875	42.390
0.8736	19.609	1.7472	1.5264	34.2608	39.218
0.6177	18.793	1.2354	0.7631	23.2169	37.586
0.4368	18.096	0.8736	0.3816	15.8087	36.192
	합:	9.9384	12.2122	209.4740	201.838

예제 12.3

표 12.2의 첫 두 열은 선형 회귀를 구하기 위한 자료(x_i, y_i)를 나타낸 것이다. 최소 제곱법을 사용하여 최적의 기울기와 y-절편을 구하시오.

[풀이]

문제를 풀기 위해 **표 12.2**의 3 ~ 6열과 같이 자료를 추가로 작성한다.

이제 Cramer의 규칙을 적용하면,

$$D=\begin{vmatrix} 12.2122 & 9.9384 \\ 9.9384 & 10 \end{vmatrix}=23.350,\ D_1=\begin{vmatrix} 209.474 & 9.9384 \\ 201.838 & 10 \end{vmatrix}=88.793,\ D=\begin{vmatrix} 12.2122 & 209.474 \\ 9.9384 & 201.838 \end{vmatrix}=383.050$$

이다. 따라서 최적의 기울기 m과 b는 다음과 같다.

$$m=\frac{88.793}{23.350}=3.8026 \quad \text{그리고} \quad b=\frac{383.050}{23.350}=16.404$$

12.7 접선과 면적

화학, 특히 물리화학의 실험에서는 우리가 그리는 곡선의 기울기로부터 어떤 정보를 추출해야 하는 경우가 많다. 불행히도 직선이 나타나도록 자료를 그래프로 그리는 것이 항상 가능한 일은 아니다. 물론 이렇게 직선을 그리는 것이 요구되는 것은 기울기를 쉽게 결정하기 위함이다. 곡선의 한 점에서 기울기는 해당 점에서 곡선에 접하는 직선의 기울기임을 기억하자. 곡선의 방정식을 알면 1차 도함수로부터 접선의 기울기를 결정할 수 있다. 곡선의 방정식을 알 수 없는 경우에도 엑셀의 추세선 기능을 사용하면 곡선을 어떤 방정식에 맞출 수 있다.

곡선에 접선을 그리는 한 가지 편리한 방법으로 현의 방법(method of chords)이 알려져 있다. 접선을 구하고자 하는 곡선의 해당 점에 컴퍼스를 놓고 **그림 12.5**와 같이 점을 중앙에 두고 두 개의 작은 호를 그린다. 그런 다음 곡선과 호의 교차점을 잇는 현을 곡선 밖까지 직선으로 그린다. 두 개의 호가 있으므로 두 개의 직선을 그릴 수 있는데, 두 현은 일반적으로 평행하지 않으므로 한 점에서 만난다. 두 현의 교차점에서 곡선의 점까지 그린 직선은 해당 점에서 구해야 하는 곡선의 접선에 대한 훌륭한 근사가 된다.

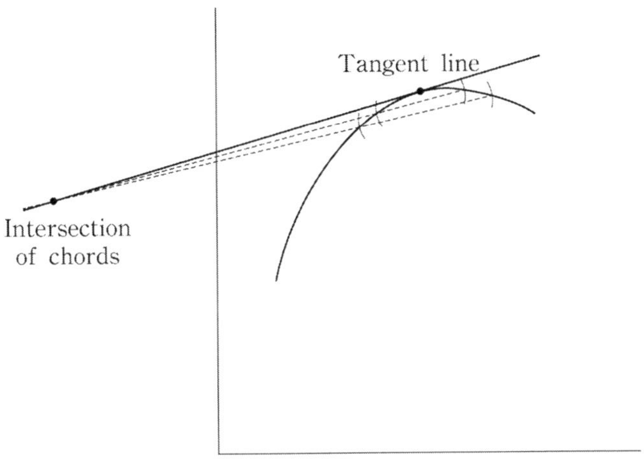

그림 12.5 현의 방법에 의한 접선 작도

어떤 실험에서는 곡선 아래의 면적을 그래프를 사용하여 결정해야 할 수도 있다. 이것은 일반적으로 분광학(分光學, spectroscopy) 실험에서 수행하는 작업으로 스펙트럼선의 세기가 곡선 아래의 면적이 되기 때문이다. 이러한 방식의 면적 결정은 흔히 기체 크로마토그래피(gas chromatography)에서도 하게 되는데, 여기에서는 크로마토그래프 피크 아래 면적이 피크에 해당하는 물질의 양에 정비례하기 때문이다. 곡선 아래의 면적을 결정하는 데는 몇 가지 방법이 용인되고 있는데, 그중 하나는 리만 합(Riemann sum) 근사법으로 알려진 것이다. 이 방법은 **그림 12.6**과 같이 면적을 일련의 직사각형으로 나눈 다음 각 직사각형의 면적을 측정하는 것이다. 직사각형은 곡선 위의 작은 삼각형 면적이 곡선 아래의 작은 삼각형 면적과 거의 동일하도록 선택한다.

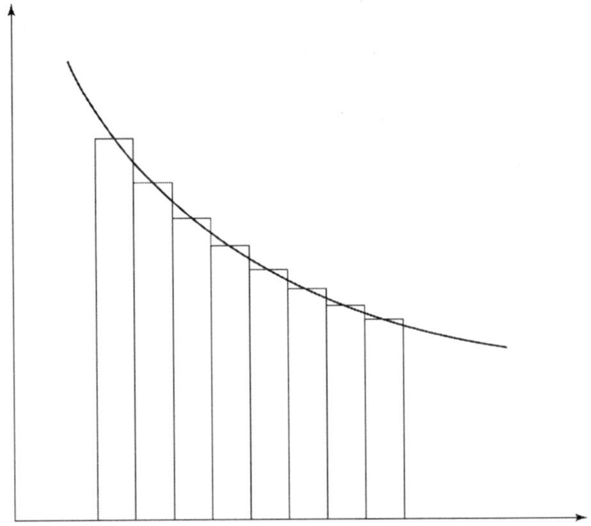

그림 12.6 리만 합 근사에 의한 곡선 아래 면적 결정. (직사각형은 곡선 위의 삼각형 면적이 곡선 아래의 삼각형 면적과 거의 동일하도록 선택한다. 직사각형들이 작을수록 직사각형들의 면적과 곡선 아래의 실제 면적이 더 일치하게 된다.)

제대로 수행한다면 꽤 정확한 또 다른 방법도 있다. 이 방법은 곡선 아래의 면적을 잘라내어 분석 저울로 그 질량을 측정하는 것이다. 그런 다음 이 질량을 알려진 면적의 질량과 비교한다. 이 방법이 효과를 발휘하려면 균일한 두께의 우수한 등급의 그래프 용지를 사용하는 것이 중요하다.

곡선 아래의 면적을 그래프로 결정하는 빠른 방법 중 하나는 측정할 면적의 경계를 따라 기계적으로 구르는 기구인 면적계(面積計, planimeter)를 사용하는 것이다. 이 방법은 빠르지만 측정할 면적이 작으면 정확하지 않은 결과를 준다.

자기 공명 분광계(magnetic resonance spectrometer)와 같이 자료를 그래프로 표시하는 많은 상용 기기에는 곡선 아래 면적을 자동으로 구할 수 있는 전자식 적분 장치가 내장되어 있다. 그리고 점점 더 많은 상용 기기가 컴퓨터와 연결됨에 따라 이들 기기에서 생성된 자료를 분석하는 작업은 더욱더 쉬워지고 있다.

CHAPTER

12 연습문제

1 하나의 숫자가 나올 확률이 정확히 1/6인 주사위 두 개를 던져, 숫자의 합이 2, 3, 4, 5, 6, 7, 11을 얻을 확률을 구하시오.

2 다음과 같은 자료가 주어질 때 다음을 구하시오.

측정값	빈도
5.61	2
5.62	11
5.63	18
5.64	30
5.65	35
5.66	27
5.67	14
5.68	9
5.69	4

(a) 산술 평균

(b) 표준 편차

(c) 단일 값의 확률 오차

(d) 평균의 확률 오차

(e) 평균 오차

3 부록 VI의 매크로 Statistics( )를 사용하여 문제 2의 계산을 다시 수행하시오.

4 반지름 r과 길이 h이 원통형 모세관의 부피는 $V = \pi r^2 h$이다. 모세관의 반지름이 0.030 cm, 그 확률 오차가 0.002 cm이며, 모세관의 길이가 4.0 cm, 확률 오차가 0.1 cm일 때, 모세관의 부피와 그 확률 오차를 구하시오. 부피에 발생할 수 있는 확률 오차를 줄이기 위해 어떤 측정을 수행해야 하는가?

5 증기의 몰 질량은 주어진 온도와 압력에서 부피를 알고 있는 유리 용기에 그 증기를 채우고 용기의 질량을 측정하여 결정할 수 있다. 이 방법은 Dumas 방법으로 알려져 있다. 만약 증기를 이상 기체로 가정하면, 몰 질량 M은 이상 기체 법칙에 따라 다음과 같이 쓸 수 있다.

$$M = \frac{mRT}{PV}$$

여기서 m는 증기의 질량, R은 기체 상수, T, P, V는 각각 기체의 절대 온도, 압력, 부피이다. 다음과 같이 자료가 주어질 때,

$$m = 1.0339 \pm 0.0007 \text{ g}$$
$$T = 274.0 \pm 0.5 \text{ K}$$
$$P = 1.050 \pm 0.001 \text{ bar}$$
$$V = 0.1993 \pm 0.0001 \text{ L}$$
$$R = 0.08314 \text{ L bar mol}^{-1} \text{ K}^{-1} \text{ (확률 오차 없음)}$$

몰 질량의 오차를 구하시오.

6 모눈 종이(그래프 용지)에 곡선 $y = x^3 - 3x^2 + x + 1$를 $x = -1$부터 $x = +1$까지의 범위에서 그리시오. 현의 방법(method of chords)을 사용하여 $x = 0$에서 곡선의 기울기를 구하시오. 이 기울기를 직접 미분을 사용하여 구한 기울기와 비교하시오.

7 모눈 종이(그래프 용지)에 곡선 $y = \frac{1}{2}x^2$을 $x = 0$부터 $x = 4$까지의 범위에서 그리시오. $x = 1$부터 $x = 3$까지 곡선 아래의 면적을 잘라내고 실험실의 분석 저울로 그 질량을 측정하여 면적을 구하시오. 또한, 동일한 면적을 작은 직사각형들로 나누고 직사각형들의 면적의 합으로써 면적을 구하시오. 이 두 가지 방법으로 얻은 면적을 직접 적분을 사용하여 구한 실제 면적과 비교하시오.

8 11장의 연습문제 6에 주어진 자료의 그래프를 그리고, 그래프를 이용한 적분으로 엔탈피 변화를 구하시오.

9 11장의 연습문제 7에 주어진 자료의 그래프를 그리고, 그래프를 이용한 적분으로 엔트로피 변화를 구하시오.

참고문헌

CHAPTER 1

- BRADLEY, GERALD L., and SMITH, KARL J. *Calculus*. Upper Saddle River, NJ: Prentice Hall, 1995.
- SULLIVAN, MICHAEL. *College Algebra*, 4th ed. Upper Saddle River, NJ: Prentice Hall, 1996.
- VARBERG, DALE, and PURCELL, EDWIN J. *Calculus*, 7th ed. Upper Saddle River, NJ: Prentice Hall, 1997.
- WASHINGTON, ALLYN J. *Basic Technical Mathematics*, 6th ed. Boston: Addison-Wesley, 1995.

CHAPTER 2

- BRADLEY, GERALD L., and SMITH, KARL J. *Calculus*. Upper Saddle River, NJ: PrenticeHall, 1995.
- SULLIVAN, MICHAEL. *College Algebra*, 4th ed. Upper Saddle River, NJ: Prentice Hall, 1996.
- VARBERG, DALE, and PURCELL, EDWIN J. *Calculus*, 7th ed. Upper Saddle River, NJ: Prentice Hall, 1997.
- WASHINGTON, ALLYN J. *Basic Technical Mathematics*, 6th ed. Boston: Addison-Wesley, 1995.

CHAPTER 3

- BRADLEY, GERALD L., and SMITH, KARL J. *Calculus*. Upper Saddle River, NJ: Prentice Hall, 1995.
- SULLIVAN, MICHAEL. *College Algebra*, 4th ed. Upper Saddle River, NJ: Prentice Hall, 1996.
- VARBERG, DALE, and PURCELL, EDWIN J. *Calculus*, 7th ed. Upper Saddle River, NJ: Prentice Hall, 1997.

CHAPTER 4

- BRADLEY, GERALD L., and SMITH, KARL J. *Calculus*. Upper Saddle River, NJ: Prentice Hall, 1995.
- VARBERG, DALE, and PURCELL, EDWIN J. *Calculus*, 7th ed. Upper Saddle River, NJ: Prentice Hall, 1997.

CHAPTER 5

- BRADLEY, GERALD L., and SMITH, KARL J. *Calculus*. Upper Saddle River, NJ: Prentice Hall, 1995.
- VARBERG, DALE, and PURCELL, EDWIN J. *Calculus*, 7th ed. Upper Saddle River, NJ: Prentice Hall, 1997.

CHAPTER 6

- BRADLEY, GERALD L., and SMITH, KARL J. *Calculus*. Upper Saddle River, NJ: Prentice Hall, 1995.
- NAGLE, R. KENT, and SAFF, EDWARD B. *Fundamentals of Differential Equations and Boundary Value Problems*, 2nd ed. Boston: Addison-Wesley, 1996.
- VARBERG, DALE, and PURCELL, EDWIN J. *Calculus*, 7th ed. Upper Saddle River, NJ: Prentice Hall, 1997

CHAPTER 7

- BRADLEY, GERALD L., and SMITH, KARL J. *Calculus*. Upper Saddle River, NJ: Prentice Hall, 1995.
- MARGENAU, HENRY, and MURPHY, GEORGE. *The Mathematics of Physics and Chemistry*. New York: D. Van Nostrand, 1943. This text is out of print; however, many libraries may still have a copy, and used copies sometimes can be found. If you can find a copy, grab it!
- NAGLE, R. KENT, and SAFF, EDWARD B. *Fundamentals of Differential Equations and Boundary Value Problems*, 2nd ed. Boston: Addison-Wesley, 1996.
- VARBERG, DALE, and PURCELL, EDWIN J. *Calculus*, 7th ed. Upper Saddle River, NJ: Prentice Hall, 1997.

CHAPTER 8

- BRADLEY, GERALD L., and SMITH, KARL J. *Calculus*. Upper Saddle River, NJ: Prentice Hall, 1995.
- VARBERG, DALE, and PURCELL, EDWIN J. *Calculus*, 7th ed., Upper Saddle River, NJ: Prentice Hall, 1997.
- WASHINGTON, ALLYN J. *Basic Technical Mathematics*, 6th ed. Boston: Addison-Wesley, 1995.

CHAPTER 9

- NAGLE, R. KENT, and SAFF, EDWARD B. *Fundamentals of Differential Equations and Boundary Value Problems*, 2nd ed. Boston: Addison-Wesley, 1996.
- SULLIVAN, MICHAEL. *College Algebra*, 4th ed. Upper Saddle River, NJ: Prentice Hall, 1996.
- WASHINGTON, ALLYN J. *Basic Technical Mathematics*, 6th ed. Boston: Addison-Wesley, 1995.

CHAPTER 10

- NAGLE, R. KENT, and SAFF, EDWARD B. *Fundamentals of Differential Equations and Boundary Value Problems*, 2nd ed. Boston: Addison-Wesley, 1996.

CHAPTER 11

- DE LEVIE, ROBERT. *How to Use Excel® in Analytical Chemistry and in General Scientific Data Analysis*. New York: Cambridge University Press, 2001.
- DICKSON, T. R. *The Computer and Chemistry*. San Francisco: W. H. Freeman and Co., 1968.
- NOGGLE, JOSEPH H. *Physical Chemistry on a Microcomputer*. Boston: Little, Brown, and Co., 1985.

부록

Ⅰ. 물리 상수 표

상수	기호	값(SI 단위)
Avogadro's number	N_0	$6.022169 \times 10^{23}\ \text{mol}^{-1}$
Boltzmann constant	k	$1.380662 \times 10^{-23}\ \text{J molecule}^{-1}\ \text{K}^{-1}$
Electron rest mass	M_e	$9.109558 \times 10^{-31}\ \text{kg}$
Electron charge	e	$1.602191 \times 10^{-19}\ \text{C}$
Faraday constant	F	$9.648670 \times 10^{4}\ \text{C mol}^{-1}$
Gas constant	R	$8.31434 \times 10^{0}\ \text{J mol}^{-1}\ \text{K}^{-1}$
Permittivity of vacuum	ϵ_0	$8.854188 \times 10^{-12}\ \text{C}^2\ \text{J}^{-1}\ \text{m}$
Planck's constant	h	$6.626196 \times 10^{-34}\ \text{J s}$
Proton rest mass	m_p	$1.672614 \times 10^{-27}\ \text{kg}$
Rydberg constant	R_H	$1.096776 \times 10^{7}\ \text{m}^{-1}$
Speed of light in a vacuum	c	$2.997925 \times 10^{8}\ \text{m s}^{-1}$

Ⅱ. 적분 표

A. 부정적분[1]

• 대수 함수

1. $$\int x^p\,dx = \frac{1}{p+1}x^{p+1} + C, \quad \text{if } p \neq -1$$

2. $$\int \frac{dx}{x} = \ln|x| + C$$

• x와 $ax+b$의 대수 함수

3. $$\int (ax+b)^p\,dx = \frac{(ax+b)^{p+1}}{a(p+1)} + C, \quad \text{if } p \neq -1$$

4. $$\int \frac{dx}{ax+b} = \frac{1}{a}\ln|ax+b| + C$$

1 출처: E. J. Cogan and R. Z. Norman, *Handbook of Calculus, Difference, and Differential Equations*, Englewood Cliffs, NJ: Prentice-Hall, 1958, pp. 185–201.

5. $\displaystyle\int \frac{x\,dx}{ax+b} = \frac{1}{a^2}[ax - b\,\mathbf{ln}|ax+b|] + C$

6. $\displaystyle\int \frac{x\,dx}{(ax+b)^2} = \frac{1}{a^2}\left(\mathbf{ln}|ax+b| + \frac{b}{ax+b}\right) + C$

7. $\displaystyle\int \frac{x\,dx}{(ax+b)^3} = \frac{1}{a^2}\left(\frac{b}{2(ax+b)^2} - \frac{1}{ax+b}\right) + C$

8. $\displaystyle\int x(ax+b)^p\,dx = \frac{1}{a^2(p+2)}(ax+b)^{p+2}$

$\displaystyle\qquad - \frac{b}{a^2(p+1)}(ax+b)^{p+1} + C,\quad \text{if } p \neq -1, p \neq -2$

9. $\displaystyle\int x^m(ax+b)^n\,dx = \frac{1}{m+n+1}[x^{m+1}(ax+b)^n$

$\displaystyle\qquad + nb\int x^m(ax+b)^{n-1}\,dx],\quad \text{if } m+n+1 \neq 0$

See (1).

10. $\displaystyle\int x^m(ax+b)^n\,dx = \frac{1}{a(m+n+1)}[x^m(ax+b)^{n+1}$

$\displaystyle\qquad - mb\int x^{m-1}(ax+b)^n\,dx],\quad \text{if } m+n+1 \neq 0$

See (3).

11. $\displaystyle\int \frac{x^2\,dx}{ax+b} = \frac{1}{a^3}\left(\frac{1}{2}(ax+b)^2 - 2b(ax+b) + b^2\,\mathbf{ln}|ax+b|\right) + C$

12. $\displaystyle\int \frac{x^2\,dx}{(ax+b)^2} = \frac{1}{a^3}\left(ax+b - 2b\,\mathbf{ln}|ax+b| - \frac{b^2}{ax+b}\right) + C$

13. $\displaystyle\int \sqrt{ax+b}\,dx = \frac{2}{3a}\sqrt{(ax+b)^3} + C$

14. $\displaystyle\int \frac{dx}{\sqrt{ax+b}} = \frac{2\sqrt{ax+b}}{a} + C$

15. $\displaystyle\int x\sqrt{ax+b}\,dx = \frac{2(3ax-2b)\sqrt{(ax+b)^3}}{15a^2} + C$

16. $\displaystyle\int \frac{\sqrt{ax+b}}{x}\,dx = 2\sqrt{ax+b} + b\int \frac{dx}{x\sqrt{ax+b}}$

See (17) if $b > 0$; (18) if $b < 0$.

17. $\displaystyle\int \frac{dx}{x\sqrt{ax+b}} = \frac{1}{\sqrt{b}}\,\mathbf{ln}\left|\frac{\sqrt{ax+b}-\sqrt{b}}{\sqrt{ax+b}+\sqrt{b}}\right| + C$

$\displaystyle\qquad = -\frac{1}{\sqrt{b}}\,\mathbf{tanh}^{-1}\sqrt{\frac{ax+b}{b}} + C,\quad \text{if } b > 0$

18. $\displaystyle\int \frac{dx}{x\sqrt{ax-b}} = \frac{2}{\sqrt{b}}\,\mathbf{arctan}\sqrt{\frac{ax-b}{b}} + C,\quad \text{if } b > 0$

19. $\displaystyle\int x^2\sqrt{ax+b}\,dx = \frac{2}{105a^3}\sqrt{(ax+b)^3}(15a^2x^2 - 12abx + 8b^2) + C$

20. $\displaystyle\int \frac{x^n\,dx}{\sqrt{ax+b}} = \frac{2}{a(2n+1)}\left[x^n\sqrt{ax+b} - nb\int \frac{x^{n-1}\,dx}{\sqrt{ax+b}}\right]$

21. $\displaystyle\int \frac{dx}{x^n\sqrt{ax+b}} = -\frac{\sqrt{ax+b}}{(n-1)bx^{n-1}} - \frac{(2n-3)a}{(2n-2)b}\int \frac{dx}{x^{n-1}\sqrt{ax+b}}$

See (14).

• x와 ax^2+b의 대수 함수

22. $\displaystyle\int \frac{dx}{ax^2+b} = \frac{1}{\sqrt{ab}}\textbf{arctan}\frac{x\sqrt{ab}}{b} + C,\quad \text{if } ab > 0$

23. $\displaystyle\int \frac{dx}{ax^2+b} = \frac{1}{2\sqrt{-ab}}\textbf{ln}\left|\frac{b + x\sqrt{-ab}}{b - x\sqrt{-ab}}\right| + C$

$\displaystyle= \frac{1}{\sqrt{-ab}}\textbf{tanh}^{-1}\frac{x\sqrt{-ab}}{b} + C,\quad \text{if } ab < 0$

24. $\displaystyle\int \frac{dx}{ax^2-b} = \frac{1}{2\sqrt{ab}}\textbf{ln}\left|\frac{x\sqrt{a} - \sqrt{b}}{x\sqrt{a} + \sqrt{b}}\right| + C,\quad \text{if } a > 0, b > 0$

25. $\displaystyle\int \frac{dx}{-ax^2+b} = \frac{1}{2\sqrt{ab}}\textbf{ln}\left|\frac{\sqrt{b} + x\sqrt{a}}{\sqrt{b} - x\sqrt{a}}\right| + C,\quad \text{if } a > 0, b > 0$

26. $\displaystyle\int \frac{dx}{(ax^2+b)^{m+1}} = \frac{1}{2mb}\left[\frac{x}{(ax^2+b)^m} + (2m-1)\int \frac{dx}{(ax^2+b)^m}\right]$

See (23) or (24) if $b > 0$; (23) if $b < 0$.

27. $\displaystyle\int x(ax^2+b)^p\,dx = \frac{1}{2a}\frac{(ax^2+b)^{p+1}}{p+1} + C,\quad \text{if } p \neq -1$

28. $\displaystyle\int \frac{x\,dx}{ax^2+b} = \frac{1}{2a}\textbf{ln}|ax^2+b| + C$

29. $\displaystyle\int \frac{x\,dx}{(ax^2+b)^{p+1}} = \frac{-1}{2pa(ax^2+b)^p} + C,\quad \text{if } p > 0$

30. $\displaystyle\int \frac{dx}{x(ax^n+b)} = \frac{1}{bn}\textbf{ln}\left|\frac{x^n}{ax^n+b}\right| + C$

31. $\displaystyle\int x^p(ax^n+b)^m\,dx = \frac{1}{nm+p+1}[x^{p+1}(ax^n+b)^m$

$\displaystyle+ bnm\int x^p(ax^n+b)^{m-1}\,dx],$

$\text{if } m > 0 \text{ and } mn + p + 1 \neq 0$

See (1).

32. $\displaystyle\int \sqrt{ax^2+b}\,dx = \frac{x}{2}\sqrt{ax^2+b} + \frac{b}{2\sqrt{a}}\textbf{ln}|x\sqrt{a}$

$\displaystyle+ \sqrt{ax^2+b}| + C,\quad \text{if } a > 0$

33. $\int \sqrt{ax^2+b}\,dx = \frac{x}{2}\sqrt{ax^2+b} + \frac{b}{2\sqrt{-a}}\,\textbf{arcsin}\left(x\sqrt{\frac{-a}{b}}\right) + C, \quad \text{if } a < 0$

• x와 ax^2+bx+c의 대수 함수($X = ax^2+bx+c,\ q = 4ac-b^2$)

34. $\int \frac{dx}{ax^2+bx+c} = \frac{2}{\sqrt{q}}\,\textbf{arctan}\frac{2ax+b}{\sqrt{q}} + C, \quad q > 0$

35. $\int \frac{dx}{ax^2+bx+c} = \frac{2}{\sqrt{-q}}\,\textbf{ln}\left|\frac{2ax+b-\sqrt{-q}}{2ax+b+\sqrt{-q}}\right| + C$

$$= \frac{-2}{\sqrt{-q}}\,\textbf{tanh}^{-1}\frac{2ax+b}{\sqrt{-q}} + C, \quad q < 0$$

36. $\int \frac{dx}{(ax^2+bx+c)^{n+1}} = \frac{2ax+b}{nqX^n} + \frac{2(2n-1)a}{nq}\int \frac{dx}{X^n}$

See (34) if $q > 0$; (35) if $q < 0$.

37. $\int \sqrt{ax^2+bx+c}\,dx = \frac{2ax+b}{4a}\sqrt{X} + \frac{q}{8a}\int \frac{dx}{\sqrt{X}}$

See (38) if $a > 0$; (39) if $a < 0$.

38. $\int \frac{dx}{\sqrt{ax^2+bx+c}} = \frac{1}{\sqrt{a}}\,\textbf{ln}\left|X + x\sqrt{a} + \frac{b}{2\sqrt{a}}\right| + C, \quad \text{if } a > 0$

39. $\int \frac{dx}{\sqrt{ax^2+bx+c}} = \frac{1}{\sqrt{-a}}\,\textbf{arcsin}\frac{-2ax-b}{\sqrt{-q}} + C, \quad \text{if } a < 0$

40. $\int \frac{x\,dx}{ax^2+bx+c} = \frac{1}{2a}\left[\textbf{ln}|X| - b\int \frac{dx}{X}\right]$

See (32) if $q > 0$; (33) if $q < 0$.

• x와 $x^2 \pm a^2$의 대수 함수

41. $\int \frac{dx}{x^2+a^2} = \frac{1}{a}\,\textbf{arctan}\frac{x}{a} + C$

42. $\int \frac{dx}{x^2-a^2} = \frac{1}{2a}\,\textbf{ln}\left|\frac{x-a}{x+a}\right| + C = -\frac{1}{a}\,\textbf{coth}^{-1}\frac{x}{a} + C$

43. $\int \sqrt{x^2 \pm a^2}\,dx = \frac{1}{2}\left[x\sqrt{x^2 \pm a^2} \pm a^2\,\textbf{ln}\left|x + \sqrt{x^2 \pm a^2}\right|\right] + C$

44. $\int \frac{dx}{\sqrt{x^2 \pm a^2}} = \textbf{ln}\left|x + \sqrt{x^2 \pm a^2}\right| + C$

45. $\int x\sqrt{x^2 \pm a^2}\,dx = \frac{1}{3}\sqrt{(x^2 \pm a^2)^3} + C$

46. $$\int \frac{\sqrt{x^2+a^2}}{x}dx = \sqrt{x^2+a^2} - a\,\mathbf{ln}\left|\frac{a+\sqrt{x^2+a^2}}{x}\right| + C$$

47. $$\int \frac{\sqrt{x^2-a^2}}{x}dx = \sqrt{x^2-a^2} - a\,\mathbf{arcsec}\frac{x}{a} + C$$

48. $$\int \frac{x\,dx}{\sqrt{x^2 \pm a^2}} = \sqrt{x^2 \pm a^2} + C$$

49. $$\int \frac{dx}{x\sqrt{x^2+a^2}} = -\frac{1}{a}\mathbf{ln}\left|\frac{\sqrt{x^2+a^2}+a}{x}\right| + C = -\frac{1}{a}\mathbf{sinh}^{-1}\frac{a}{x} + C$$

50. $$\int \frac{dx}{x\sqrt{x^2-a^2}} = \frac{1}{a}\mathbf{arcsec}\frac{x}{a} + C = \frac{1}{a}\mathbf{arccos}\frac{a}{x} + C$$

51. $$\int \sqrt{(x^2 \pm a^2)^3}\,dx = \frac{1}{8}\left[2x\sqrt{(x^2 \pm a^2)^3} \pm 3a^2x\sqrt{x^2 \pm a^2} + 3a^4\mathbf{ln}|x - \sqrt{x^2 \pm a^2}|\right] + C$$

52. $$\int \frac{dx}{\sqrt{(x^2 \pm a^2)^3}} = \frac{\pm x}{a^2\sqrt{x^2 \pm a^2}} + C$$

53. $$\int x\sqrt{(x^2 \pm a^2)^3}\,dx = \frac{1}{5}\sqrt{(x^2 \pm a^2)^5} + C$$

54. $$\int \frac{x\,dx}{(x^2 \pm a^2)^3} = \frac{-1}{\sqrt{x^2 \pm a^2}} + C$$

• x와 $a^2 - x^2$의 대수 함수

55. $$\int \frac{dx}{a^2-x^2} = \frac{1}{2a}\mathbf{ln}\left|\frac{a+x}{a-x}\right| + C = \frac{1}{a}\mathbf{tanh}^{-1}\frac{x}{a} + C$$

56. $$\int \sqrt{a^2-x^2}\,dx = \frac{1}{2}\left[x\sqrt{a^2-x^2} + a^2\,\mathbf{arcsin}\frac{x}{a}\right] + C$$

57. $$\int \frac{dx}{\sqrt{a^2-x^2}} = \mathbf{arcsin}\frac{x}{a} + C = -\mathbf{arccos}\frac{x}{a} + C$$

58. $$\int x\sqrt{a^2-x^2}\,dx = -\frac{1}{3}\sqrt{(a^2-x^2)^3} + C$$

59. $$\int \frac{\sqrt{a^2-x^2}}{x}dx = \sqrt{a^2-x^2} - a\,\mathbf{ln}\left|\frac{a+\sqrt{a^2-x^2}}{x}\right| + C$$

60. $$\int \frac{x\,dx}{\sqrt{a^2-x^2}} = -\sqrt{a^2-x^2} + C$$

61. $\displaystyle\int \frac{dx}{x\sqrt{a^2 - x^2}} = -\frac{1}{a}\ln\left|\frac{a + \sqrt{a^2 - x^2}}{x}\right| + C = -\frac{1}{a}\cosh^{-1}\frac{a}{x} + C$

62. $\displaystyle\int \sqrt{(a^2 - x^2)^3}\, dx = \frac{1}{8}\Big[2x\sqrt{(a^2 - x^2)^3} + 3a^2x\sqrt{a^2 - x^2} + 3a^4 \arcsin\frac{x}{a}\Big] + C$

63. $\displaystyle\int \frac{dx}{\sqrt{(a^2 - x^2)^3}} = \frac{x}{a^2\sqrt{a^2 - x^2}} + C$

64. $\displaystyle\int x\sqrt{(a^2 - x^2)^3}\, dx = -\frac{1}{5}\sqrt{(a^2 - x^2)^5} + C$

65. $\displaystyle\int \frac{x\,dx}{\sqrt{(a^2 - x^2)^3}} = \frac{1}{\sqrt{a^2 - x^2}} + C$

• 기타 대수 함수

66. $\displaystyle\int \sqrt{2ax - x^2}\, dx = \frac{1}{2}\Big[(x - a)\sqrt{2ax - x^2} + a^2 \arcsin\frac{x - a}{a}\Big] + C$

67. $\displaystyle\int \frac{dx}{\sqrt{2ax - x^2}} = \arccos\frac{a - x}{a} + C$

68. $\displaystyle\int \sqrt{\frac{1 + x}{1 - x}}\,dx = \arcsin x - \sqrt{1 - x^2} + C$

• 삼각 함수

69. $\displaystyle\int \sin x\, dx = -\cos x + C$

70. $\displaystyle\int \sin(ax + b)\, dx = -\frac{1}{a}\cos(ax + b) + C$

71. $\displaystyle\int \sin^2(ax + b)\, dx = \frac{x}{2} - \frac{1}{2a}\cos(ax + b)\sin(ax + b) + C = \frac{x}{2} - \frac{\sin 2(ax + b)}{4a} + C$

72. $\displaystyle\int \sin^3(ax + b)\, dx = -\frac{1}{3a}\cos(ax + b)[\sin^2(ax + b) + 2] + C$

73. $\displaystyle\int \sin^4(ax + b)\, dx = \frac{3x}{8} - \frac{3\sin 2(ax + b)}{16a} - \frac{\sin^3(ax + b)\cos(ax + b)}{4a} + C$

74. $\displaystyle\int \sin^n(ax + b)\, dx = -\frac{1}{an}\Big[\sin^{n-1}(ax + b)\cos(ax + b) - a(n - 1)\int \sin^{n-2}(ax + b)\, dx\Big]$

See (73) if n is even; (72) if n is odd.

75. $\displaystyle\int x \sin(ax+b)\,dx = \frac{1}{a^2}\sin(ax+b) - \frac{x}{a}\cos(ax+b) + C$

76. $\displaystyle\int x \sin^2(ax+b)\,dx = \frac{x^2}{4} - \frac{x\sin 2(ax+b)}{4a} - \frac{\cos 2(ax+b)}{8a^2} + C$

77. $\displaystyle\int x^2 \sin^2(ax+b)\,dx = \frac{x^3}{6} - \left(\frac{x^2}{4a} - \frac{1}{8a^3}\right)\sin 2(ax+b) - \frac{x\cos 2(ax+b)}{4a^2} + C$

78. $\displaystyle\int x^n \sin(ax+b)\,dx = -\frac{1}{a}\left[x^n \cos(ax+b) - n\int x^{n-1}\cos(ax+b)\,dx\right]$

See (91) if n is even; (75) if n is odd.

79. $\displaystyle\int \frac{\sin ax\,dx}{x} = ax - \frac{(ax)^3}{3(3!)} + \frac{(ax)^5}{5(5!)} - + \cdots + C$

80. $\displaystyle\int \frac{\sin(ax+b)\,dx}{x^n} = \frac{-1}{n-1}\frac{\sin(ax+b)}{x^{n-1}} + \frac{a}{n-1}\int \frac{\cos(ax+b)\,dx}{x^{n-1}}, \quad \text{if } n > 1$

See (70) if n is even; (86) if n is odd.

81. $\displaystyle\int \frac{dx}{1 \pm \sin(ax+b)} = \mp\frac{1}{a}\tan\left(\frac{\pi}{4} \mp \frac{ax+b}{2}\right) + C$

82. $\displaystyle\int \sqrt{1+\sin x}\,dx = \pm 2\left[\sin\frac{x}{2} - \cos\frac{x}{2}\right] + C$

Use + sign if $(8n-1)\frac{\pi}{2} < x \le (8n+3)\frac{\pi}{2}$ for some integer n; otherwise use − sign.

83. $\displaystyle\int \sqrt{1-\sin x}\,dx = \pm 2\left[\sin\frac{x}{2} + \cos\frac{x}{2}\right] + C$

Use + sign if $(8n-3)\frac{\pi}{2} < x \le (8n+1)\frac{\pi}{2}$ for some integer n; otherwise use − sign.

84. $\displaystyle\int \sin ax \sin bx\,dx = \frac{\sin(a-b)x}{2(a-b)} - \frac{\sin(a+b)x}{2(a+b)} + C, \quad \text{if } a^2 \ne b^2$

85. $\displaystyle\int \cos x\,dx = \sin x + C$

86. $\displaystyle\int \cos(ax+b)\,dx = \frac{1}{a}\sin(ax+b) + C$

87. $\displaystyle\int \cos^2(ax+b)\,dx = \frac{x}{2} + \frac{1}{2a}\cos(ax+b)\sin(ax+b) + C = \frac{x}{2} + \frac{\sin 2(ax+b)}{4a} + C$

88. $\int \cos^3(ax + b)\,dx = \frac{1}{a}\sin(ax + b) - \frac{1}{3a}\sin^3(ax + b) + C$

89. $\int \cos^4(ax + b)\,dx = \frac{3x}{8} + \frac{3\sin 2(ax + b)}{16a} + \frac{\cos^3(ax + b)\sin(ax + b)}{4a} + C$

90. $$\int \cos^n(ax + b)\,dx = \frac{1}{an}\left[\cos^{n-1}(ax + b)\sin(ax + b) + a(n - 1)\int \cos^{n-2}(ax + b)\,dx\right]$$

See (88) if n is odd; (89) if n is even.

91. $\int x\cos(ax + b)\,dx = \frac{1}{a^2}\cos(ax + b) + \frac{x}{2}\sin(ax + b) + C$

92. $\int x\cos^2(ax + b)\,dx = \frac{x^2}{4} + \frac{x\sin 2(ax + b)}{4a} + \frac{\cos 2(ax + b)}{8a^2} + C$

93. $$\int x^2\cos^2(ax + b)\,dx = \frac{x^3}{6} + \left(\frac{x^2}{4a} - \frac{1}{8a^3}\right)\sin 2(ax + b) + \frac{x\cos 2(ax + b)}{4a^2} + C$$

94. $\int x^n\cos(ax + b)\,dx = \frac{1}{a}\left[x^n\sin(ax + b) - n\int x^{n-1}\sin(ax + b)\,dx\right] + C$

See (75) if n is even; (91) if n is odd.

95. $\int \frac{\cos ax\,dx}{x} = \ln|ax| - \frac{(ax)^2}{2(2!)} + \frac{(ax)^4}{4(4!)} - + \cdots + C$

96. $$\int \frac{\cos(ax + b)\,dx}{x^n} = \frac{-1}{n - 1}\frac{\cos(ax + b)}{x^{n-1}} - \frac{a}{n - 1}\int \frac{\sin(ax + b)\,dx}{x^{n-1}}, \quad \text{if } n > 1$$

See (86) if n is even; (70) if n is odd.

97. $\int \frac{dx}{1 + \cos(ax + b)} = \frac{1}{a}\tan\left(\frac{ax + b}{2}\right) + C$

98. $\int \frac{dx}{1 - \cos(ax + b)} = -\frac{1}{a}\cot\left(\frac{ax + b}{2}\right) + C$

99. $\int \sqrt{1 + \cos x}\,dx = \pm 2\sqrt{2}\sin\frac{x}{2} + C$

Use + sign if $(4n - 1)\pi < x \le (4n + 1)\pi$ for some integer n; otherwise use − sign.

100. $\int \sqrt{1 - \cos x}\,dx = \pm 2\sqrt{2}\cos\frac{x}{2} + C$

Use + sign if $(4n - 2)\pi < x \le 4n\pi$ for some integer n; otherwise use − sign.

101. $\int \cos ax\cos bx\,dx = \frac{\sin(a - b)x}{2(a - b)} + \frac{\sin(a + b)x}{2(a + b)} + C, \quad \text{if } a^2 \ne b^2$

102. $\int \sin ax \cos bx\, dx = -\frac{\cos(a-b)x}{2(a-b)} - \frac{\cos(a+b)x}{2(a+b)} + C, \quad \text{if } a^2 \neq b^2$

103. $\int \sin(ax+b)\cos(ax+b)\, dx = \frac{1}{2a}\sin^2(ax+b) + C$

104. $\int \sin^p(ax+b)\cos(ax+b)\, dx = \frac{1}{a(p+1)}\sin^{p+1}(ax+b) + C, \quad \text{if } p \neq -1$

105. $\int \sin(ax+b)\cos^p(ax+b)\, dx = -\frac{1}{a(p+1)}\cos^{p+1}(ax+b) + C,$
$\text{if } p \neq -1$

106. $\int \sin^2(ax+b)\cos^2(ax+b)\, dx = -\frac{1}{32a}\sin 4(ax+b) + \frac{x}{8} + C$

107. $\int \sin^m(ax+b)\cos^n(ax+b)\, dx$

$$= \frac{-1}{a(m+n)}[\sin^{m-1}(ax+b)\cos^{n+1}(ax+b)$$
$$-(m-1)a\int \sin^{m-2}(ax+b)\cos^n(ax+b)\, dx], \quad \text{if } m > 0,\ m+n \neq 0$$

See (90) if m is even; (105) if m is odd.

108. $\int \sin^m(ax+b)\cos^n(ax+b)\, dx$

$$= \frac{1}{a(m+n)}[\sin^{m+1}(ax+b)\cos^{n-1}(ax+b)$$
$$+(n-1)a\int \sin^m(ax+b)\cos^{n-2}(ax+b)\, dx], \quad \text{if } n > 0,\ m+n \neq 0$$

See (74) if n is even; (104) if n is odd.

109. $\int \frac{dx}{\sin(ax+b)\cos(ax+b)} = \frac{1}{a}\ln|\tan(ax+b)| + C$

110. $\int \frac{dx}{\sin^n(ax+b)\cos(ax+b)} = \frac{-1}{a(n-1)}\frac{1}{\sin^{n-1}(ax+b)}$
$+ \int \frac{dx}{\sin^{n-2}(ax+b)\cos(ax+b)}, \quad \text{if } n > 1$

See (128) if n is even; (109) if n is odd.

111. $\int \frac{dx}{\sin(ax+b)\cos^n(ax+b)} = \frac{1}{a(n-1)}\frac{1}{\cos^{n-1}(ax+b)}$
$+ \int \frac{dx}{\sin(ax+b)\cos^{n-2}(ax+b)}, \quad \text{if } n > 1$

See (135) if n is even; (109) if n is odd.

112. $\int \frac{\sin(ax+b)}{\cos^2(ax+b)}dx = \frac{1}{a\cos(ax+b)} + C = \frac{1}{a}\sec(ax+b) + C$

113. $\displaystyle\int \frac{\sin^2(ax+b)}{\cos(ax+b)}dx = -\frac{1}{a}\left[\sin(ax+b) - \ln\left|\tan\left(\frac{ax+b}{2}+\frac{\pi}{4}\right)\right|\right] + C$

114. $\displaystyle\int \frac{\cos(ax+b)}{\sin^2(ax+b)}dx = \frac{-1}{a\sin(ax+b)} + C = -\frac{1}{a}\csc(ax+b) + C$

115. $\displaystyle\int \frac{\cos^2(ax+b)}{\sin(ax+b)}dx = \frac{1}{a}\left[\cos(ax+b) + \ln\left|\tan\left(\frac{ax+b}{2}\right)\right|\right] + C$

116. $\displaystyle\int \tan x\,dx = -\ln|\cos x| + C = \ln|\sec x| + C$

117. $\displaystyle\int \tan(ax+b)\,dx = -\frac{1}{a}\ln|\cos(ax+b)| + C$

118. $\displaystyle\int \tan^2(ax+b)\,dx = \frac{1}{a}\tan(ax+b) - x + C$

119. $\displaystyle\int \tan^3(ax+b)\,dx = \frac{1}{2a}[\tan^2(ax+b) + 2\ln|\cos(ax+b)|] + C$

120. $\displaystyle\int \tan^n(ax+b)\,dx = \frac{1}{a(n-1)}\tan^{n-1}(ax+b) - \int \tan^{n-2}(ax+b)\,dx, \quad n \geq 2$

See (118) if n is even; (119) if n is odd.

121. $\displaystyle\int \cot x\,dx = \ln|\sin x| + C = -\ln|\csc x| + C$

122. $\displaystyle\int \cot(ax+b)\,dx = \frac{1}{a}\ln|\sin(ax+b)| + C$

123. $\displaystyle\int \cot^2(ax+b)\,dx = -\frac{1}{a}\cot(ax+b) - x + C$

124. $\displaystyle\int \cot^3(ax+b)\,dx = -\frac{1}{2a}[\cot^2(ax+b) + 2\ln|\sin(ax+b)|] + C$

125. $\displaystyle\int \cot^n(ax+b)\,dx = \frac{-1}{a(n-1)}\cot^{n-1}(ax+b) - \int \cot^{n-2}(ax+b)\,dx, \quad n \geq 2$

See (123) if n is even; (124) if n is odd.

126. $\displaystyle\int \sec x\,dx = \ln\left|\tan\left(\frac{x}{2}+\frac{\pi}{4}\right)\right| + C = \ln|\sec x + \tan x| + C$

127. $\displaystyle\int \sec^2 x\,dx = \tan x + C$

128. $\displaystyle\int \sec(ax+b)\,dx = \frac{1}{a}\ln\left|\tan\left(\frac{ax+b}{2}+\frac{\pi}{4}\right)\right| + C$

129. $\int \sec^2(ax+b)\,dx = \frac{1}{a}\tan(ax+b) + C$

130. $\int \sec^3(ax+b)\,dx = \frac{1}{2a}\left[\sec(ax+b)\tan(ax+b) + \ln\left|\tan\left(\frac{ax+b}{2}\right) + \frac{\pi}{4}\right|\right] + C$

131. $\int \sec^n(ax+b)\,dx = \frac{1}{a(n-1)}\frac{\sin(ax+b)}{\cos^{n-1}(ax+b)} + \frac{n-2}{n-1}\int \sec^{n-2}(ax+b)\,dx, \quad n \geq 2$

See (129) if n is even; (130) if n is odd.

132. $\int \sec x \tan x\,dx = \sec x + C$

133. $\int \csc x\,dx = \ln\left|\tan\left(\frac{x}{2}\right)\right| + C = \ln|\csc x - \cot x| + C$

134. $\int \csc^2 x\,dx = -\cot x + C$

135. $\int \csc(ax+b)\,dx = \frac{1}{a}\ln\left|\tan\left(\frac{ax+b}{2}\right)\right| + C$

136. $\int \csc^2(ax+b)\,dx = -\frac{1}{a}\cot(ax+b) + C$

137. $\int \csc^3(ax+b)\,dx = \frac{1}{2a}\left[-\csc(ax+b)\cot(ax+b) + \ln\left|\tan\left(\frac{ax+b}{2}\right)\right|\right] + C$

138. $\int \csc^n(ax+b)\,dx = \frac{-1}{a(n-1)}\frac{\cos(ax+b)}{\sin^{n-1}(ax+b)} + \frac{n-2}{n-1}\int \csc^{n-2}(ax+b)\,dx, \quad n \geq 2$

See (136) if n is even; (137) if n is odd.

139. $\int \csc x \cot x\,dx = -\csc x + C$

140. $\int \arcsin\frac{x}{a}\,dx = x\arcsin\frac{x}{a} + \sqrt{a^2 - x^2} + C$

141. $\int (\arcsin ax)^2\,dx = x(\arcsin ax)^2 - 2x + \frac{2}{a}\sqrt{1 - a^2x^2}\arcsin ax + C$

142. $\int x\arcsin ax\,dx = \frac{1}{4a^2}\left[(2a^2x^2 - 1)\arcsin ax + ax\sqrt{1 - a^2x^2}\right] + C$

143. $\displaystyle\int \frac{\arcsin ax}{x^2}dx = a\ln\left|\frac{1-\sqrt{1-a^2x^2}}{ax}\right| - \frac{\arcsin ax}{x} + C$

144. $\displaystyle\int \arccos\frac{x}{a}dx = x\arccos\frac{x}{a} - \sqrt{a^2-x^2} + C$

145. $\displaystyle\int (\arccos ax)^2\,dx = x(\arccos ax)^2 - 2x - \frac{2}{a}\sqrt{1-a^2x^2}\arccos ax + C$

146. $\displaystyle\int \arctan\frac{x}{a}dx = x\arctan\frac{x}{a} - \frac{a}{2}\ln(a^2+x^2) + C$

147. $\displaystyle\int \operatorname{arccot}\frac{x}{a}dx = x\operatorname{arccot}\frac{x}{a} + \frac{a}{2}\ln(a^2+x^2) + C$

148. $\displaystyle\int \operatorname{arcsec}\frac{x}{a}dx = x\operatorname{arcsec}\frac{x}{a} - a\ln|x+\sqrt{x^2-a^2}| + C$

149. $\displaystyle\int \operatorname{arccsc}\frac{x}{a}dx = x\operatorname{arccsc}\frac{x}{a} + a\ln|x+\sqrt{x^2-a^2}| + C$

• 로그 함수

150. $\displaystyle\int \ln|x|dx = x\ln|x| - x + C$

151. $\displaystyle\int \log_a|x|dx = x\log_a|x| - \frac{x}{\ln a} + C, \quad \text{if } a \neq 1, a > 0$

152. $\displaystyle\int \ln|ax+b|dx = \frac{ax+b}{a}\ln|ax+b| - x + C$

153. $\displaystyle\int (\ln|x|)^2\,dx = x(\ln|x|)^2 - 2x\ln|x| + 2x + C$

154. $\displaystyle\int (\ln|ax+b|)^n\,dx = \frac{ax+b}{a}(\ln|ax+b|)^n - n\int(\ln|ax+b|)^{n-1}\,dx$

See (152)

155. $\displaystyle\int x\ln|x|dx = \frac{x^2}{2}\ln|x| - \frac{x^2}{4} + C$

156. $\displaystyle\int \frac{dx}{x\ln|x|} = \ln|\ln|x|| + C$

157. $\displaystyle\int x^p\ln|x|dx = x^{p+1}\left[\frac{\ln|x|}{p+1} - \frac{1}{(p+1)^2}\right] + C, \quad p \neq -1$

158. $\displaystyle\int \frac{(\ln|x|)^p}{x}dx = \frac{1}{p+1}(\ln|x|)^{p+1} + C, \quad p \neq -1$

159. $\displaystyle\int \sin(\ln|x|)\,dx = \frac{x}{2}[\sin(\ln|x|) - \cos(\ln|x|)] + C$

160. $\displaystyle\int \cos(\ln|x|)\,dx = \frac{x}{2}[\sin(\ln|x|) + \cos(\ln|x|)] + C$

161. $\int \mathbf{e}^x \, dx = \mathbf{e}^x + C$

162. $\int \mathbf{e}^{ax} \, dx = \frac{1}{a}\mathbf{e}^{ax} + C$

163. $\int x\mathbf{e}^{ax} \, dx = \frac{1}{a^2}\mathbf{e}^{ax}(ax - 1) + C$

164. $\int x^m\mathbf{e}^{ax} \, dx = \frac{1}{a}x^m\mathbf{e}^{ax} - \frac{m}{a}\int x^{m-1}\mathbf{e}^{ax} \, dx, \quad m \geq 2$

See (163)

165. $\int \frac{\mathbf{e}^{ax}}{x} \, dx = \mathbf{ln}|x| + ax + \frac{(ax)^2}{2(2!)} + \frac{(ax)^3}{3(3!)} + \cdots + C$

166. $\int \mathbf{e}^{ax}\,\mathbf{sin}\,bx \, dx = \frac{\mathbf{e}^{ax}(a\,\mathbf{sin}\,bx - b\,\mathbf{cos}\,bx)}{a^2 + b^2} + C$

167. $\int \mathbf{e}^{ax}\,\mathbf{cos}\,bx \, dx = \frac{\mathbf{e}^{ax}(a\,\mathbf{cos}\,bx + b\,\mathbf{sin}\,bx)}{a^2 + b^2} + C$

168. $\int \frac{dx}{1 + \mathbf{e}^x} = x - \mathbf{ln}|1 + \mathbf{e}^x| + C$

169. $\int \frac{dx}{a\mathbf{e}^{px} + b} = \frac{x}{b} - \frac{1}{bp}\mathbf{ln}|a\mathbf{e}^{px} + b| + C, \quad b \neq 0, p \neq 0$

170. $\int \frac{dx}{a\mathbf{e}^{px} + b\mathbf{e}^{-px}} = \frac{1}{p\sqrt{ab}}\,\mathbf{arctan}\left(\mathbf{e}^{px}\sqrt{\frac{a}{b}}\right) + C, \quad \text{if } ab > 0$

171. $\int \mathbf{e}^{ax}\,\mathbf{ln}|bx| dx = \frac{1}{a}\mathbf{e}^{ax}\,\mathbf{ln}|bx| - \frac{1}{a}\int \frac{\mathbf{e}^{ax}}{x} \, dx$

See (165).

172. $\int \mathbf{a}^x \, dx = \frac{\mathbf{a}^x}{\mathbf{ln}\,a} + C, \text{ if } a > 0, \quad a \neq 1$

173. $\int \mathbf{a}^{bx} \, dx = \frac{\mathbf{a}^{bx}}{b\,\mathbf{ln}\,a} + C, \text{ if } a > 0, \quad a \neq 1$

174. $\int x\mathbf{a}^{bx} \, dx = \frac{x\mathbf{a}^{bx}}{b\mathbf{ln}\,a} - \frac{\mathbf{a}^{bx}}{b^2(\mathbf{ln}\,a)^2} + C, \quad \text{if } a > 0, a \neq 1$

• 쌍곡선 함수

175. $\int \mathbf{sinh}\,ax \, dx = \frac{1}{a}\mathbf{cosh}\,ax + C$

176. $\int \mathbf{sinh}^2\,ax \, dx = \frac{1}{4a}\mathbf{sinh}\,2ax - \frac{1}{2}x + C$

177. $\int \mathbf{cosh}\,ax \, dx = \frac{1}{a}\mathbf{sinh}\,ax + C$

178. $\int \cosh^2 ax\,dx = \frac{1}{4a}\sinh 2ax + \frac{1}{2}x + C$

179. $\int \tanh ax\,dx = \frac{1}{a}\ln|\cosh ax| + C$

180. $\int \tanh^2 ax = x - \frac{1}{a}\tanh ax + C$

181. $\int \coth ax\,dx = \frac{1}{a}\ln|\sinh ax| + C$

182. $\int \coth^2 ax = x - \frac{1}{a}\coth ax + C$

183. $\int \operatorname{sech} ax\,dx = \frac{1}{a}\arctan(\sinh ax) + C$

184. $\int \operatorname{sech}^2 ax\,dx = \frac{1}{a}\tanh ax + C$

185. $\int \operatorname{csch} ax\,dx = -\frac{1}{a}\ln|\coth ax + \operatorname{csch} ax| + C = \frac{1}{a}\ln\left|\tanh\frac{ax}{2}\right| + C$

186. $\int \operatorname{csch}^2 ax\,dx = -\frac{1}{a}\coth ax + C$

187. $\int \operatorname{sech} ax \tanh ax\,dx = -\frac{1}{a}\operatorname{sech} ax + C$

188. $\int \operatorname{csch} ax \coth ax\,dx = -\frac{1}{a}\operatorname{csch} ax + C$

B. 정적분

1. $\int_0^\infty e^{-ax^2}\,dx = \frac{1}{2}\left(\frac{\pi}{a}\right)^{1/2}$

2. $\int_0^\infty x^2 e^{-ax^2}\,dx = \frac{1}{4a}\left(\frac{\pi}{a}\right)^{1/2}$

3. $\int_0^\infty x^{2n} e^{-ax^2}\,dx = \frac{1\cdot 3\cdot 5\cdots(2n-1)}{2^{n+1}a^n}\left(\frac{\pi}{a}\right)^{1/2}$

4. $\int_0^\infty x e^{-ax^2}\,dx = \frac{1}{2a}$

5. $\int_0^\infty x^3 e^{-ax^2}\,dx = \frac{1}{2a^2}$

6. $\int_0^\infty x^{2n+1} e^{-ax^2}\,dx = \frac{n!}{2}\left(\frac{1}{a^{n+1}}\right)$

7. $\int_0^\infty x^n e^{-ax}\,dx = \frac{n!}{a^{n+1}}$

8. $\int_{-\infty}^{+\infty} x^{2n}\mathbf{e}^{-ax^2}\,dx = 2\int_{0}^{\infty} x^{2n}\mathbf{e}^{-ax^2}\,dx$

9. $\int_{-\infty}^{+\infty} x^{2n+1}\mathbf{e}^{-ax^2}\,dx = 0$

Ⅲ. ∇^2의 변환: 극좌표 표현

라플라시안 연산자는 직교 좌표계에서 다음과 같이 가장 간단한 형태를 갖는다.

$$\nabla^2 = \frac{\partial^2}{\partial x^2} + \frac{\partial^2}{\partial y^2} + \frac{\partial^2}{\partial z^2}$$

직교 좌표 (x, y, z)로부터 구면 극좌표 (r, θ, ϕ)로 변환하는 방정식과 역변환 방정식은 다음과 같다.

$$x = r\sin\theta\cos\phi \qquad r = (x^2 + y^2 + z^2)^{1/2}$$

$$y = r\sin\theta\sin\phi \qquad \cos\theta = \frac{z}{(x^2 + y^2 + z^2)^{1/2}}$$

$$z = r\cos\theta \qquad \tan\phi = \frac{y}{x}$$

이제 사슬 규칙으로 9개의 변환 도함수(transformation derivatives)를 구한다. 즉,

$$\frac{\partial r}{\partial x} = \frac{1}{2}(x^2 + y^2 + z^2)^{-1/2}(2x) = \frac{x}{r} = \sin\theta\cos\phi$$

유사한 방식으로

$$\frac{\partial r}{\partial y} = \sin\theta\sin\phi \quad \text{그리고} \quad \frac{\partial r}{\partial z} = \cos\theta$$

을 얻는다.

역코사인 함수를 미분하지 않고 $\partial\theta/\partial x$를 구하는 간단한 방법은 $\cos\theta$를 다음과 같이 음함수(implicit function)로 간주하고 미분하는 것이다.

$$-\sin\theta d\theta = -z\left(\frac{1}{2}\right)(x^2 + y^2 + z^2)^{-3/2}(2x)\,dx = -\frac{zx}{r^3}\,dx$$

$$-d\theta = -\frac{\cos\phi\cos\theta}{r}dx$$

$$\frac{\partial\theta}{\partial x} = \frac{\cos\phi\cos\theta}{r}$$

동일한 방식으로 다음을 얻을 수 있다.

$$\frac{\partial\theta}{\partial y} = \frac{\sin\phi\cos\theta}{r} \quad \text{그리고} \quad \frac{\partial\theta}{\partial z} = \frac{-\sin\theta}{r}$$

그리고 $\partial\phi/\partial x$를 얻기 위해 $\tan\phi$를 미분한다.

$$\sec^2\phi\,d\phi = -\frac{y}{x^2}dx$$

$$\frac{d\phi}{\cos^2\phi} = -\frac{r\sin\theta\sin\phi}{r^2\sin^2\theta\cos^2\phi}dx$$

$$\frac{\partial\phi}{\partial x} = -\frac{\sin\phi}{r\sin\theta}$$

유사한 방식으로 다음을 얻을 수 있다.

$$\frac{\partial \phi}{\partial y} = \frac{\cos\phi}{r\sin\theta} \quad 그리고 \quad \frac{\partial \phi}{\partial z} = 0$$

1차 편도함수 $\partial/\partial x$에 대한 변환 방정식은 사슬 규칙으로 찾을 수 있다.

$$\frac{\partial}{\partial x} = \frac{\partial r}{\partial x}\frac{\partial}{\partial r} + \frac{\partial \theta}{\partial x}\frac{\partial}{\partial \theta} + \frac{\partial \phi}{\partial x}\frac{\partial}{\partial \phi}$$

앞서 찾은 변환 도함수를 위 변환 방정식에 대입하면 다음과 같은 결과를 얻는다.

$$\frac{\partial}{\partial x} = \sin\theta\cos\phi\frac{\partial}{\partial r} + \frac{\cos\phi\cos\theta}{r}\frac{\partial}{\partial \theta} - \frac{\sin\phi}{r\sin\theta}\frac{\partial}{\partial \phi}$$

다른 1차 편도함수도 비슷한 방법으로 찾을 수 있다.

$$\frac{\partial}{\partial y} = \frac{\partial r}{\partial y}\frac{\partial}{\partial r} + \frac{\partial \theta}{\partial y}\frac{\partial}{\partial \theta} + \frac{\partial \phi}{\partial y}\frac{\partial}{\partial \phi}$$

$$\frac{\partial}{\partial y} = \sin\theta\sin\phi\frac{\partial}{\partial r} + \frac{\sin\phi\cos\theta}{r}\frac{\partial}{\partial \theta} + \frac{\cos\phi}{r\sin\theta}\frac{\partial}{\partial \phi}$$

$$\frac{\partial}{\partial z} = \frac{\partial r}{\partial z}\frac{\partial}{\partial r} + \frac{\partial \theta}{\partial z}\frac{\partial}{\partial \theta} + \frac{\partial \phi}{\partial z}\frac{\partial}{\partial \phi}$$

$$\frac{\partial}{\partial z} = \cos\theta\frac{\partial}{\partial r} - \frac{\sin\theta}{r}\frac{\partial}{\partial \theta}$$

2차 편도함수 연산자를 구하려면 1차 편도함수 연산자를 임의의 함수 $f(r, \theta, \phi)$에 두 번 적용해야 한다. 이때 함수의 곱으로 간주하고 미분해야 할 항이 있는지 잘 살펴보고 미분한다.

$$
\begin{aligned}
\frac{\partial}{\partial x}\frac{\partial f}{\partial x} = {} & \sin^2\theta\cos^2\phi\frac{\partial^2 f}{\partial r^2} + \frac{\sin\theta\cos\theta\cos^2\phi}{r}\frac{\partial^2 f}{\partial r\,\partial\theta} - \frac{\sin\theta\cos\theta\cos^2\phi}{r^2}\frac{\partial f}{\partial\theta} \\
& - \frac{\sin\phi\cos\phi}{r}\frac{\partial^2 f}{\partial r\,\partial\phi} + \frac{\sin\phi\cos\phi}{r^2}\frac{\partial f}{\partial\phi} + \frac{\cos\theta\cos^2\phi\sin\theta}{r}\frac{\partial^2 f}{\partial\theta\,\partial r} \\
& + \frac{\cos^2\phi\cos^2\theta}{r}\frac{\partial f}{\partial r} + \frac{\cos^2\phi\cos^2\theta}{r^2}\frac{\partial^2 f}{\partial\theta^2} - \frac{\sin\theta\cos\theta\cos^2\phi}{r^2}\frac{\partial f}{\partial\theta} \\
& - \frac{\sin\phi\cos\phi\cos\theta}{r^2\sin\theta}\frac{\partial^2 f}{\partial\theta\,\partial\phi} + \frac{\sin\phi\cos\phi\cos^2\theta}{r^2\sin^2\theta}\frac{\partial f}{\partial\phi} - \frac{\sin\phi\cos\phi}{r}\frac{\partial^2 f}{\partial\phi\,\partial r} \\
& + \frac{\sin^2\phi}{r}\frac{\partial f}{\partial r} - \frac{\sin\phi\cos\phi\cos\theta}{r^2\sin\theta}\frac{\partial^2 f}{\partial\phi\,\partial r} + \frac{\sin^2\phi\cos\theta}{r^2\sin\theta}\frac{\partial f}{\partial\theta} \\
& + \frac{\sin^2\phi}{r^2\sin^2\theta}\frac{\partial^2 f}{\partial\phi^2} + \frac{\sin\phi\cos\phi}{r^2\sin^2\theta}\frac{\partial f}{\partial\phi}
\end{aligned}
$$

$$
\begin{aligned}
\frac{\partial}{\partial y}\frac{\partial f}{\partial y} = {} & \sin^2\theta\sin^2\phi\frac{\partial^2 f}{\partial r^2} + \frac{\sin\theta\cos\theta\sin^2\phi}{r}\frac{\partial^2 f}{\partial r\,\partial\theta} - \frac{\sin\theta\cos\theta\sin^2\phi}{r^2}\frac{\partial f}{\partial\theta} \\
& + \frac{\sin\phi\cos\phi}{r}\frac{\partial^2 f}{\partial r\,\partial\phi} - \frac{\sin\phi\cos\phi}{r^2}\frac{\partial f}{\partial\phi} + \frac{\cos\theta\sin^2\phi\sin\theta}{r}\frac{\partial^2 f}{\partial\theta\,\partial r} \\
& + \frac{\sin^2\phi\cos^2\theta}{r}\frac{\partial f}{\partial r} + \frac{\sin^2\phi\cos^2\theta}{r^2}\frac{\partial^2 f}{\partial\theta^2} - \frac{\sin\theta\cos\theta\sin^2\phi}{r^2}\frac{\partial f}{\partial\theta} \\
& + \frac{\sin\phi\cos\phi\cos\theta}{r^2\sin\theta}\frac{\partial^2 f}{\partial\theta\,\partial\phi} - \frac{\sin\phi\cos\phi\cos^2\theta}{r^2\sin^2\theta}\frac{\partial f}{\partial\phi} + \frac{\sin\phi\cos\phi}{r}\frac{\partial^2 f}{\partial\phi\,\partial r} \\
& + \frac{\cos^2\phi}{r}\frac{\partial f}{\partial r} + \frac{\sin\phi\cos\phi\cos\theta}{r^2\sin\theta}\frac{\partial^2 f}{\partial\phi\,\partial r} + \frac{\cos^2\phi\cos\theta}{r^2\sin\theta}\frac{\partial f}{\partial\theta} \\
& + \frac{\cos^2\phi}{r^2\sin^2\theta}\frac{\partial^2 f}{\partial\phi^2} - \frac{\sin\phi\cos\phi}{r^2\sin^2\theta}\frac{\partial f}{\partial\phi}
\end{aligned}
$$

$$
\begin{aligned}
\frac{\partial}{\partial z}\frac{\partial f}{\partial z} = {} & \cos^2\frac{\partial^2 f}{\partial r^2} - \frac{\sin\theta\cos\theta}{r}\frac{\partial^2 f}{\partial r\,\partial\theta} + \frac{\sin\theta\cos\theta}{r^2}\frac{\partial f}{\partial\theta} - \frac{\sin\theta\cos\theta}{r}\frac{\partial^2 f}{\partial r\,\partial\theta} \\
& + \frac{\sin^2\theta}{r}\frac{\partial f}{\partial r} + \frac{\sin^2\theta}{r^2}\frac{\partial^2 f}{\partial\theta^2} + \frac{\sin\theta\cos\theta}{r^2}\frac{\partial f}{\partial\theta}
\end{aligned}
$$

3개의 2차 도함수를 더하면

$$\frac{\partial^2 f}{\partial x^2}+\frac{\partial^2 f}{\partial y^2}+\frac{\partial^2 f}{\partial z^2}=\frac{\partial^2 f}{\partial r^2}+\frac{2}{r}\frac{\partial f}{\partial r}+\frac{1}{r^2}\frac{\partial^2 f}{\partial \theta^2}+\frac{\cos\theta}{r^2\sin\theta}\frac{\partial f}{\partial \theta}+\frac{1}{r^2\sin^2\theta}\frac{\partial^2 f}{\partial \phi^2}$$

이고, 연산자만을 분리해 표현하면 최종적으로 다음과 같다.

$$\frac{\partial^2}{\partial x^2}+\frac{\partial^2}{\partial y^2}+\frac{\partial^2}{\partial z^2}=\frac{1}{r^2}\frac{\partial}{\partial r}\left(r^2\frac{\partial}{\partial r}\right)+\frac{1}{r^2\sin\theta}\frac{\partial}{\partial \theta}\left(\sin\theta\frac{\partial}{\partial \theta}\right)+\frac{1}{r^2\sin^2\theta}\frac{\partial^2}{\partial \phi^2}$$

Ⅳ. 스털링(STIRLING) 근사

물리 화학의 많은 분야, 특히 통계 역학 분야에서 계승(階乘, factorial)식은 광범위하게 사용된다. 먼저 N 계승, $N!$이 다음과 같이 정의됨을 기억하자.

$$N! = (1)(2)(3)\ldots(N-1)(N) \tag{IV-1}$$

그러므로 1! = 1이며, 0! = 1로 정의한다.

이제 $N!$의 자연로그인 다음 식을 고려해 보자.

$$\begin{aligned}\ln N! &= \ln 1 + \ln 2 + \ln 3 + \cdots + \ln N \\ \ln N! &= \sum_{x=1}^{N} \ln x\end{aligned} \tag{IV-2}$$

만일 N이 매우 크다면 식 (IV-2)의 합은 다음과 같이 적분으로 대체할 수 있다.

$$\ln N! \cong \int_1^N \ln x\, dx \tag{IV-3}$$

부분 적분 방법을 적용하여 적분하면 다음과 같다.

$$\ln N! \cong [x \ln x - x]_1^N = N \ln N - N + 1 \tag{IV-4}$$

그런데 N은 1보다 매우 크다. 따라서 다음과 같이 쓸 수 있다.

$$\ln N! \cong N \ln N - N \quad \text{for large } N \tag{IV-5}$$

식 (IV-5)는 스털링 근사(Stirling's approximation)로 알려져 있으며, 이것은 N이 매우 큰 수일 때 $\ln N!$의 근사값을 구하는 데 사용할 수 있다.

$N!$(특히 N이 정수가 아닌 경우)의 근사값을 구하는 훨씬 더 정확한 표현은 감마 함수(gamma function)를 사용하여 얻을 수 있다. 이 접근 방식은 이 책의 범위를 벗어나지만 스털링의 공식과 연결할 수 있다. 즉,

$$N! = \sqrt{2\pi N}\left(\frac{N}{e}\right)^N \tag{IV-6}$$

으로 이 식은 N이 매우 커질 때 유효하다. 식 (IV-6)에 자연로그를 취하면 다음과 같다.

$$\ln N! \cong N \ln N - N + \frac{1}{2}\ln(2\pi N) \quad \text{for large } N \tag{IV-7}$$

스털링의 공식은 비교적 N의 값이 작을 때 더 나은 결과를 준다.

이제 상대적으로 작은 수 $N!$, 즉 60!을 근사하는 식 (IV-4), (IV-5), (IV-6)의 능력을 비교

해 보자. 실제 값은 8.32×10^{81}이다. 식 (IV-4)는 $60!=1.16\times10^{81}$을 준다. 식 (IV-5)는 더 나쁜 근사값 $60!=4.27\times10^{80}$을 준다. 식 (IV-6)은 $60!=8.31\times10^{81}$을 준다. 분명히 N값이 60 정도로 작은 경우는 식 (IV-6)이 가장 좋은 결과를 제공한다. N이 훨씬 커진다면 세 가지 식 모두 점점 더 잘 맞게 된다. 화학적 통계에서 N은 일반적으로 거시적인 계의 분자 수(대략 아보가드로의 수, 10^{23})를 나타내며, 이 경우 이들 식은 모두 하나의 식 (IV-5)가 된다.

V. 3 × 3 행렬식의 값을 구하는 빠른 방법

다음 3 × 3 행렬식을 고려해 보자.

$$\begin{vmatrix} a_{11} & a_{12} & a_{13} \\ a_{21} & a_{22} & a_{23} \\ a_{31} & a_{32} & a_{33} \end{vmatrix}$$

9장에서 우리는 여인수 방법을 사용하여 이 행렬식의 값을 구하는 방법을 배웠다. 그런데 이보다 더 빠르게 계산할 수 있는 방법이 있다. 단, 연습을 충분히 해야 한다. 이것은 행렬식의 대각선 원소의 곱을 이용하는 것이다. 대각선을 단순히 외우지 않고 이들 대각선이 어디에서 나온 것인지 잘 관찰하는 것이 중요하다. 어떤 패턴이 존재하는지 잘 살피길 바란다. 3 × 3 행렬식에서는 6개의 대각선을 찾을 수 있고, 각 대각선에서 그 위에 놓인 (다음과 같이 동그라미로 표시한) 3개의 원소의 곱을 구할 수 있다. 행렬식의 값은 이렇게 곱으로 얻은 6개의 수에 대각선의 유형에 따라 부호 + 또는 − 를 붙인 후 그 수의 총합으로 표현된다.

$$+\begin{vmatrix} a_{11} & a_{12} & a_{13} \\ a_{21} & a_{22} & a_{23} \\ a_{31} & a_{32} & a_{33} \end{vmatrix} \quad +\begin{vmatrix} a_{11} & a_{12} & a_{13} \\ a_{21} & a_{22} & a_{23} \\ a_{31} & a_{32} & a_{33} \end{vmatrix}$$

$$+\begin{vmatrix} a_{11} & a_{12} & a_{13} \\ a_{21} & a_{22} & a_{23} \\ a_{31} & a_{32} & a_{33} \end{vmatrix} \quad -\begin{vmatrix} a_{11} & a_{12} & a_{13} \\ a_{21} & a_{22} & a_{23} \\ a_{31} & a_{32} & a_{33} \end{vmatrix}$$

$$-\begin{vmatrix} a_{11} & a_{12} & a_{13} \\ a_{21} & a_{22} & a_{23} \\ a_{31} & a_{32} & a_{33} \end{vmatrix} \quad -\begin{vmatrix} a_{11} & a_{12} & a_{13} \\ a_{21} & a_{22} & a_{23} \\ a_{31} & a_{32} & a_{33} \end{vmatrix}$$

(highlighted elements, in order: a_{11}, a_{22}, a_{33}; a_{21}, a_{32}, a_{13}; a_{12}, a_{23}, a_{31}; a_{13}, a_{22}, a_{31}; a_{12}, a_{21}, a_{33}; a_{11}, a_{23}, a_{32})

따라서 행렬식은

$$\begin{vmatrix} a_{11} & a_{12} & a_{13} \\ a_{21} & a_{22} & a_{23} \\ a_{31} & a_{32} & a_{33} \end{vmatrix} = a_{11}a_{22}a_{33} + a_{21}a_{32}a_{13} + a_{12}a_{23}a_{31}$$

$$- a_{31}a_{22}a_{13} - a_{21}a_{12}a_{33} - a_{32}a_{23}a_{11}$$

로 표현된다.

예제

다음 3 × 3 행렬식의 값을 대각선의 방법을 사용하여 구하시오.

$$\begin{vmatrix} 1 & 2 & 3 \\ 4 & 5 & 6 \\ 7 & 8 & 9 \end{vmatrix} = (1)(5)(9) + (2)(6)(7) + (4)(8)(3)$$

$$- (7)(5)(3) - (4)(2)(9) - (8)(6)(1)$$

$$= 45 + 84 + 96 - 105 - 72 - 48 = 0$$

VI. 측정값 통계 매크로

다음 단계를 따라 엑셀 스프레드시트를 작성하고 함께 제공되는 매크로를 사용하면, 일련의 측정값에 대하여 평균값(mean value), 표준편차(standard deviation), 단일 측정값의 확률 오차(probable error of a single measurement), 평균의 확률 오차(probable error of the mean)를 계산할 수 있다.

1. 엑셀을 연다.
2. 셀 A1에 m(i)를 적는다.
3. 셀 B1에 n(i)를 적는다.
4. 셀 C3에 mean =를 적는다.
5. 셀 C4에 stand dev =를 적는다.
6. 셀 C5에 prob error =를 적는다.
7. 셀 C6에 error mean =를 적는다.
8. **개발 도구–코드–매크로 기록**을 누른다. 매크로 기록 창이 열리면, 이름 Statistics, 바로 가기 키 Ctrl+t, 매크로 저장 위치 현재 통합 문서, 설명 do statistics of measured values.를 적는다.
9. **개발 도구–코드–Visual Basic Editor**를 눌러 다음 "Statistics" 매크로를 글자 그대로 입력한다.

```
'Macro for Statistical Analysis of Data
Sub Statistics()
Dim dataArray As Variant, rn As Integer, cn As Integer, rnMax As Integer
Dim i As Integer, MVAL(500) As Double, NVAL(500) As Double
Dim MTOT(500) As Double, A As Double, FSUM As Double
Dim RVAL(500) As Double, SVAL(500) As Double, SRSUM As Double
Dim MSUM As Double, STOT(500) As Double, SIGMA As Double
Dim PROB As Double, PROBMEAN As Double
dataArray = Selection.Value
rnMax = Selection.Rows.Count
For rn = 1 To rnMax
     NVAL(rn) = dataArray(rn, 2)
     MVAL(rn) = dataArray(rn, 1)
Next rn
FSUM = 0
For i = 1 To rnMax
```

```
    FSUM = FSUM + NVAL(i)
    MTOT(i) = MVAL(i) * NVAL(i)
Next i
MSUM = 0
For i = 1 To rnMax
   MSUM = MSUM + MTOT(i)
Next i
A = MSUM / FSUM
For i = 1 To rnMax
   RVAL(i) = MVAL(i) - A
   SVAL(i) = RVAL(i) * RVAL(i)
   STOT(i) = SVAL(i) * NVAL(i)
Next i
SRSUM = 0
For i = 1 To rnMax
   SRSUM = SRSUM + STOT(i)
Next i
SIGMA = Sqr((1 / (FSUM - 1)) * SRSUM)
PROB = 0.675 * SIGMA
PROBMEAN = PROB / Sqr(FSUM)
'Output Data
dataArray(1, 4) = A
dataArray(2, 4) = SIGMA
dataArray(3, 4) = PROB
dataArray(4, 4) = PROBMEAN
Selection.Value = dataArray
End Sub
```

10. 스프레드시트로 돌아간다. **개발 도구–코드–기록 중지**를 눌러 입력을 마친다.
11. 스프레드시트를 “Statistics.xlsm”으로 저장한다

이 스프레드시트는 다음 단계를 따라 실행한다.

1. 측정한 값을 셀 A3:A□에 적는다. (이는 서로 다른 측정값이 “□-2”개 있음을 의미한다.)
2. 셀 A3:A□의 각 측정한 값이 실험에 나타나는 빈도를 B3:B□에 적는다. 한 번만 나타나더라도 반드시 1이라고 적는다.
3. 셀 A3:D□을 하이라이트한다. (이 단계를 제대로 하지 않고 매크로를 실행하면 에러 메시지가 뜬다.)
4. **개발 도구–코드–매크로**를 눌러 **Statistics** 매크로를 선택하고 실행한다. **Ctrl**키와 **t**키를 동시에 눌러도 같은 결과를 줄 것이다. 셀 D3, D4, D5, D6에 각각 평균값, 표준편차, 단일 측정값의 확률 오차, 평균의 확률 오차가 나타날 것이다.

문제풀이

CHAPTER 01

1. 제1사분면: $x=+$, $y=+$; $\sin +$, $\cos +$, $\tan +$

   제2사분면: $x=-$, $y=+$; $\sin +$, $\cos -$, $\tan -$

   제3사분면: $x=-$, $y=-$; $\sin -$, $\cos -$, $\tan +$

   제4사분면: $x=+$, $y=-$; $\sin -$, $\cos +$, $\tan -$

2. (a) $r=3.61,\ \theta=33.69°$ (b) $r=2.45,\ \theta=35.26°$

   (c) $r=4.12,\ \theta=75.96°$ (d) $r=2.00,\ \theta=90°$

   (e) $r=2.83,\ \theta=225°$ (f) $r=3.00,\ \theta=0°$

   (g) $r=3.61,\ \theta=146.3°$ (h) $r=5.00,\ \theta=180°$

   (i) $r=8.94,\ \theta=333.4°$

3. (a) $x=0.860,\ y=0.880$ (b) $x=0.500,\ y=0.866$

   (c) $x=-0.866,\ y=1.50$ (d) $x=-3.29,\ y=-3.29$

   (e) $x=-2.57,\ y=3.06$ (f) $x=3.00,\ y=0$

   (g) $x=2.05,\ y=-1.44$ (h) $x=4.24,\ y=4.24$

4. (a) $r=3.74,\ \theta=36.70°,\ \phi=63.43°$ (b) $r=3.74,\ \theta=143.3°,\ \phi=296.6°$

   (c) $r=2.24,\ \theta=63.49°,\ \phi=180°$ (d) $r=4.12,\ \theta=13.86°,\ \phi=0°$

   (e) $r=9.00,\ \theta=48.19°,\ \phi=63.43°$ (f) $r=2.00,\ \theta=0°,\ \phi=0°$

5. $d\tau = r\,d\theta\,dr\,dz$

6. (a) $|z|=1.00,\ \theta=0°$ (b) $|z|=4.00,\ \theta=90°$

   (c) $|z|=\sqrt{2},\ \theta=45°$ (d) $|z|=5.00,\ \theta=306.9°$

   (e) $|z|=4.24,\ \theta=225°$ (f) $|z|=7.21,\ \theta=123.7°$

7. $x=1,\ -0.5\pm\dfrac{\sqrt{3}}{2}i$

10. $0,\ \pm1,\ \pm2, \ldots$

12. $F_{200}=72$

CHAPTER 02

1. (a) $x=2$; yes
(b) $x=2/3$; yes
(c) $x=1\pm\sqrt{3}i$; no
(d) $x=-4,\ +3$; yes
(e) $x=2.623,\ -1.114$; yes
(f) $x=(2n+1)\frac{\pi}{2}$; yes
(g) $\theta=n\pi$; yes
(h) $[\mathrm{H}^+]=1.00\,\mathrm{M}$; yes
(i) $x=\pm\sqrt{3}i$; no
(j) $x=+3\pm\sqrt{7}i$; no

6. (a) $\frac{-1}{x(x+h)}$
(b) $-\frac{(2x+h)}{x^2(x^2+2hx+h^2)}$
(c) $3(h+2x)$
(d) $\frac{-1}{(1+x)(1+x+h)}$

7. $k=6.30\times10^{-3}\mathrm{min}^{-1},\ C_0=3153$ counts

CHAPTER 03

1. (a) $\mathrm{pH}=7.00$
(b) $\mathrm{pH}=0.910$
(c) $\mathrm{pH}=9.07$
(d) $\mathrm{pH}=-0.0615$
(e) $\mathrm{pH}=1.206$
(f) $\mathrm{pH}=-1.079$

2. (a) $[\mathrm{H}^+]=1.00\,\mathrm{M}$
(b) $[\mathrm{H}^+]=6.98\times10^{-3}\,\mathrm{M}$
(c) $[\mathrm{H}^+]=0.583\,\mathrm{M}$
(d) $[\mathrm{H}^+]=1.33\times10^{-8}\,\mathrm{M}$
(e) $[\mathrm{H}^+]=3.67\times10^{-14}\,\mathrm{M}$
(f) $[\mathrm{H}^+]=1.355\,\mathrm{M}$

3. $[\mathrm{H}^+]=1.11\times10^{-7}\,\mathrm{M};\ \mathrm{pH}=6.95$

4. $w=-2985\,\mathrm{J}$

5. $\Delta S=12.7\,\mathrm{J\,K}^{-1}$

6. $T_2=10.26\,\mathrm{K}$

7. $t=3302$ years

문제풀이

CHAPTER 04

1.

(a) $9x^2+8x-5$

(b) $\dfrac{-x}{\sqrt{1-x^2}}$

(c) $2x-9$

(d) $10\sec^2 2\theta$

(e) $x^2e^{3x}(3x+4)$

(f) $A(\cos^2\theta-\sin^2\theta)$

(g) $\dfrac{-x^2e^{2x}}{\sqrt{1-e^{2x}}}+5x^4\sqrt{1-e^{2x}}$

(h) $3x^2(1-e^x)\cos 3x - x^2e^x\sin 3x + 2x(1-e^x)\sin 3x$

(i) $\dfrac{5x^2}{2(1-5x)^{3/2}}+\dfrac{2x}{(1-5x)^{1/2}}$

(j) $\dfrac{-e^x}{(1-e^x)}$

(k) $-1-\ln n_i$

(l) $-3\ln t e^{-3t}+\dfrac{1}{t}e^{-3t}$

(m) $-\dfrac{A}{t^2}+1+\ln t$

(n) $\dfrac{E^2}{A}\left(2z-\dfrac{27}{8}\right)$

(o) $-2A\left(\dfrac{N\pi}{L}\right)\sin\left(\dfrac{N\pi x}{L}\right)$

(p) $\dfrac{\Delta H}{Rt^2}$

(q) $\dfrac{\Delta G}{Rt^2}$

(r) $\dfrac{-12a}{r^{13}}+\dfrac{6B}{r^7}$

2.

(a) $\left(\dfrac{\partial P}{\partial V}\right)_T = -\dfrac{nRT}{V^2}$

(b) $\left(\dfrac{\partial P}{\partial V}\right)_T = \dfrac{-nRT}{(V-nb)^2}+\dfrac{2n^2a}{V^3}$

(c) $\left(\dfrac{\partial \rho}{\partial T}\right) = \dfrac{-PM}{RT^2}$

(d) $\left(\dfrac{\partial H}{\partial T}\right)=b+2cT-\dfrac{d}{T^2}$

(e) $\left(\dfrac{\partial r}{\partial y}\right) = \dfrac{y}{(x^2+y^2+z^2)^{1/2}}$

(f) $\left(\dfrac{\partial y}{\partial \phi}\right) = -r\sin\theta\sin\phi$

(g) $\left(\dfrac{\partial^2 S}{\partial P\partial T}\right) = \dfrac{1}{T}\left(\dfrac{\partial^2 H}{\partial P\partial T}\right)$

(h) $\left(\dfrac{\partial^2 S}{\partial T\partial P}\right) = \dfrac{1}{T}\left(\dfrac{\partial^2 H}{\partial T\partial P}\right)-\dfrac{1}{T}\left(\dfrac{\partial V}{\partial T}\right) - \dfrac{1}{T^2}\left(\dfrac{\partial H}{\partial P}\right)+\dfrac{V}{T^2}$

(i) $\sin\theta(\cos^2\phi-\sin^2\phi)$

(j) $\left(\dfrac{\partial E}{\partial c_B}\right) = \dfrac{2c_BH_{BB}+2c_AH_{AB}-E(2c_B+2c_AS_{AB})}{c_A^2+c_B^2-2c_Ac_BS_{AB}}$

(k) $\left(\dfrac{\partial q}{\partial E_i}\right) = -\dfrac{1}{kT}\sum e^{-E_i/kT}$

(l) $\left(\dfrac{\partial q}{\partial T}\right) = \dfrac{1}{kT^2}\sum E_i e^{-E_i/kT}$

3. (a) 75 (b) 8

(c) $3/4$ (d) 3.303

(e) 0 (f) -5

(g) 1.265 (h) $294\,\mathrm{m\,s^{-1}}$

(i) 0.0312 (j) 0.04169

(k) $-6.69\times10^{-1}\mathrm{M/hr}$

4. (a) 최솟값, $x=5/6,\ y=-0.0833$

(b) 없음

(c) $x=(2n+1)\dfrac{\pi}{4},\ n=0,1,2,3\ldots$; n이 짝수일 때 최댓값, n이 홀수일 때 최솟값

$x=\sin(2n+1)\dfrac{\pi}{2},\ n=0,1,2,3\ldots$ 변곡점 $x=n\pi/2$

(d) 없음

(e) 최솟값, $r=2^{1/6}\sigma,\ U(r)=-e$

(f) 최댓값, $\theta=19.47°,\ \psi=2.00$

(g) 최솟값, $z=\dfrac{27}{16},\ E=-z^2\dfrac{e^2}{a}$

(h) 최댓값, $E=\dfrac{1}{2}kT$

(i) 최댓값, $x=\dfrac{a}{2},\ P(x)=\dfrac{2}{a}$

(j) 최솟값, $r=\left[\dfrac{nB}{N_0Az^2}\right]^{1/n-1}$

5. $$\frac{dk}{dT}=\left(\frac{E_a}{RT^2}\right)Ae^{-E_a/RT}$$

6. $$\frac{d\rho}{dT}=\frac{-PM}{RT^2}$$

7. $$\left(\frac{\partial P}{\partial T}\right)_V=\frac{nR}{V-nb}$$

8. $\left(\frac{\partial P}{\partial V}\right)_T = \frac{-nRT}{(V-nb)^2} + \frac{2n^2a}{V^3}$

9. $\alpha = \frac{R}{RT+bP}$

10. $dV = \frac{-RT}{P^2}dP + \frac{R}{P}dT$

11. 최솟값, $r = r_0$

12. $x = a/2$

13. $r = a_0$

CHAPTER 05

1.
(a) $y = \frac{5}{4}x^4 + C$
(b) $y = -\frac{1}{2x^2} + C$
(c) $y = -\frac{1}{2}\cos 2x + C$
(d) $y = 9x^4 + 40x^3 + 50x^2 + C$
(e) $y = 2e^{2x} + C$
(f) $y = Pv + C$
(g) $y = RT\ln p + C$
(h) $y = \frac{1}{2}Mv^2 + C$
(i) $y = -\frac{Q^2}{r} + C$
(j) $y = \frac{1}{2\pi W}\sin(2\pi Wt) + C$

2.
(a) $y = -\frac{1}{4}e^{-4x} + C$

(b) $y = \frac{x^3}{3} - A^2x + C$

(c) $y = \frac{1}{2}\left[x\sqrt{x^2-A^2} - A^2\ln\left|x + \sqrt{x^2-A^2}\right|\right] + C$

(d) $y = \frac{1}{8}x^8 - \frac{1}{3}x^6 + x^4 + C$

(e) $y=\frac{x}{2}-\frac{A\sin\left(\frac{2N\pi x}{A}\right)}{4N\pi}+C$

(f) $y=\frac{x^2}{4}-\frac{xA\sin\left(\frac{2N\pi x}{A}\right)}{4N\pi}-\frac{A^2\cos\left(\frac{2N\pi x}{A}\right)}{8N^2\pi^2}+C$

(g) $y=\frac{\Delta H}{Rt}+C$

(h) $y=\frac{e^x(\sin x-\cos x)}{2}+C$

(i) $y=\frac{t}{2}-\frac{\sin(4\pi Wt)}{8\pi W}+C$

(j) $y=-\frac{1}{4}\cos^4\phi+C$

(k) $y=\frac{1}{5}\cos^4\theta\sin\theta+\frac{4}{5}\sin\theta-\frac{4}{15}\sin^3\theta+C$

(l) $y=\frac{3x}{8}-\frac{3\sin[2(3x+4)]}{48}-\frac{\sin^3(3x+4)\cos(3x+4)}{12}+C$

(m) $y=\frac{1}{2}x^3\sin 2x+\frac{3}{4}x^2\cos 2x-\frac{3}{8}\cos 2x-\frac{3x}{4}\sin 2x+C$

(n) $y=\ln\frac{(4-x)}{(3-x)}+C$

(o) $y=-\frac{\Delta H}{t}+A\ln t+\frac{B}{2}t+\frac{C}{6}t^2+C'$

(p) $y=C_P\ln t+C$

(q) $y=\frac{(A-x)^{-n+1}}{n-1}+C$

(r) $y=-\frac{1}{a^2}e^{-ar}(ar+1)+C$

(s) $y=-kTe^{-e/kT}+C$

(t) $\ln a=-Kt+C$

3. (a) $y = a(T_2 - T_1) + \frac{b}{2}(T_2^2 - T_1^2) + \frac{c}{3}(T_2^3 - T_1^3) + d\ln\frac{T_2}{T_1}$

(b) $y = RT\ln\frac{P_2}{P_1}$

(c) $y = 2\pi$

(d) $y = -\frac{\Delta H}{R}\left(\frac{1}{T_2} - \frac{1}{T_1}\right)$

(e) $y = nRT\ln\frac{V_2 - nb}{V_1 - nb} + n^2 a\left(\frac{1}{V_2} - \frac{1}{V_1}\right)$

(f) $y = 1/3$

(g) $y = \frac{a^3}{6} - \frac{a^3}{4n^2\pi^2}$

(h) $y = \frac{1}{4a}\left(\frac{\pi}{a}\right)^{1/2}$

(i) $y = \frac{a_0^2}{4}$

(j) $y = \frac{2k^2T^2}{m^2}$

(k) $y = \frac{1}{a}$

5. (a) $\frac{1}{6}x^3y^2 + C$

(b) $\frac{1}{3}(yx^3 + xy^3) + C$

(c) $\frac{1}{2}y^2(x\ln x - x) + C$

(d) $\left(\frac{1}{2}x^2e^{2x} - \frac{1}{4}e^{2x}(2x-1)\right)(y\ln y - y)z + C$

(e) 2

(f) $\frac{4}{3}\pi v^3$

(g) $\frac{abc}{h^3}(2\pi mkT)^{3/2}$

7. $\Delta H = aT + \frac{b}{2}T^2 + \frac{c}{3}T^3 + d$

8. $\Delta G = -aT\ln T - \frac{b}{2}T^2 - \frac{c}{6}T^3 + d + eT$

9. 0.198

10. 0.0054

11. $\frac{3}{2}a_0$

CHAPTER 06

1. (a) 발산 (b) 발산
(c) 수렴; 6 (d) 수렴; 1.178
(e) 수렴; $\ln 2$ (f) 발산
(g) 수렴; 1.645 (h) 발산
(i) 발산 (j) 수렴; 0.6667

2. (a) 수렴 (b) 발산
(c) 판정할 수 없음 (d) 발산
(e) 수렴 (f) 수렴
(g) 발산 (h) 수렴
(i) 발산 (j) 판정할 수 없음

3. (a) $-1 < x < 1$ (b) $-1 < x < 1$
(c) 모든 x값 (d) $-1 < x \leqq 1$
(e) 모든 x값 (f) $-1 \leqq x \leqq 1$
(g) 모든 x값 (h) $0 < x \leqq 2$
(i) $-2 < x < 2$ (j) $-3 < x \leftarrow 1$

4. (a) $f(x) = 1 - x + x^2 - x^3 + - \dots$
(b) $f(x) = 1 - 2x + 3x^2 - 4x^3 + - \dots$
(c) $f(x) = 1 + \frac{1}{2}x - \frac{1}{8}x^2 + \frac{1}{16}x^3 - + \dots$
(d) $f(x) = -x - \frac{1}{2}x^2 - \frac{1}{3}x^3 - \dots$
(e) $f(x) = 1 - x^2 + \frac{1}{2}x^4 - + \dots$
(f) $f(x) = 1 + x\ln a + \frac{(x\ln a)^2}{2!} + \frac{(x\ln a)^3}{3!} + \dots$
(g) $f(x) = 1 - \frac{x^2}{2!} + \frac{x^4}{4!} - + \dots$
(h) $f(x) = 1 + 3x + \frac{6x^2}{2!} + \frac{6x^3}{3!} = 1 + 3x + 3x^2 + x^3$

10. $g(k)=\dfrac{2i}{\sqrt{2\pi}\,k^2}(k\pi\cos k\pi-\sin k\pi)$

11. $g(k)=\dfrac{\sin kL}{kL}$

14. $g(\omega)=\left[\dfrac{i\sin(\omega_0+\omega)(\tau/2)}{2(\omega_0+\omega)}-\dfrac{i\sin(\omega_0-\omega)(\tau/2)}{2(\omega_0-\omega)}\right]$

CHAPTER 07

1. (a) $y=Ae^{-3x}$ (b) $y=Ae^{+3x}$

(c) $y=c_1e^{-x}+c_2xe^{-x}$ (d) $y=c_1e^{3x}+c_2xe^{3x}$

(e) $y=c_1e^{3x}+c_2e^{-3x}$ (f) $y=c_1e^{2ix}+c_2e^{-2ix}$

(g) $-\dfrac{1}{(k+k_2)}\ln|ka-(k+k_2)x|=t+C$ (h) $\phi=Ae^{-ar}$

(i) $[\mathrm{A}]=Ce^{-kt}$ (j) $\Phi=Ae^{im\phi}+Be^{-im\phi}$

(k) $A\sin\sqrt{\dfrac{k}{m}}x+B\cos\sqrt{\dfrac{k}{m}}x$

(l) $\psi=A\sin\sqrt{\dfrac{8\pi^2mE}{h^2}}x+B\cos\sqrt{\dfrac{8\pi^2mE}{h^2}}x$

2. (a) 완전 미분 (b) 완전 미분

(c) 완전 미분 (d) 완전 미분

(e) 완전 미분 (f) 불완전 미분

(g) 완전 미분 (h) 완전 미분

(i) 불완전 미분 (j) 완전 미분

(k) 완전 미분

5. $(\kappa^2-c^2)a_0=0$

7. $f(x)=c_1\sin\dfrac{2\pi x}{\lambda}+c_2\cos\dfrac{2\pi x}{\lambda}$

8. $\lambda=\dfrac{2L}{n},\ n=1,2,3,\dots$

CHAPTER 08

1. (a) $|\mathbf{A}| = \sqrt{10}$, $\theta = 71.57°$ (b) $|\mathbf{A}| = 2\sqrt{2}$, $\theta = 45°$
   (c) $|\mathbf{A}| = 5$, $\theta = 306.9°$ (d) $|\mathbf{A}| = 2$, $\theta = 180°$
   (e) $|\mathbf{A}| = \sqrt{37}$, $\theta = 260.5°$ (f) $|\mathbf{A}| = \sqrt{11}$, $\theta = 25.24°$, $\phi = 45°$
   (g) $|\mathbf{A}| = \sqrt{29}$, $\theta = 42.03°$, $\phi = 56.31°$ (h) $|\mathbf{A}| = \sqrt{6}$, $\theta = 114.1°$, $\phi = 116.6°$
   (i) $|\mathbf{A}| = \sqrt{11}$, $\theta = 154.8°$, $\phi = 255°$ (j) $|\mathbf{A}| = \sqrt{2}$, $\theta = 135°$, $\phi = 0°$

2. (a) $|\mathbf{C}| = 4\sqrt{2}$, $\theta = 45°$ (b) $|\mathbf{C}| = \sqrt{17}$, $\theta = 75.96°$
   (c) $|\mathbf{C}| = 3\sqrt{2}, \theta = 45°$ (d) $|\mathbf{C}| = 5\sqrt{2}$, $\theta = 45°$, $\phi = 53.13°$
   (e) $|\mathbf{C}| = \sqrt{14}$, $\theta = 122.3°$, $\phi = 198.4°$ (f) $|\mathbf{C}| = \sqrt{73}$, $\theta = 134.6°$, $\phi = 99.46°$

3. (a) 6 (b) 2
   (c) -4 (d) 9
   (e) -34 (f) -33

4. (a) $|\mathbf{C}| = 8$, $\theta = 180°$, ϕ는 정의되지 않음 (b) $|\mathbf{C}| = 6$, $\theta = 180°$, ϕ는 정의되지 않음
   (c) $|\mathbf{C}| = 13$, $\theta = 0°$, ϕ는 정의되지 않음 (d) $|\mathbf{C}| = \sqrt{6}$, $\theta = 65.91°$, $\phi = 296.6°$
   (e) $|\mathbf{C}| = 19.52$, $\theta = 55.70°$, $\phi = 262.9°$ (f) $|\mathbf{C}| = 23.43$, $\theta = 59.19°$, $\phi = 153.4°$

8. $L_x = yp_z - zp_y$
   $L_y = zp_x - xp_z$
   $L_z = xp_y - yp_x$

CHAPTER 09

1. (a) -2 (b) -5 (c) 4
   (d) 1 (e) $x^2 = 1$ (f) 1
   (g) 18 (h) -91 (i) $x^3 - 2x$
   (j) 352 (k) $x^4 - 3x^2b^2 + b^4$

문제풀이

2. (a) $x=\pm 1$ (b) $x=\pm 2$

(c) $x=\pm\sqrt{5}$ (d) $x=0,\ \pm\sqrt{3}$

(e) $x=0,\ 0,\ \pm\sqrt{3}$

3. $\begin{pmatrix} 5 & 1 & 0 & 6 \\ 5 & 3 & -6 & 7 \\ -2 & 3 & 3 & -3 \\ 0 & 8 & 9 & 12 \end{pmatrix}$

4. (a) $\begin{pmatrix} -6 & 1 \\ 12 & -7 \end{pmatrix}$ (b) $\begin{pmatrix} 4 & -1 \\ 2 & 3 \end{pmatrix}$

(c) $\begin{pmatrix} 12 & 15 & 18 \\ 3 & -1 & -7 \\ 12 & 23 & 38 \end{pmatrix}$ (d) $\begin{pmatrix} 26 & 14 & 38 \\ 10 & 15 & 21 \\ 18 & -14 & 13 \end{pmatrix}$

(e) $\begin{pmatrix} x+8y+4z \\ -2x+3y \\ 5x-y-z \end{pmatrix}$

5. $\begin{pmatrix} 42 & -13 & 11 \\ 68 & -50 & 36 \\ 12 & 6 & -2 \end{pmatrix}$ vs $\begin{pmatrix} 8 & 0 & 34 \\ 4 & -7 & 37 \\ 12 & 29 & -11 \end{pmatrix}$

6. (a) $x=2,\ y=1$ (b) $x=1,\ y=3,\ z=-4$

(c) $x=1,\ y=1,\ z=-2,\ t=-3$ (d) $x=x'\sin\theta-y'\cos\theta$
$y=x'\cos\theta+y'\sin\theta$

11. $\begin{pmatrix} \frac{4}{11} & \frac{1}{11} & \frac{-2}{11} \\ \frac{8}{11} & \frac{2}{11} & \frac{7}{11} \\ \frac{-7}{11} & \frac{1}{11} & \frac{-2}{11} \end{pmatrix}$

12. $\mathbf{\Lambda}=\begin{pmatrix} 4 & 0 \\ 0 & -1 \end{pmatrix}$

16. $E_1=\alpha+2\beta,\ E_2=E_3=\alpha-\beta$

For E_1 : $c_1=c_2=c_3=\dfrac{1}{\sqrt{3}}$

For E_2 : $c_1=\dfrac{1}{\sqrt{2}},\ c_2=-\dfrac{1}{\sqrt{2}},\ c_3=0$

For E_3 : $c_1=\dfrac{1}{\sqrt{6}}=c_2,\ c_3=-\dfrac{2}{\sqrt{6}}$

CHAPTER 10

1. (a) $1+x+x^2+x^3+x^4+x^5$ (b) $1-x+x^2-x^3+x^4-x^5$

(c) $\Delta E=E_2-E_1$ (d) $3x^2y$

(e) $2y^3$ (f) $12x^3y^2$

(g) $8xyz$ (h) $1+2x+3x^2+4x^3+5x^4$

(i) $x_0!\cdot x_1!\cdot x_2!\cdot x_3!\cdot x_4!$ (j) $\begin{pmatrix}-1 & 0\\ 0 & -1\end{pmatrix}\begin{pmatrix}a\\ b\end{pmatrix}=\begin{pmatrix}-a\\ -b\end{pmatrix}$

2. (a) 교환한다. (b) 교환한다.

(c) 교환한다. (d) 교환하지 않는다.

7. 고윳값$=m\dfrac{h}{2\pi}$

8. 고윳값$=\dfrac{n^2h^2}{8ma^2}$

9. 고윳값$=a^2$

10. (a) $(0.732,\ 2.732)$ (b) $(2.121,\ 3.535)$

(c) $(4,\ 3)$ (d) $(-0.232,\ 3.598)$

(e) $(-3.098,\ 0.634)$

12.
$$\widehat{M}_x=\frac{h}{2\pi i}\left(y\frac{\partial}{\partial z}-z\frac{\partial}{\partial y}\right)$$
$$\widehat{M}_y=\frac{h}{2\pi i}\left(z\frac{\partial}{\partial x}-x\frac{\partial}{\partial z}\right)$$
$$\widehat{M}_z=\frac{h}{2\pi i}\left(x\frac{\partial}{\partial y}-y\frac{\partial}{\partial x}\right)$$

13.
$$\widehat{M}_x=-\frac{h}{2\pi i}\left(\sin\phi\frac{\partial}{\partial\theta}+\cot\theta\cos\phi\frac{\partial}{\partial\phi}\right)$$
$$\widehat{M}_y=-\frac{h}{2\pi i}\left(-\cos\phi\frac{\partial}{\partial\theta}+\cot\theta\sin\phi\frac{\partial}{\partial\phi}\right)$$
$$\widehat{M}_z=-\frac{h}{2\pi i}\frac{\partial}{\partial\phi}$$

14.
$$\widehat{M}^2=-\frac{h^2}{4\pi^2}\left(\frac{\partial^2}{\partial\theta^2}+\cot\theta\frac{\partial}{\partial\theta}+\frac{1}{\sin^2\theta}\frac{\partial^2}{\partial\phi^2}\right)$$

문제풀이

CHAPTER 11

1. 7427 g NO

2. $a = 1045.6$

   $b = 137.71$

   $c = -42.375$

3. $E_a = 84.13$ kJ

5. $\Delta H = 469.8$ J

6. $\Delta S = 1.599$ J/K

9. (a) $x = -2.926,\ -0.3341,\ +1.669$

   (b) $x = -1, 2, 2$

   (c) $x = -0.8622,\ 1.111,\ 1.222$

   (d) $x = 1,\ 1,\ 1.993 - 2.664$

10. $x = -2.070,\ -0.949,\ +1.019$

CHAPTER 12

1. 2점: 1/36 3점: 1/18

   4점: 1/12 5점: 1/9

   6점: 5/36 7점: 1/6

   11점: 1/18

3. $\overline{m} = 5.649$

   $\sigma = \pm 0.018 = \pm 0.02$

   $q = \pm 0.01$

   $Q = \pm 0.001$

4. $V = 0.011 \pm 0.002$ cc

5. $\pm 0.25 = \pm 0.3$ g mol^{-1}

찾아보기

찾아보기

찾아보기

찾아보기

찾아보기

ㅇ

ㅈ

찾아보기

역자 소개

류 설
Korea Advanced Institute of Science and Technology, B.S & M.S
Brown University, Ph.D
Northwestern University, Postdoctoral Fellow
조선대학교 자연과학대학 화학과 교수

기초 화학수학 - 제3판 -

저 자 James R. Barrante
역 자 류 설
발 행 인 김지영
발 행 처 자유아카데미
주 소 경기도 파주시 회동길 37-42
파주출판도시
전 화 031-955-1321
팩 스 031-955-1322
홈페이지 www.freeaca.com
전자우편 main@freeaca.com (대표)
editor@freeaca.com (편집)
crm@freeaca.com (영업)
등 록 제406-2003-017호, 1980. 7. 12
제 3 판 2023년 9월 25일 발행

Printed in Korea
ISBN 979-11-5808-456-1 93430